信息与通信工程专业核心教材

U0150194

应用随机过程

（第2版）

李晓峰　唐　斌　舒　畅　傅志中　周　宁　编著

电子工业出版社·

Publishing House of Electronics Industry

北京·BEIJING

内 容 简 介

本书主要讨论随机过程的基础理论和应用方法。全书共七章，内容包括：概率论基础，随机过程基础，泊松过程及其推广，马尔可夫过程，二阶矩过程及其均方分析，平稳过程，以及高阶统计量与非平稳过程等。

本书强调随机过程的基础理论、物理意义与应用方法，注重理论联系实际，力求从概念的物理背景、理论的逻辑推导与应用的典型例子三个方面加以阐述。内容全面，叙述清楚，例题与图示丰富，便于教学与自学。

本书以初等概率论、高等数学的基本知识为基础，可以作为理工科高等院校有关专业研究生与高年级本科生的教学用书，也可供有关领域的师生、科研和工程技术人员参考。

图书在版编目（CIP）数据

应用随机过程 / 李晓峰等编著 . —2 版 . —北京：电子工业出版社，2022.10
ISBN 978-7-121-44449-4

Ⅰ. ①应… Ⅱ. ①李… Ⅲ. ①随机过程－高等学校－教材 Ⅳ. ①O211.6

中国版本图书馆 CIP 数据核字（2022）第 198450 号

责任编辑：韩同平
印　　刷：三河市双峰印刷装订有限公司
装　　订：三河市双峰印刷装订有限公司
出版发行：电子工业出版社
　　　　　北京市海淀区万寿路 173 信箱　邮编：100036
开　　本：787×1092　1/16　印张：12.25　字数：392 千字
版　　次：2013 年 8 月第 1 版
　　　　　2022 年 10 月第 2 版
印　　次：2023 年 9 月第 2 次印刷
定　　价：59.90 元

凡所购买电子工业出版社图书有缺损问题，请向购买书店调换。若书店售缺，请与本社发行部联系，联系及邮购电话：(010) 88254888，88258888。

质量投诉请发邮件至 zlts@phei.com.cn，盗版侵权举报请发邮件至 dbqq@phei.com.cn。

本书咨询联系方式：010-88254525，hantp@phei.com.cn。

前　言

本书自 2013 年 8 月出版发行以来，被电子科技大学和国内多所高校用作研究生和高年级本科生相关课程的主讲教材与参考书，教学效果好，得到了广泛的社会认同。本次修订中，作者广泛吸取广大师生与科研人员的反馈意见，结合新的学术与教学研究，以适应当前新工科教育的发展与教学需要。

随机过程是一门应用性很强的学科。它在各个科技领域中得到充分的发展，形成了许多富有启发性的模型与典型的应用方法。单纯地照搬数学理论难以理解其精髓，也无法有效地解决具体的工程问题。因此，本书在编写与修订中强调理论联系实际，力求从概念的物理背景、理论的逻辑推导与应用的典型例子三个方面加以阐述。通过了解物理背景与体会直观意义，有助于读者理解数学概念的本质，更好地掌握其理论体系，进而形成正确的思路与工作方法。

针对理工科学生的数学背景，本书以微积分、线性代数与初等概率论为基础，采用循序渐进、简明易懂的编写方式。全书共 7 章。内容包括：概率论基础、随机过程基础、泊松过程及其推广、马尔可夫过程、二阶矩过程及其均方分析、平稳过程，以及高阶统计量与非平稳过程。其中第 1 章复习与总结初等概率论的基础内容，同时扩充一些新的理论知识，通过温故知新的方式帮助学生更好地学习随机过程的理论。为了方便施教与自学，全书各个章节既安排了充分的举例，又绘制了丰富的图示，还在章末配备了大量的习题。本书建议的学时数为 32～60 学时，教师可以根据具体的教学需要，适当选择其中一些内容组织教学。

本次修订在保持原来的章节结构、组织特点与写作风格的基础上，力图在内容的先进性与代表性、理论体系与物理背景的有机结合、简明易读性与富有启发性方面进行全面优化。内容上主要做了以下修订：进一步解释概率空间各要素及其关系，明确条件期望的一般定义，改进例 1.23 与例 1.24 阐述条件平均求解复杂数学期望的方法；增加例 2.16（赌徒输光模型），改进布朗运动建模分析，增加首达时间均值无穷的证明；优化泊松过程的建模分析，增加非齐次泊松的随机选择定理、条件泊松过程的应用（例 3.13）；突出马尔可夫过程的动态系统的应用背景，增加例 4.4（品牌动态选择），从物理特点引入常返态与暂态的概念，从数学与物理本质阐述遍历性，突出 Q 矩阵的引入思路；调整二阶矩变量及其随机过程的内容次序，简化均方可导判断准则，突出平稳调制过程中带通过程的功率谱特性；改进部分习题。

本书编写过程中，李乐民院士给予了指导。本书得到电子科技大学信息与通信工程学院等多个学院师生的大力支持与帮助。编著者也参考了许多文献书籍，从中获得了不少有益的启示。编著者在此一并表示衷心的感谢。

本书由李晓峰、唐斌、舒畅、傅志中、周宁编著。全书由李晓峰统编定稿。限于作者水平，书中谬误与疏漏在所难免，恳请读者批评指正。

本书得到电子科技大学研究生院的全力支持和教材建设经费资助。

编著者

于电子科技大学

（xfli@uestc.edu.cn）

目　录

第1章 概率论基础

概率论的基本知识读者已经学习过了，它们与本书的内容密切关联。本章将简明地复习与总结这些知识，同时，也会扩充与加深一些理论知识，比如，事件域、R-S 积分、条件数学期望与特征函数等。

1.1 概 率 空 间

随机现象自古以来无处不在，但对于它的系统化研究起源于 17 世纪的赌博与机会游戏。在这些特定的情形中，随机问题显得更为清晰与便于研究。相关的结果渐渐地形成了一个有趣且深刻的理论，随机现象既表现出个别时的不确定性，又呈现出大数量时的有规律性。这种特性在自然界与社会生活中普遍存在。现代概率论形成于 20 世纪 30 年代，主要归功于柯尔莫格洛夫（A. Kolmogoroff）和列维（Levy）建立了概率论、集合与实变函数理论之间的紧密联系。在今天的信息社会里，信息的度量建立在消息的概率的基础上，人工智能的方法依赖于大量数据中的规律，使得概率论及其相关理论得到广泛的研究与应用。

1.1.1 概率

为了研究随机现象，在概率论中需要对它开展科学观察与试验，这种活动被抽象为**随机试验**（Random Experiment），它具有下述特性：（1）可以在相同条件下重复进行；（2）全部的可能结果是事先知道的；（3）每次试验的结果不可预知。

随机试验的全部可能结果构成的集合称为**样本空间**（Sample space），记为 Ω。Ω 的元素是单个可能结果，称为**样本点**（Sample point），记为 ξ_i，$\xi_i \in \Omega$。**事件**（Event）是试验中"人们感兴趣的结果"构成的集合，是 Ω 的子集，常用大写字母 A、B、C 等表示。

为了系统化地研究各种各样的事件，需要把事件纳入集合，其数学描述用到"集合之集合"。为此引入一个新的术语——由 Ω 的若干子集构成的集合称为**集类**。它通常用花体字母 $\mathcal{A}$、$\mathcal{B}$、$\mathcal{C}$ 等表示，以区别于普通大写字母所表示的事件。

深入研究发现，并不是在所有的 Ω 子集上都能够方便地定义概率，一般只在满足一定条件的集类上研究概率及其性质，为此引入了 σ 域的概念如下。

定义 1.1 设 $\mathcal{F}$ 是由样本空间 Ω 的子集构成的非空集类，它满足

（1）若 $A \in \mathcal{F}$，则 $\overline{A} \in \mathcal{F}$；

（2）若 $A_n \in \mathcal{F}$，$n = 1, 2, 3, \cdots$，则 $\bigcup_{n=1}^{\infty} A_n \in \mathcal{F}$。

则称它为 σ 域（或 σ 代数），称 $(\Omega, \mathcal{F})$ 为**可测空间**。

例 1.1 集类 $\mathcal{F}_0 = (\varnothing, \Omega)$ 与 $\mathcal{F}_A = (\varnothing, A, \overline{A}, \Omega)$ 是 σ 域；而 $\mathcal{F}_0 = (\varnothing, A, \Omega)$ 与 $\mathcal{F}_A = (A, \overline{A})$ 不是。

容易验证，σ 域包含空集与全集，并对可列次交、并、差等运算是封闭的。即

性质 1 σ 域 $\mathcal{F}$ 的基本性质：

（1）$\Omega \in \mathcal{F}$，$\varnothing \in \mathcal{F}$；

（2）$\forall A,B \in \mathcal{F}$，则 $A \cap B \in \mathcal{F}$，$A-B \in \mathcal{F}$；

（3）$\forall A_n \in \mathcal{F}$，$n=1,2,3,\cdots$，则 $\bigcap\limits_{n=1}^{\infty} A_n \in \mathcal{F}$。

数学上可以证明 σ 域是一种"良性的与完备的"集类，它适合作为全体事件的集合，而且，基于它可以合理地定义与研究概率。数学术语"可测的"在这里的通俗含义就是"可以进行概率论的定量研究的"

定义 1.2　设 $(\Omega,\mathcal{F})$ 为可测空间，P 为定义在 $\mathcal{F}$ 上的实值函数，若满足

（1）非负性：$\forall A \in \mathcal{F}$，$P(A) \geqslant 0$；

（2）归一性：$P(\Omega)=1$；

（3）可列可加性：若 $A_i \in \mathcal{F}$，$i=1,2,3,\cdots$，且 $\forall i \neq j$，$A_i A_j = \varnothing$，则

$$P\left(\bigcup_i A_i\right) = \sum_i P(A_i)$$

则称 P 为 $(\Omega,\mathcal{F})$ 上的一个**概率测度（Probability measure）**，简称概率。称 $(\Omega,\mathcal{F},P)$ 为**概率空间（Probability space）**，称 $\mathcal{F}$ 为**事件域**。若 $A \in \mathcal{F}$，称 A 为**随机事件（Random event）**，简称事件；称 $P(A)$ 为**事件 A 的概率**。

从这个定义可以看到，由随机试验建立样本空间 Ω，基于 Ω 构造合适的事件域 $\mathcal{F}$，$\mathcal{F}$ 的每个元素称为事件，最后在事件上定义概率 P。这样一个体系的三个要素是 $(\Omega,\mathcal{F},P)$，它们统称为概率空间。

事件的概率用于定量刻画事件的随机程度，即事件出现可能性的大小。在实际问题中，事件 A 出现的可能性直观地由其**相对频率（Relative frequency）**来度量，认为

$$P(A) \approx \frac{\text{试验中}A\text{出现的次数}}{\text{总试验次数}} = \frac{n_A}{n} \qquad (n \text{ 很大}) \tag{1.1.1}$$

容易看出，概率的定义与相对频率的客观特性相吻合。

性质 2　事件概率的基本性质

（1）$P(\varnothing)=0$

（2）$0 \leqslant P(A) \leqslant 1$

（3）$P(\overline{A})=1-P(A)$

（4）$P(A \cup B)=P(A)+P(B)-P(AB)$

（5）$P(A-B)=P(A \cap \overline{B})=P(A)-P(AB)$

借助集合的文氏图（Venn diagram）可以形象化地理解这些性质（见图 1.1.1）。下面不加证明地再给出概率的两个重要性质。

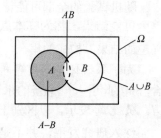

图 1.1.1　文氏图

性质 3（Jordan 公式）　对 $A_i \in \mathcal{F}$，$i=1,2,3,\cdots$，有

$$P\left(\bigcup_{i=1}^{n} A_i\right) = \sum_{i=1}^{n} P(A_i) - \sum_{1 \leqslant i < j \leqslant n} P(A_i A_j) + \sum_{1 \leqslant i < j < k \leqslant n} P(A_i A_j A_k) - \cdots + (-1)^{n+1} P(A_1 A_2 \cdots A_n) \tag{1.1.2}$$

给定事件序列 $\{A_i, i=1,2,3,\cdots\}$，（1）若 $A_i \subset A_{i+1}, i \geqslant 1$，称为**单调增序列**，定义 $\lim\limits_{i \to \infty} A_i = \bigcup\limits_{n=1}^{\infty} A_n$；（2）若 $A_i \supset A_{i+1}$，$i \geqslant 1$，称为**单调减序列**，定义 $\lim\limits_{i \to \infty} A_i = \bigcap\limits_{n=1}^{\infty} A_n$。

性质 4（连续性定理）　若 $\{A_i, i=1,2,3,\cdots\}$ 是单调增序列（或减序列），则

$$\lim_{i \to \infty} P(A_i) = P\left(\lim_{i \to \infty} A_i\right) \tag{1.1.3}$$

基于概率论解决实际问题的基本思路是：首先为问题设计合适的随机试验模型，建立样本

空间 Ω；再围绕感兴趣的事件确定事件域 $\mathcal{F}$；而后合理地设定其中一些基础事件的概率；最后，由这些概率分析出我们感兴趣的事件的概率特性，从而解决所关心的问题。

例 1.2 分析掷均匀骰子问题。

解：掷骰子试验的结果是：1 至 6 面，我们用 1 至 6 个数字表示。因此，

（1） $\Omega = \{1,2,3,4,5,6\}$

（2） $\mathcal{F} = \{\varnothing, \Omega, \{1\}, \{2\}, \{3\}, \{4\}, \{5\}, \{6\},$

$\{1,2\}, \{1,3\}, \{1,4\}, \{1,5\}, \{1,6\}, \{2,3\}, \{2,4\}, \cdots$

$\{1,2,3\}, \{1,2,4\}, \{1,2,5\}, \{1,2,6\}, \{1,3,4\}, \{1,3,5\}, \cdots$

$\{1,2,3,4\}, \{1,2,3,5\}, \{1,2,3,6\}, \{1,2,4,5\}, \{1,2,4,6\}, \cdots$

$\{1,2,3,4,5\}, \{1,2,3,4,6\}, \{1,2,3,5,6\}, \{1,2,4,5,6\}, \cdots\}$

显然，其中的事件是样本的各种组合。

（3）由骰子的均匀特性可得，每个面的基本概率为 $1/6$；而且，$P\{\varnothing\}=0$，$P\{\Omega\}=1$。进而，$\forall A \in \mathcal{F}$，$P(A)=k/6$，$k \in [0,6]$ 为事件 A 包含的样本点数。

在确定事件域时，通常最关心的是包含感兴趣事件的最小 σ 域，"最小"有助于使问题尽量简化。设 $\mathcal{A}$ 是所有感兴趣事件构成的集类（它本身可能还不是 σ 域），一切包含 $\mathcal{A}$ 的 σ 域的交，称为 $\mathcal{A}$ 生成的 σ 域，记为 $\sigma(\mathcal{A})$，由于交运算的作用，它就是包含 $\mathcal{A}$ 的最小 σ 域。例如，如果上述例题中我们只关注骰子 1 号面出现的事件，即 $\mathcal{A}=\{\{1\}\}$，例 1.2 中的 $\mathcal{F}$ 就是包含 $\mathcal{A}$ 的一个 σ 域，它其实是最大的一个，不难找出其他一些包含 $\mathcal{A}$ 的 σ 域，所有包含 $\mathcal{A}$ 的 σ 域的交集可以给出 $\mathcal{A}$ 的最小 σ 域，即，$\sigma(\mathcal{A})=\{\varnothing, \Omega, \{1\}, \{2,3,4,5,6\}\}$。

当样本空间为实数区间时，博雷尔域是研究中常用的事件域，一维**博雷尔(Borel)域**定义为：包含 R（实数集）上所有形如 $(-\infty, a]$ 的最小 σ 域，记为 $\mathcal{B}=\sigma\big((-\infty, a], \forall a \in R\big)$。

例 1.3 分析测量某随机电压的问题，假定该电压在 $[0,1]$（单位：伏特）上是等可能取值的。

解：本测量可视为一个随机试验，结果为 $\xi \in [0,1]$。深入的分析可见，区间 $[0,1]$ 上存在某些点集不宜作为事件。而且，由区间无限稠密性可知，$\forall \xi \in \Omega$，$P\{\xi\}=0$，这无法有效地进行描述。但是，如果选取 $\{\xi \leqslant u\}$ 型子集为基础事件族（其中 u 为参变量），由它们的交、并等运算可以构造出所有有用的事件。于是，设：

（1） $\Omega = [0,1]$；

（2） $\mathcal{F} = \mathcal{B}[0,1] = \sigma([0,u], \forall u \in [0,1])$，称为局限在 $[0,1]$ 上的 Borel 域。

（3）定义概率测度：考虑 Borel 域上的基础事件族 $\{0 \leqslant \xi \leqslant u\}$，其中参变量 $u \in [0,1]$。由于电压取值 ξ 是等可能的，因此

$$P\{0 \leqslant \xi \leqslant u\} = P\{\xi \in [0,u]\} = u \tag{1.1.4}$$

而其他各种事件的概率都可以由此计算。比如

$$P\{\xi \in (u, u+\Delta u]\} = P\{\{0 \leqslant \xi \leqslant u + \Delta u\} - \{0 \leqslant \xi \leqslant u\}\}$$
$$= P\{0 \leqslant \xi \leqslant u + \Delta u\} - P\{0 \leqslant \xi \leqslant u\}$$
$$= (u + \Delta u) - u = \Delta u$$

从上面的例题可以发现，博雷尔域巧妙地利用 $(-\infty, a]$ 的集合形式以规定基础事件簇 $\{\xi \leqslant a\}$，这种形式便于后续的各种事件运算，而基于基础事件簇定义出基本概率后，就可以方

便地研究其他各种事件及其概率。

1.1.2 条件概率与独立性

定义 1.3 给定概率空间 $(\Omega,\mathcal{F},P)$ 与事件 A,B，若 $P(A)>0$，可以定义**条件事件**和**条件概率**(Conditional probability)，如下

$$B\,|\,A = \text{事件 } A \text{ 发生条件下的事件 } B$$

$$P(B|A)=\frac{P(AB)}{P(A)}, \quad P(A)>0 \qquad (1.1.5)$$

由条件概率的定义可以得到乘法公式并推广为链式法则，如下

$$P(AB)=P(A)P(B|A) \qquad P(A)>0 \qquad (1.1.6)$$

$$P\big(A_1 A_2 \cdots A_n\big)=P\big(A_1\big)P\big(A_2\,|\,A_1\big)P\big(A_3\,|\,A_1 A_2\big)\cdots P\big(A_n\,|\,A_1 A_2 \cdots A_{n-1}\big) \qquad (1.1.7)$$

其中，$P\big(A_1 A_2 \cdots A_{n-1}\big)>0$。

事件组 $A_i \in F, i=1,2,3,\cdots,n$，若满足：

（1）$\forall i \neq j$，$A_i A_j = \varnothing$；　　（2）$\bigcup\limits_{i=1}^{n} A_i = \Omega$

则称该事件组为样本空间的一个**完备事件组或分割**(**Partition**)。完备事件组是既彼此互斥又可以完整地拼成 Ω 的事件组。若 $A_i(i=1,2,\cdots,n)$ 是完备组，任取事件 $B \in \mathcal{F}$，有

（1）**全概率公式**(见图 1.1.2)

$$P(B)=\sum_{i=1}^{n} P(BA_i)=\sum_{i=1}^{n} P(B|A_i)P(A_i) \qquad (1.1.8)$$

全概率公式表明："全部"的概率是各个"部分"的概率按比例构成的。

（2）**贝叶斯**(**Bayes**)**公式**

$$P\big(A_k\,|\,B\big)=\frac{P\big(A_k B\big)}{P(B)}=\frac{P\big(A_k\big)P\big(B|A_k\big)}{\sum\limits_{i=1}^{n} P\big(B|A_i\big)P\big(A_i\big)} \qquad k=1,2,\cdots,n \qquad (1.1.9)$$

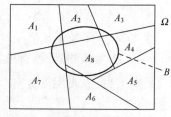

图 1.1.2　全概率公式

贝叶斯公式在研究因果推测、信息传输与检测等问题中有着重要的应用。通常 $P(A_i)$ 称为**先验**(A priori)**概率**，$P(B|A_k)$ 称为**转移**(Transition)**概率**，$P(A_k|B)$ 称为**后验**(A posteriori)**概率**。考虑一下因果推测问题：A_i 是 m 个原因事件，B 是某种结果事件，贝叶斯公式正是基于结果 B 推测某种起因 A_k 的可能性的方法。

独立(Independence)的概念用于描述事件的发生不依赖于条件的特性，即，$P(B|A)=P(B)$。因此事件 A 与 B 独立等价地定义为

$$P(AB)=P(A)P(B)$$

多个事件彼此独立的定义为：

定义 1.4 设 $A_i \in \mathcal{F}$，$i=1,2,\cdots,n$，若对于任意 $m(0 \leqslant m \leqslant n)$ 与 m 个任意整数 $1 \leqslant k_1 < k_2 \cdots < k_m \leqslant n$，满足

$$P\big(A_{k_1} A_{k_2} \cdots A_{k_m}\big)=P\big(A_{k_1}\big)P\big(A_{k_2}\big)\cdots P\big(A_{k_m}\big) \qquad (1.1.10)$$

则称 $A_1,A_2,\cdots,A_n$ 彼此独立。

可见多个事件的独立要求它们两两独立，三三独立，以及任意 $m(\leqslant n)$ 个都独立。

例 1.4 盒中有形状相同、编号为 $1 \sim N$ 的小球各 1 只，每次随机取出 1 个不再放回。对

于 $k \in [1, N]$，求：

（1）在第 k 次时（首次）摸到 1 号球的概率？

（2）前 k 次能摸到 1 号球的概率？

解： "摸球问题" 中最基本的事件概率是："从 M 个球中摸到 1 个的概率" 为 $1/M$。我们依据具体问题将有关事件进行恰当的分解处理。

（1）令 B_k 为第 k 次（$1 \leqslant k \leqslant N$）摸到 1 号球的事件，$X_k$ 为第 k 次首次摸到 1 号球的事件。它们的取值为 1（成立）或 0（不成立）。显然

$$X_k = \overline{B_1}\,\overline{B_2}\,\overline{B_3}\cdots\overline{B_{k-1}}B_k$$

应用式 (1.1.7)

$$P(X_k) = P(\overline{B_1})P(\overline{B_2}\mid\overline{B_1})P(\overline{B_3}\mid\overline{B_1}\,\overline{B_2})\cdots$$

注意其中各项事件及其概率的含义，比如 $\overline{B_3}\mid\overline{B_1}\,\overline{B_2}$ 指前两次未摸到的条件下，第 3 次也未摸到，这时第三次摸球时盒中球数为 $N-2$，其 1 号球还在其中。于是

$$P\left(\overline{B_3}\mid\overline{B_1}\,\overline{B_2}\right) = \frac{N-3}{N-2}$$

由此类推得到上式左边的各种概率，于是

$$P(X_k) = \frac{N-1}{N}\frac{N-2}{N-1}\cdots\frac{N-(k-1)}{N-(k-2)}\frac{1}{N-(k-1)} = \frac{1}{N}$$

（2）令前 k 次能摸到 1 号球的事件记为 Y_k

$$Y_k = X_1 \cup X_2 \cup \cdots \cup X_k$$

1 号球只有一个，因此，$X_1 X_2 \cdots X_k$ 是彼此互斥的。于是

$$P(Y_k) = P(X_1) + \cdots + P(X_k) = k/N$$

在具体问题中求解事件概率有许多技巧与方法。基本的方法是：首先建立起最基本事件的概率，以便计算其他基本事件的概率；而后，将问题所关心的事件分解为互斥的基本事件之 "或事件"，或者分解为独立的基本事件之 "与事件"；或者分解为链式法则的形式；还可以将其表示为基本事件的条件事件。

例1.5 有 N 个格子排为一列，将一只小球随机地放入其中任一格子。对于 $k \in [1, N]$，求：

（1）小球放入第 k 号格子的概率？

（2）前 k 个格子中有小球的概率？

解： 因为是等概的，显然

$$P(\text{小球放入任一格子}) = 1/N$$

$$P(\text{小球放入任意}k\text{个格子}) = k/N$$

其实这两个例题的数学本质是一样的。在例 1.4 中虽然有多个球，但如果将注意力集中在 1 号球上，其他球只是 "摆设" 而已。有关概率论的应用题有时候令人困惑，但如果选好了观察的 "视角"，问题的本质可能显得很简单。

1.2 随机变量与典型分布

1.2.1 随机变量

设计一个从样本空间向实数域的映射，将样本点映射为实数值，把事件转换为实数集合，

使基于集合论的概率运算转变为实数域上的概率分析，这便产生了随机变量。

定义 1.5 若 $(\Omega, \mathcal{F}, P)$ 是一个概率空间，$X(\xi)$ 是定义在 Ω 上的单值实函数，如果对 $\forall x \in R$（实数集），有 $\{X \leqslant x\} \in \mathcal{F}$，则称 X 为 $(\Omega, \mathcal{F}, P)$ 上的一个**随机变量**（Random variable）。并称 $F(x) = P\{X \leqslant x\}$ 为 X 的**分布函数**（Distribution function），或**累积分布函数**（Cumulative distribution function）。

需要注意的是，定义中的 $\{X \leqslant x\}$ 是 $\{\xi : X(\xi) \leqslant x\}$ 的缩写，它是样本空间上样本点的集合，而非普通实数集合。定义包含 $X(\xi)$ 的取值及其取值的概率，因而它不是普通的实变量。定义以 $\{X \leqslant x\}$ 为基础事件簇，通过分布函数来描述 X 的概率特性。最后，定义中的 x 只是辅助分布函数的一个参变量而已，与随机变量 X 没有直接关系。

分布函数具有如下基本性质：

（1）$F(-\infty) = 0$，$F(+\infty) = 1$；

（2）$F(x)$ 是右连续的非降函数，即

$$F(x_1) \leqslant F(x_2) \text{（当 } x_1 < x_2 \text{ 时）；} \quad F(x^+) = F(x)$$

（3）概率计算公式

$$P\{x_1 < X \leqslant x_2\} = F(x_2) - F(x_1), \qquad P(X = x) = F(x) - F(x^-)$$

其中，$F(x^-)$ 与 $F(x^+)$ 分别表示 $F(x)$ 在 x 处的左、右极限。

分布函数可能含有间断点，但它们必定是跳跃型的。X 可分为三种类型：

（1）**连续型**：$F(x)$ 是连续的。这时，$P(X = x) = 0$；

（2）**离散型**：$F(x)$ 仅含有跳跃型间断点。这些间断点就是 X 的全部可能取值，记为 $\{x_i\}$；相应的概率记为 $\{p_i\}$，即 $P(X = x_i) = p_i = F(x_i) - F(x_i^-)$，并有 $\sum_i p_i = 1$，$p_i \geqslant 0$。$\{p_i\}$ 称为 X 的**分布律**（或**分布列**）（Distribution law）。显然

$$F(x) = P(X \leqslant x) = \sum_{x_i \leqslant x} p_i$$

（3）**混合型**：这时 $F(x)$ 既有连续的部分也有间断点，是上面两种形式的组合。

例 1.6 **示性函数**：给定概率空间 $(\Omega, \mathcal{F}, P)$，对于某事件 $A \in \mathcal{F}$，定义函数

$$I_A(\xi) = \begin{cases} 1, & \xi \in A \\ 0, & \xi \notin A \end{cases} \tag{1.2.1}$$

容易验证，$I_A(\xi)$（简记为 I_A）是一个随机变量，而且是二值的，并有 $P(I_A = 1) = P(A)$，$P(I_A = 0) = P(\overline{A})$。显然，$I_A$ 指示着事件 A 发生与否。

定义 1.6 若存在非负函数 $f(x)$，对 $\forall x \in R$，有

$$F(x) = \int_{-\infty}^{x} f(u)\mathrm{d}u \tag{1.2.2}$$

则称 $f(x)$ 为 X 的**概率密度函数**（Probability density function），简称密度函数。

概率密度函数由分布函数延伸得到，基于它可更为方便地计算任意区间 A 上的概率：$P\{X \in A\} = \int_A f(x)\mathrm{d}x$。

当 $F(x)$ 连续时，易见 $f(x) = \dfrac{\mathrm{d}}{\mathrm{d}x} F(x)$；而当 $F(x)$ 不连续时，可以引入阶跃函数 $u(x)$ 与冲激函数 $\delta(x)$ 来表示 $F(x)$ 和 $f(x)$。定义

$$u(x) = \begin{cases} 1 & x \geqslant 0 \\ 0 & x < 0 \end{cases} \quad \text{和} \quad \delta(x) = \frac{\mathrm{d}}{\mathrm{d}x} u(x) \tag{1.2.3}$$

这样，即使在 $F(x)$ 的间断处，仍可认为其(广义)导数存在，于是，密度函数存在。极端的情况是，分布律为 $P(X = x_i) = p_i$ 的离散随机变量，其分布与密度函数可表示为：

$$F(x) = \sum_i p_i u(x - x_i) \quad (i为整数) \tag{1.2.4}$$

$$f(x) = \sum_i p_i \delta(x - x_i) \quad (i为整数) \tag{1.2.5}$$

例 1.7 均匀骰子实验。定义随机变量 X 为骰子顶面的编号，取值为 $\{1,2,3,4,5,6\}$。显然 X 是离散型的，其概率特性通常用分布律描述最为方便，即

$$P(X = i) = 1/6 \quad i = 1, 2, \cdots, 6$$

但如果需要分布与密度函数，可由上面公式得到

$$F(x) = \sum_{i=1}^{6} \frac{1}{6} u(x - i) \quad 或 \quad f(x) = \sum_{i=1}^{6} \frac{1}{6} \delta(x - i)$$

如图 1.2.1 所示。

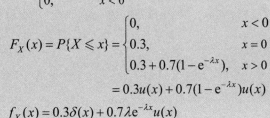

图 1.2.1　例 1.7 的图

例 1.8 随机变量 X 有 30%的可能取 0，70%的可能按 λ 的指数分布特性取正值。求其分布与密度函数。

解：由于指数分布的分布函数为

$$F(x) = \begin{cases} 1 - e^{-\lambda x}, & x \geqslant 0 \\ 0, & x < 0 \end{cases}$$

因此

$$F_X(x) = P\{X \leqslant x\} = \begin{cases} 0, & x < 0 \\ 0.3, & x = 0 \\ 0.3 + 0.7(1 - e^{-\lambda x}), & x > 0 \end{cases}$$

$$= 0.3 u(x) + 0.7(1 - e^{-\lambda x}) u(x)$$

$$f_X(x) = 0.3 \delta(x) + 0.7 \lambda e^{-\lambda x} u(x)$$

1.2.2　典型分布

在大量的实际应用与理论研究中，人们发现随机变量的分布函数具有一些典型的形式。本书附录 A 中总结了部分常见的分布与密度函数，以及它们的主要统计特性。最常见的分布包括高斯分布、均匀分布、指数分布、两点分布、二项式分布、泊松分布等，它们在初等概率论中都有详细的说明。本书后面还会对高斯分布、指数分布与泊松分布进行更为深入的讨论，这里先通过几个例子说明几种分布的某些重要特性。

例 1.9 讨论指数分布。指数分布常用于描述一些具有随机性的等待时间。比如，在公交车站等车的时间，排队等候服务的时间，电话交换机或服务器等待呼叫的时间，设备工作到出现故障的时间等。假定一台 PC 机的使用寿命服从 $\lambda = 1/3$ 年的指数分布。求该 PC 机可以无故障地使用两年以上的概率。如果到两年时还没有坏，它再使用两年以上的概率是多少？

解：由于 X 为指数分布，$\forall t \geqslant 0$，有

$$P\{X > t\} = 1 - F(t) = e^{-\lambda t}$$

因此，该 PC 机无故障使用两年的概率为

$$P\{X > 2\} = e^{-2/3} = 0.5134$$

又 $$P\{X>t+\tau|X>t\}=P\{X>t+\tau\}/P\{X>t\}=\mathrm{e}^{-\lambda(t+\tau)}/\mathrm{e}^{-\lambda t}=\mathrm{e}^{-\lambda\tau}$$

可见，再使用两年的概率为 $$P\{X>4|X>2\}=0.5134$$

看起来使用过的旧设备，其寿命与新设备一样，这源于假定设备的寿命服从简单的指数分布。而指数分布具有**无记忆性**，由上例可知：

$$P\{X>t+\tau|X>t\}=P\{X>\tau\}$$

几何分布是离散形式的指数分布。考虑一个独立试验序列，每个试验结果是"成功"或"失败"，分别记为"1"或"0"，成功的概率为 $0\leqslant p\leqslant 1$。假定以 X 记直至首次出现成功所需进行的试验次数，那么，X 的概率分布律为

$$P\{X=k\}=p(1-p)^{k-1}\qquad(k=0,1,2,\cdots)$$

这种分布称为**几何分布**。

例 1.10 讨论二项分布的计算。假定元件次品率为 0.02，求 10000 件中次品的个数小于等于 240 件的概率。

解：这类问题中，可认为各元件的好坏是彼此独立的，且次品概率同为 0.02。令 X 为总的次品数目，则 $X\sim B(10000,0.02)$。于是

$$P\{X\leqslant 240\}=\sum_{k=0}^{240}\binom{10000}{k}0.02^k 0.98^{10000-k}$$

由于总数 n 很大，计算该式是困难的。为此我们可以利用棣莫弗-拉普拉斯中心极限定理：$n\to\infty$ 时，$P_n(k)\to N(np,npq)$。通常 $npq\geqslant 10$ 就行了。因此近似有，$P_n(k)\to N(200,196)$，所以

$$P\{X\leqslant 240\}\approx\Phi\left(\frac{240-200}{14}\right)=0.9979$$

其中，$\Phi(x)$ 为标准正态分布函数。

运用上述近似公式时应该满足 $npq\gg 1$ 的条件。但有一些时候，该条件并不成立。比如，如果次品率为 10^{-5}，求 10000 件中无次品的概率？注意到，$npq\approx 0.1$。这时可改用泊松分布来近似处理这种大数量"稀有"（p 很小）事件的情形：$P_n(k)\to\mathcal{P}(np)$，即参数 $\lambda=np$ 的泊松分布。于是 $P_n(k)\to\mathcal{P}(0.1)$，有

$$P\{X=0\}=(1-10^{-5})^{10000}\approx\mathrm{e}^{-\lambda}\frac{\lambda^0}{0!}=\mathrm{e}^{-0.1}=0.9048$$

二项分布的近似计算方法可归纳如下（参见 1.7.4 节）：$X\sim B(n,p)$ 在 n 很大时，可以依条件近似为两种分布：

（1）$npq\gg 1$ 时：　　$X\to N(np,npq)$　　或　　$P_n(k)\approx\dfrac{1}{\sqrt{2\pi npq}}\mathrm{e}^{-\frac{(k-np)^2}{2npq}}$ 　　(1.2.6)

（2）p 很小时：　　$X\to\mathcal{P}(np)$　　或　　$P_n(k)\approx\dfrac{(np)^k}{k!}\mathrm{e}^{-np}$ 　　(1.2.7)

例 1.11 讨论随机点的均匀分布。假定有 n 个随机点独立且均匀地落在 t 轴的 $(0,T]$ 区间中，如图 1.2.2 所示。第 k 点所落的位置记为 T_k，显然，T_k 服从 $(0,T]$ 的均匀分布。我们做下面几点分析：

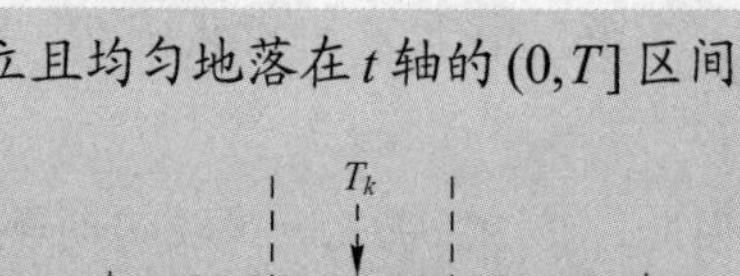

（1）$\forall t\in(0,T]$，由于实数是无限稠密的，T_k 正好落在 t 上的概率为

图 1.2.2　例 1.11 的图

$$P\{T_k = t\} = 0$$

（2）任意给定某个子区间 $(t, t+\Delta t] \subset (0, T)$，$T_k$ 落在该子区间的概率为

$$P\{T_k \in (t, t+\Delta t]\} = \Delta t / T$$

（3）n 个点各自独立，其中有 k 个落在上述子区间 $(t, t+\Delta t]$ 的概率服从二项式分布

$$P_n(k) = \binom{n}{k} p^k q^{n-k}$$

其中 $p = \Delta t / T$，$q = 1 - p$。

（4）设想无穷多个点落入 $(0, +\infty)$ 区间，并维持点的密度为 λ 的情形（即 $T \to \infty$，$n \to \infty$，但 $n/T = \lambda$）：考察任一区间 $(t, t+\Delta t]$ 上有 k 个点的概率。由于 $p = \Delta t / T \to 0$，$np = n\Delta t / T = \lambda \Delta t$，利用式(1.2.7)，得

$$P_n(k) = \mathrm{e}^{-\lambda \Delta t} \frac{(\lambda \Delta t)^k}{k!} \tag{1.2.8}$$

可见，它是参数为 $\lambda \Delta t$ 的泊松分布。

分析队列类应用时常常用到泊松分布。比如，超市入口处的顾客人流是一种队列情形。许多顾客从附近不同的地方自发而来，理想与简化处理中可以认为：顾客数量很多（$n \to \infty$），超市维持的时间很长（$T \to \infty$），顾客前来光顾是随机均匀的，且其平均密度稳定于常数 λ。因此，超市入口处的顾客人流具有泊松随机特性。

1.2.3 多维随机变量

多维（或多元）**随机变量**也称为**随机向量**，是指一组彼此关联的随机变量，其特性由**联合概率分布**与**密度函数**描述。考虑 n 维随机变量 $(X_1, X_2, \cdots, X_n)$，有

$$F_{X_1 X_2 \cdots X_n}(x_1, x_2, \cdots, x_n) = P\{X_1 \leqslant x_1, X_2 \leqslant x_2, \cdots, X_n \leqslant x_n\} \tag{1.2.9}$$

$$f_{X_1 X_2 \cdots X_n}(x_1, x_2, \cdots, x_n) = \frac{\partial^n}{\partial x_1 \partial x_2 \cdots \partial x_n} F_{X_1 X_2 \cdots X_n}(x_1, x_2, \cdots, x_n) \tag{1.2.10}$$

它们的基本性质与前面的相仿，以二维 (X, Y) 为例：

（1）$F_{XY}(x, -\infty) = 0$，$F_{XY}(-\infty, y) = 0$，$F_{XY}(+\infty, +\infty) = 1$；

（2）$F_{XY}(x, y)$ 是 x 或 y 的单调非减函数；

（3）$P\{a < X \leqslant b; c < Y \leqslant d\} = F_{XY}(b, d) - F_{XY}(a, d) - F_{XY}(b, c) + F_{XY}(a, c)$，如图 1.2.3 所示；

（4）区域 D 的概率计算公式：

$$P\{(x, y) \in D\} = \iint_D f_{XY}(x, y) \mathrm{d}x \mathrm{d}y$$

(X, Y) 的**边缘概率分布**定义为

$$F_X(x) = P(X \leqslant x) = \lim_{y \to \infty} F_{XY}(x, y) = F_{XY}(x, +\infty)$$

$$F_Y(y) = P(Y \leqslant y) = \lim_{x \to \infty} F_{XY}(x, y) = F_{XY}(+\infty, y)$$

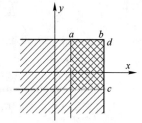

图 1.2.3　$P\{a < X \leqslant b; c < Y \leqslant d\}$

边缘概率密度函数为

$$f_X(x) = \frac{\mathrm{d}}{\mathrm{d}x} F_X(x) = \int_{-\infty}^{+\infty} f_{XY}(x, y) \mathrm{d}y$$

$$f_Y(x) = \frac{\mathrm{d}}{\mathrm{d}y} F_Y(y) = \int_{-\infty}^{+\infty} f_{XY}(x, y) \mathrm{d}x$$

离散型随机向量的联合密度函数完全由多维冲激函数组成，形如

$$f_{XY}(x,y)=\sum_i\sum_j p_{ij}\delta(x-x_i,y-y_j)$$

其联合分布函数由相似形式的多维阶跃函数组成

$$F_{XY}(x,y)=\sum_i\sum_j p_{ij}u(x-x_i,y-y_j)$$

更为方便的是用**联合分布律**来描述离散型随机变量的概率特性，如

$$P\{X=x_i,Y=y_j\}=p_{ij},\quad \sum_i\sum_j p_{ij}=1$$

从联合分布律可以更清楚地看到(X,Y)取各二维离散点的概率。

简单而常见的n维分布有：n维(0-1)分布、n维正态分布、均匀分布与指数分布等。

例 1.12 二维均匀分布：已知随机变量(X,Y)仅在区域D上取值，如图 1.2.4 所示，并且为均匀分布。求$f(x,y)$、$f_X(x)$与$f_Y(y)$。

解：由图 1.2.4，区域D的面积为 4。因此

$$f(x,y)=\begin{cases}1/4 & (x,y)\in D\\ 0, & \text{其他}\end{cases}$$

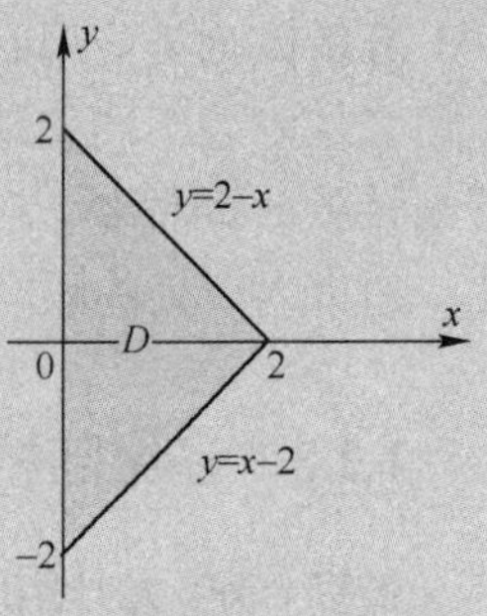

于是

$$f_X(x)=\begin{cases}\displaystyle\int_{x-2}^{2-x}\frac{1}{4}\mathrm{d}y=1-x/2, & x\in[0,2)\\ 0, & \text{其他}\end{cases}$$

$$f_Y(y)=\begin{cases}\displaystyle\int_0^{2-y}\frac{1}{4}\mathrm{d}x, & y\in[0,2)\\ \displaystyle\int_0^{y+2}\frac{1}{4}\mathrm{d}x, & y\in(-2,0)\\ 0, & \text{其他}\end{cases}=\begin{cases}\dfrac{2-|y|}{4}, & |y|<2\\ 0, & \text{其他}\end{cases}$$

图 1.2.4　区域D

例 1.13 二维正态分布$(X,Y)\sim N(\mu_1,\sigma_1^2,\mu_2,\sigma_2^2;\rho)$，其联合概率密度函数为

$$f(x,y)=\frac{1}{2\pi\sigma_1\sigma_2\sqrt{1-\rho^2}}\mathrm{e}^{-\frac{1}{2(1-\rho^2)}\left[\left(\frac{x-\mu_1}{\sigma_1}\right)^2-2\rho\frac{(x-\mu_1)(y-\mu_2)}{\sigma_1\sigma_2}+\left(\frac{y-\mu_2}{\sigma_2}\right)^2\right]} \tag{1.2.11}$$

其中μ_1、μ_2为任意常数，σ_1、σ_2为正常数，$|\rho|\leqslant 1$为常数。求边缘分布$f_X(x)$与$f_Y(y)$。

解：首先将$f(x,y)$的指数部分写为

$$-\frac{\left[\left(\rho\dfrac{x-\mu_1}{\sigma_1}-\dfrac{y-\mu_2}{\sigma_2}\right)^2+(1-\rho^2)\dfrac{(x-\mu_1)^2}{\sigma_1^2}\right]}{2(1-\rho^2)}=-\frac{\left[y-\mu_2-\rho\dfrac{(x-\mu_1)\sigma_2}{\sigma_1}\right]^2}{2(1-\rho^2)\sigma_2^2}-\frac{(x-\mu_1)^2}{2\sigma_1^2}$$

则

$$f_X(x)=\int_{-\infty}^{+\infty}f(x,y)\mathrm{d}y=\frac{1}{\sqrt{2\pi}\sigma_1}\mathrm{e}^{\frac{-(x-\mu_1)^2}{2\sigma_1^2}}\int_{-\infty}^{+\infty}\frac{1}{\sqrt{2\pi}\sigma_2\sqrt{1-\rho^2}}\mathrm{e}^{-\frac{\left[y-\mu_2-\rho\frac{(x-\mu_1)\sigma_2}{\sigma_1}\right]^2}{2(1-\rho^2)\sigma_2^2}}\mathrm{d}y$$

对照一维正态密度函数形式，并利用其归一性，易知上式右边的积分项为 1，因此

$$f_X(x)=\frac{1}{\sqrt{2\pi}\sigma_1}\exp\left\{-\frac{(x-\mu_1)^2}{2\sigma_1^2}\right\}$$

同理可得

$$f_Y(y)=\frac{1}{\sqrt{2\pi}\sigma_2}\exp\left\{-\frac{(y-\mu_2)^2}{2\sigma_2^2}\right\}$$

可见，边缘分布分别是一维正态分布：$X \sim N(\mu_1, \sigma_1^2)$ 与 $Y \sim N(\mu_2, \sigma_2^2)$。更高维的正态分布也有类似特点(参见 2.4 节)。

注意，在符号的书写习惯上，采用下标指明关联的随机变量，当不会发生混淆时，也常常略去下标。另外，还普遍使用与随机变量同名的小写字母为相应的参变量(但也时有例外)，这时，我们借助参变量可以帮助理解公式的确切含义。

1.2.4 条件随机变量

随机变量与多维随机变量的**条件事件**形如：

$$X \leqslant x \mid Y \in B$$
$$X_1 \leqslant x_1, X_2 \leqslant x_2, \cdots, X_n \leqslant x_n \mid Y_1 \in B_1, Y_2 \in B_2, \cdots, Y_n \in B_n$$
$$X_1 \leqslant x_1, X_2 \leqslant x_2, \cdots, X_n \leqslant x_n \mid Y_1 = y_1, Y_2 = y_2, \cdots, Y_n = y_n$$

其中 B 与 B_i 都是博雷尔域上的实数集。上面最后一种是"点事件"作为条件的情形。由于随机变量取值为单点的事件概率常常为 0，因此这类条件事件的概率采用极限形式来定义。以二维为例，**条件概率分布与密度函数**定义为：

$$F_{X|Y}(x \mid y) = \lim_{\Delta y \to 0} \frac{P\{X \leqslant x, y < Y \leqslant y + \Delta y\}}{P\{y < Y \leqslant y + \Delta y\}} = \int_{-\infty}^{x} \frac{f_{XY}(u, y)}{f_Y(y)} \mathrm{d}u \quad (1.2.12)$$

$$f_{X|Y}(x \mid y) = \frac{\partial}{\partial x} F_{X|Y}(x \mid y) = \frac{f_{XY}(x, y)}{f_Y(y)} \quad (1.2.13)$$

离散型随机变量可采用条件分布律，即

$$P[X = x_i \mid Y = y_i] = \frac{p_{ij}}{p_{\cdot j}}, \qquad p_{\cdot j} = \sum_i p_{ij} \quad (1.2.14)$$

条件概率分布与密度函数具有与普通分布与密度函数相似的性质。并且还满足：

（1）全概率公式：
$$f(x) = \int_{-\infty}^{+\infty} f(x \mid y) f(y) \mathrm{d}y$$

（2）贝叶斯公式：
$$f(x \mid y) = \frac{f(y \mid x) f(x)}{\int_{-\infty}^{+\infty} f(y \mid x) f(x) \mathrm{d}x}$$

（3）链式公式： $f(x_1 x_2 \cdots x_n) = f(x_1) f(x_2 \mid x_1) f(x_3 \mid x_1 x_2) \cdots f(x_n \mid x_1 \cdots x_{n-1})$

从这些性质与公式中可以总结出两条实用规则：

（1）消除主随机变量的规则：如 $f(x_1 x_2 x_3 x_4 \mid x_5 x_6) \to f(x_1 x_2 \mid x_5 x_6)$

$$f(x_1 x_2 \mid x_5 x_6) = \int_{-\infty}^{+\infty} \int_{-\infty}^{+\infty} f(x_1 x_2 x_3 x_4 \mid x_5 x_6) \mathrm{d}x_3 \mathrm{d}x_4$$

（2）消除条件随机变量的规则：如 $f(x_1 x_2 \mid x_3 x_4 x_5 x_6) \to f(x_1 x_2 \mid x_5 x_6)$

$$f(x_1 x_2 \mid x_5 x_6) = \int_{-\infty}^{+\infty} \int_{-\infty}^{+\infty} f(x_1 x_2 \mid x_3 x_4 x_5 x_6) f(x_3 x_4 \mid x_5 x_6) \mathrm{d}x_3 \mathrm{d}x_4$$

1.2.5 独立性

随机变量的独立性是事件独立性概念的引申。若对 $\forall x_1, x_2, \cdots, x_n \in R^n$ (n 维实数空间)，有

$$F_{X_1 X_2 \cdots X_n}(x_1, x_2, \cdots, x_n) = F_{X_1}(x_1) F_{X_2}(x_2) \cdots F_{X_n}(x_n)$$

则称 $X_1, X_2, \cdots, X_n$ 相互独立。因为分布函数表示的是概率，上式显然是事件独立性定义的直接结果。采用密度函数还可以将独立性的条件等价地表述如下

$$f_{X_1 X_2 \cdots X_n}(x_1, x_2, \cdots, x_n) = f_{X_1}(x_1) f_{X_2}(x_2) \cdots f_{X_n}(x_n)$$

若随机变量是离散型的，也可以用分布律来表述

$$P[X_1 = x_{1k_1}, X_2 = x_{2k_2}, \cdots, X_n = x_{nk_n}] = P[X_1 = x_{1k_1}] P[X_2 = x_{2k_2}] \cdots P[X_n = x_{nk_n}]$$

还可以得出下面几点：

（1）若两组随机变量 $(X_1, X_2, \cdots, X_n)$ 与 $(Y_1, Y_2, \cdots, Y_m)$ 满足

$$F(X_1, X_2, \cdots, X_n, Y_1, Y_2, \cdots, Y_m) = F_{X_1, X_2, \cdots, X_n}(x_1, x_2, \cdots, x_n) F_{Y_1, Y_2, \cdots, Y_m}(y_1, y_2, \cdots, y_m) \tag{1.2.15}$$

则称两组变量独立，但它们各自内部不必彼此独立。

（2）在独立随机变量组之间，条件不起作用，即

$$F_{X_1 X_2 \cdots X_n | Y_1 Y_2 \cdots Y_m}(x_1 x_2 \cdots x_n \mid y_1 y_2 \cdots y_m) = F_{X_1 X_2 \cdots X_n}(x_1 x_2 \cdots x_n)$$

例 1.14　二维正态分布如例 1.13 所述，求：（1）条件分布 $f(y \mid x)$；（2）X 与 Y 之间的独立性。

解：（1）利用例 1.13 的结果，由定义有：

$$f(y \mid x) = \frac{f(x, y)}{f(x)} = \frac{1}{\sqrt{2\pi} \sigma_2 \sqrt{1-\rho^2}} e^{-\frac{1}{2(1-\rho^2)\sigma_2^2}\left(y - \mu_2 - \rho \frac{(x-\mu_1)\sigma_2}{\sigma_1}\right)^2} \tag{1.2.16}$$

可见其条件分布是均值为 $\mu_2 + \rho \dfrac{(x-\mu_1)\sigma_2}{\sigma_1}$、方差为 $(1-\rho^2)\sigma_2^2$ 的一维正态分布。

（2）易见，当且仅当 $\rho = 0$ 时，$f(x, y) = f(x) f(y)$。因此 $\rho = 0$ 是二维正态分布的 X 与 Y 独立的充要条件。

例 1.15　二维均匀分布如例 1.12 所述，求 $P\{X \leqslant 1 \mid Y = 0\}$ 与 $P\{X \leqslant 1\}$。

解：根据例 1.12 的结果，由定义有

$$f(x \mid y) = \frac{f(x, y)}{f(y)} = \begin{cases} \dfrac{1}{2 - |y|}, & (X, Y) \in D \\ 0, & \text{其他} \end{cases}$$

可见，任取 $y \in (-2, 2)$，条件事件 $(X \mid Y = y)$ 服从均匀分布 $U(0, 2 - |y|)$。于是

$$P\{X \leqslant 1 \mid Y = 0\} = \int_{-\infty}^{1} f(x \mid y = 0) \mathrm{d}x = \int_0^1 \frac{1}{2 - 0} \mathrm{d}x = \frac{1}{2}$$

而

$$P\{X \leqslant 1\} = \int_{-\infty}^{1} f(x) \mathrm{d}x = \int_0^1 (1 - x/2) \mathrm{d}x = \frac{3}{4}$$

该概率也容易由图 1.2.4 求得。可见，条件 "$Y = 0$" 对 $\{X \leqslant 1\}$ 的概率有影响，X 与 Y 是不独立的。

例 1.16　（贝叶斯推理）已知某未知电压 U 在 $[0,1]$（伏特）范围内，测量信号为 $R = U + V$。其中加性高斯噪声 $V \sim N(0, 1)$ 与 U 独立。如果实测得 $R = 1$（伏特），求 $f(u \mid r = 1)$。

解：测量前对 U 的了解是关于它的先验知识，由题意它在 $[0, 1]$ 上"完全随机"，由此可以认为 U 的先验分布是 $[0, 1]$ 上的均匀分布，即

$$f(u) = \begin{cases} 1, & 0 \leqslant u \leqslant 1 \\ 0, & \text{其他} \end{cases}$$

由于 U 与 V 独立，U 的任何取值不影响 V 的概率特性，因此 $(R \mid U = u) = u + V \sim N(u, 1)$，即

$$f(r \mid u) = \frac{1}{\sqrt{2\pi}} e^{\frac{(r-u)^2}{2}}, \quad 0 \leqslant u \leqslant 1$$

利用贝叶斯公式 $\quad f(u\,|\,r=1)=\dfrac{f(u)f(r=1\,|\,u)}{\displaystyle\int_{-\infty}^{+\infty}f(r=1\,|\,u)f(u)\mathrm{d}u}$

$$=\begin{cases}\dfrac{1}{\sqrt{2\pi}a}\mathrm{e}^{-\frac{(1-u)^2}{2}}, & 0\leqslant u\leqslant 1\\[2mm] 0, & \text{其他}\end{cases}$$

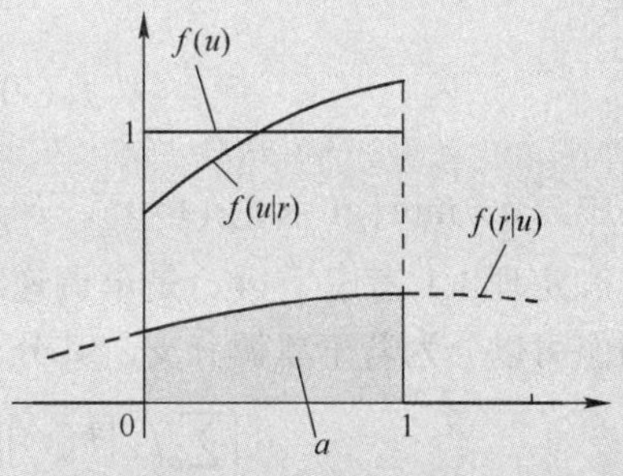

其中 $\quad a=\displaystyle\int_{-\infty}^{+\infty}f(r=1\,|\,u)f(u)\mathrm{d}u=\int_{0}^{1}\dfrac{1}{\sqrt{2\pi}}\mathrm{e}^{-\frac{(u-1)^2}{2}}\,\mathrm{d}u$

$$=\Phi(0)-\Phi(-1)=0.3413$$

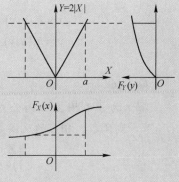
图 1.2.5

a 的值使得 $f(u\,|\,r=1)$ 满足归一性，如图 1.2.5 所示。

　　原先我们对于 U 的了解甚少，通过已测得 $R=1$ 这一新信息可以发现 U 实际上更可能偏 1 一些。显然，如果噪声（的方差）很小，则 $f(u\,|\,r=1)$ 的曲线会非常倾斜地靠向 1，表明 U 的准确值应该在 1 或其边上。可以看出，取这个测量后的条件分布的均值 $E(U\,|\,r=1)$，作为 U 的估计是合理的想法，这个均值称为条件平均，后面将详细讨论。

1.3　随机变量的函数

　　一个或多个随机变量的函数形如

$$Y=g(X)\qquad\text{或}\qquad Z=g(X_1,X_2,\cdots,X_n)$$

它们构成从原样本空间到实数域的复合映射。Y 或 Z 是新的随机变量，但要求

$$\{Y\leqslant y\}=\{\xi:g[X(\xi)]\leqslant y\}$$

或 $\qquad\{Z\leqslant z\}=\{\xi:g[X_1(\xi),X_2(\xi),\cdots,X_n(\xi)]\leqslant z\}$

是事件。它是随机变量基本概念的延伸。满足这一要求使得延伸具有合理性，相应的函数称为博雷尔函数。

1.3.1　一元函数

　　一元函数表示为 $Y=g(X)$。确定其函数随机变量分布的基本方法是：

$$F_Y(y)=P\big[g(X)\leqslant y\big]=P\big[X\in\{x:g(x)\leqslant y\}\big]=\int_{\{x:g(x)\leqslant y\}}f_X(x)\mathrm{d}x \qquad(1.3.1)$$

　　例 1.17　绝对值，$Y=2|X|$，如图 1.3.1 所示，其中 X 为连续随机变量。可得

$$F_Y(y)=\begin{cases}P\big[-y\leqslant 2X\leqslant y\big], & y\geqslant 0\\[1mm] 0, & y<0\end{cases}$$

$$=\begin{cases}F_X\!\left(\dfrac{y}{2}\right)-F_X\!\left(-\dfrac{y}{2}\right)+P\!\left(X=-\dfrac{y}{2}\right) & y\geqslant 0\\[2mm] 0, & y<0\end{cases}$$

由于 X 为连续的，其中，$P(X=-y/2)=0$。进而

图 1.3.1　例 1.17 的图

$$f_Y(y)=\begin{cases}\dfrac{f_X(y/2)+f_X(-y/2)}{2}, & y\geqslant 0\\[2mm] 0, & y<0\end{cases} \qquad(1.3.2)$$

对于连续型随机变量，如果 $g(x)$ 是单调递增或单调递减函数，可利用下面定理：

定理 1.1　设 $Y = g(X)$，若 $g(x)$ 处处可导且恒有 $g'(x) > 0$ 或 $g'(x) < 0$，则

$$f_Y(y) = \begin{cases} f_X\left[h(y)\right]\left|h'(y)\right|, & a < y < b \\ 0, & \text{其他} \end{cases} \tag{1.3.3}$$

其中，$a = \min\{g(-\infty), g(+\infty)\}$，$b = \max\{g(-\infty), g(+\infty)\}$，$h(y)$ 是 $g(x)$ 的反函数。

定理 1.1 考虑了 $g(x)$ 是单调递增或单调递减函数的情况。更一般的时候，若 $g(x)$ 不是单调的但可以分为若干单调分支，其分支函数记为 $h_i(x)$，（见图 1.3.2），则

$$f_Y(y) = \begin{cases} \sum_i f_X\left[h(y)\right]\left|h_i'(y)\right|, & a_i < y < b_i \\ 0, & \text{其他} \end{cases} \tag{1.3.4}$$

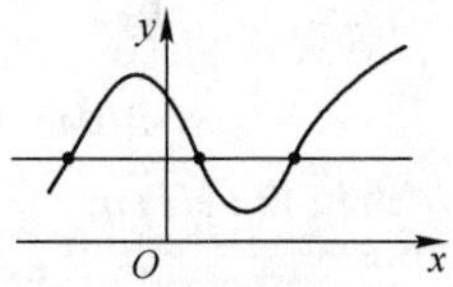

上面的例 1.17 就是一个简单例子。

图 1.3.2

1.3.2　二元函数

二元函数表示为 $Z = g(X, Y)$，确定其函数分布的基本方法同样是从定义出发

$$F_Z(z) = P\left[g(X,Y) \leqslant z\right] = \int_{\{(x,y): g(x,y) \leqslant z\}} f_{XY}(x,y)\mathrm{d}x\mathrm{d}y \tag{1.3.5}$$

例 1.18　求 $U = \min(X, Y)$ 与 $V = \max(X, Y)$ 的分布函数。

解：按定义　　　　$F_U(u) = P\left[\min(X,Y) \leqslant u\right] = P\left[(X \leqslant u) \cup (Y \leqslant u)\right]$

由概率的基本性质　　　$P(A \cup B) = P(A) + P(B) - P(A \cap B)$

有　　　　　　　　　　$F_U(u) = F_X(u) + F_Y(u) - F_{XY}(u,u) \tag{1.3.6}$

仿此有　　$F_V(v) = P\left[\max(X,Y) \leqslant v\right] = P\left[(X \leqslant v) \cap (Y \leqslant v)\right] = F_{XY}(v,v) \tag{1.3.7}$

更一般的函数关系可以是如下的二元至二元的映射组

$$\begin{cases} U = g_1(X, Y) \\ V = g_2(X, Y) \end{cases} \tag{1.3.8}$$

仿照一元函数，在一定的条件下，可用下面的公式确定其联合密度函数

$$f_{UV}(u,v) = f_{XY}\left[h_1(u,v), h_2(u,v)\right]\left|J\right| \tag{1.3.9}$$

其中，$h_1(\ )$ 与 $h_2(\ )$ 为反函数，J 为雅可比行列式（Jacobian），即

$$\begin{cases} x = h_1(u,v) \\ y = h_2(u,v) \end{cases} \qquad J = \begin{vmatrix} \dfrac{\partial h_1}{\partial u} & \dfrac{\partial h_1}{\partial v} \\ \dfrac{\partial h_2}{\partial u} & \dfrac{\partial h_2}{\partial v} \end{vmatrix} = \left(\begin{vmatrix} \dfrac{\partial g_1}{\partial x} & \dfrac{\partial g_1}{\partial y} \\ \dfrac{\partial g_2}{\partial x} & \dfrac{\partial g_2}{\partial y} \end{vmatrix}\right)^{-1} \neq 0 \tag{1.3.10}$$

例 1.19　求 $Z = X + Y$ 的密度函数。

解：为了利用上面的公式，必须建立相同维数的映射组。因而，我们定义辅助变量 $U = Y$，则函数、相应的反函数形式与雅可比行列式如下

$$\begin{cases} Z = X + Y \\ U = Y \end{cases}, \quad \begin{cases} x = z - u \\ y = u \end{cases}, \quad J = \begin{vmatrix} 1 & -1 \\ 0 & 1 \end{vmatrix} = 1$$

于是　　　　　　　　　$f_{ZU}(z,u) = f_{XY}(z - u, u) \times 1$

对该联合密度函数积分可得

$$f_Z(z) = f_{X+Y}(z) = \int_{-\infty}^{+\infty} f_{XY}(z - u, u)\mathrm{d}u \tag{1.3.11}$$

如果 X 与 Y 独立，则 $f_{XY}(x,y)=f_X(x)f_X(y)$，于是

$$f_Z(z)=f_{X+Y}(z)=\int_{-\infty}^{+\infty}f_X(z-u)f_Y(u)\mathrm{d}u=f_X(z)*f_Y(z) \tag{1.3.12}$$

其中 "$*$" 表示卷积积分。

相仿地，可以求得

$$f_{X\cdot Y}(z)=\int_{-\infty}^{+\infty}\frac{1}{|u|}f_{XY}\left(\frac{z}{u},u\right)\mathrm{d}u \tag{1.3.13}$$

与

$$f_{X/Y}(z)=\int_{-\infty}^{+\infty}|u|f_{XY}(zu,u)\mathrm{d}u \tag{1.3.14}$$

理论分析与工程应用中经常遇到正态随机变量的变换，这些变换衍生出一些重要的分布。其中，瑞利与莱斯分布是无线电技术与通信工程等领域的常见分布。下面通过例子说明这两个分布。

例 1.20 复随机变量 $Z=X+\mathrm{j}Y=R\mathrm{e}^{\mathrm{j}\Theta}$，其中实部与虚部是同分布的零均值正态随机变量：$X\sim N(0,\sigma^2)$，$Y\sim N(0,\sigma^2)$，且 X 与 Y 独立。讨论振幅 R 与相位 Θ 的概率特性。

解： R、Θ 与 X、Y 之间的函数、反函数形式与雅可比行列式如下，

$$\begin{cases}R=\sqrt{X^2+Y^2}\\ \Theta=\arctan(Y/X)\end{cases}, \quad \begin{cases}x=r\cos\theta\\ y=r\sin\theta\end{cases}, \quad J=\begin{vmatrix}\cos\theta & -r\sin\theta\\ \sin\theta & r\cos\theta\end{vmatrix}=r$$

根据 X 与 Y 独立，有

$$f_{XY}(x,y)=f_X(x)f_Y(y)=\frac{1}{2\pi\sigma^2}\mathrm{e}^{-(x^2+y^2)/2\sigma^2}$$

于是

$$f_{R\Theta}(r,\theta)=\begin{cases}f_{XY}(r\cos\theta,r\sin\theta)r, & r\geqslant 0\\ 0, & r<0\end{cases}$$

$$=\begin{cases}\dfrac{r}{2\pi\sigma^2}\mathrm{e}^{-r^2/2\sigma^2}, & r\geqslant 0\\ 0, & r<0\end{cases} \tag{1.3.15}$$

边缘概率密度函数为

$$f_R(r)=\int_0^{2\pi}f_{R\Theta}(r,\theta)\mathrm{d}\theta=\begin{cases}\dfrac{r}{\sigma^2}\mathrm{e}^{-r^2/2\sigma^2}, & r\geqslant 0\\ 0, & r<0\end{cases} \tag{1.3.16}$$

$$f_{\Theta}(\theta)=\int_0^{+\infty}f_{R\Theta}(r,\theta)\mathrm{d}r=\begin{cases}\dfrac{1}{2\pi}, & \theta\in[0,2\pi)\\ 0, & \text{其他}\end{cases} \tag{1.3.17}$$

式 (1.3.16) 的分布被称为瑞利分布。易见，$f_{R\Theta}(r,\theta)=f_R(r)/(2\pi)$，注意到 $\int_{-\infty}^{\infty}f_R(r)\mathrm{d}r=1$，就容易得出式 (1.3.17)。可见，复变量 Z 的幅度为瑞利分布，相位为均匀分布，并且，$f_{R\Theta}(r,\theta)=f_R(r)f_{\Theta}(\theta)$，说明 R 与 Θ 独立。

进一步，如果 X 与 Y 的均值不是零，分别为 μ_X 与 μ_Y，则

$$f_{XY}(x,y)=f_X(x)f_Y(y)=\frac{1}{2\pi\sigma^2}\exp\left\{-\frac{(x-\mu_X)^2+(y-\mu_Y)^2}{2\sigma^2}\right\}$$

令

$$\begin{cases}a=\sqrt{\mu_X^2+\mu_Y^2}\\ \phi=\arctan(\mu_Y/\mu_X)\end{cases}, \quad \begin{cases}\mu_X=a\cos\phi\\ \mu_Y=a\sin\phi\end{cases}$$

$f_{XY}(x,y)$ 的指数部分中有

$$(x-\mu_X)^2+(y-\mu_Y)^2=x^2+y^2+\mu_X^2+\mu_Y^2-2(x\mu_X+y\mu_Y)=r^2+a^2-2ra\cos(\theta-\phi)$$

于是

$$f_{R\Theta}(r,\theta)=\frac{r}{2\pi\sigma^2}\exp\left\{-\frac{r^2+a^2}{2\sigma^2}+\frac{ra\cos(\theta-\phi)}{\sigma^2}\right\}$$

所以 $f_R(r) = \int_0^{2\pi} f_{R\Theta}(r,\theta)\mathrm{d}\theta = \frac{r\mathrm{e}^{-(r^2+a^2)/2\sigma^2}}{2\pi\sigma^2}\int_0^{2\pi}\mathrm{e}^{ra\cos(\theta-\phi)/\sigma^2}\mathrm{d}\theta = \frac{r\mathrm{e}^{-(r^2+a^2)/2\sigma^2}}{\sigma^2}\mathrm{I}_0\left(\frac{ra}{\sigma^2}\right)$ (1.3.18)

其中，用到修正的零阶贝塞尔函数

$$\mathrm{I}_0(x) = \frac{1}{2\pi}\int_0^{2\pi}\mathrm{e}^{x\cos\theta}\mathrm{d}\theta \tag{1.3.19}$$

式 (1.3.18) 的分布称为**莱斯 (Rician) 分布**（或称广义瑞利分布）。若必要，还可以进一步求出 $f_{\Theta}(\theta)$，并可发现 R 与 Θ 一般不独立。瑞利与莱斯密度函数曲线如图 1.3.3 所示。

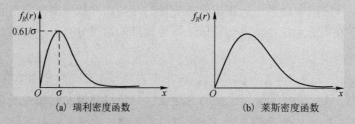

(a) 瑞利密度函数   (b) 莱斯密度函数

图 1.3.3　瑞利与莱斯密度函数曲线

在电子与通信工程等应用中，信号与噪声在许多时候服从高斯分布。分析中常常要讨论这些信号或噪声的两个正交分量及其幅度与相位的特性，它们在数学上分别对应于上述复变量的实部、虚部、振幅与相位。

1.4　数　字　特　征

随机变量的一些重要特征可用某些数值来刻画，这些数值是一些统计平均值，统称为随机变量或分布函数的**数字特征**。

1.4.1　黎曼-斯蒂阶积分

黎曼-斯蒂阶积分是普通定积分的简单推广，它常用于数学期望的严谨讨论。考虑 $F(x)$ 为 $(-\infty,+\infty)$ 上的单调不减右连续函数，$g(x)$ 为 $(-\infty,+\infty)$ 上的单值实函数，$\forall a < b$，引入黎曼-斯蒂阶积分如下。

定义 1.7　在 $[a,b]$ 中任意插入 $n-1$ 个分点 $a = x_0 < x_1 < x_2 < \cdots < x_n = b$，并且 $\forall u_i \in [x_{i-1}, x_i]$，$i = 1, 2, \cdots, n$。做和式：

$$S_n(a,b) = \sum_{i=1}^n g(u_i)\Delta F(x_i) = \sum_{i=1}^n g(u_i)\left[F(x_i) - F(x_{i-1})\right]$$

记 $\Delta_n = \max\limits_{1 \leqslant i \leqslant n}(x_i - x_{i-1})$。若 $n \to \infty$ 使 $\Delta_n \to 0$ 时，上面和式的极限存在，则称此极限为 $g(x)$ 对于 $F(x)$ 在区间 $[a,b]$ 上的**黎曼-斯蒂阶 (Riemann-Stieltjes) 积分**，简称为 R-S 积分，记为 $\int_a^b g(x)\mathrm{d}F(x)$。即

$$\int_a^b g(x)\mathrm{d}F(x) = \lim_{\substack{n\to\infty \\ \Delta_n\to 0}} S_n(a,b) = \lim_{\substack{n\to\infty \\ \Delta_n\to 0}}\left\{\sum_{i=1}^n g(u_i)\left[F(x_i) - F(x_{i-1})\right]\right\} \tag{1.4.1}$$

取 $F(x) = x$，可见 R-S 积分是通常的黎曼积分的推广。而在区间 $(-\infty,+\infty)$ 上的 R-S 积分指

$$\int_{-\infty}^{+\infty} g(x)\mathrm{d}F(x) = \lim_{\substack{a\to-\infty \\ b\to+\infty}}\int_a^b g(x)\mathrm{d}F(x) \tag{1.4.2}$$

R-S 积分具有下面几个基本性质：

（1）$\int_a^b \left[ag_1(x) + bg_2(x)\right]\mathrm{d}F(x) = a\int_a^b g_1(x)\mathrm{d}F(x) + b\int_a^b g_2(x)\mathrm{d}F(x)$

（2）$\int_a^b g(x)\mathrm{d}\left[aF_1(x) + bF_2(x)\right] = a\int_a^b g(x)\mathrm{d}F_1(x) + b\int_a^b g(x)\mathrm{d}F_2(x)$，$(a,b>0)$

（3）$\int_a^c g(x)\mathrm{d}F(x) = \int_a^b g(x)\mathrm{d}F(x) + \int_b^c g(x)\mathrm{d}F(x)$，$(a<b<c)$

一般而言，R-S 积分更多地用于理论分析，除几种特殊情况外，它通常只能用和式来近似估算。

此后，我们主要考虑 $F(x)$ 为随机变量 X 的分布函数，它符合 R-S 定义的要求，而且其数值范围限制在[0,1]之内。容易证明，对于分布函数的 R-S 积分具有下述特性：

（1）取 $g(x)=1$，则

$$\int_a^b \mathrm{d}F(x) = F(b) - F(a) = P(a < X \leqslant b)$$

（2）若 X 是连续随机变量，则

$$\int_a^b g(x)\mathrm{d}F(x) = \int_a^b g(x)f(x)\mathrm{d}x$$

（3）若 X 是离散随机变量，则

$$\int_a^b g(x)\mathrm{d}F(x) = \sum_i g(x_i)\left[F(x_i^+) - F(x_i^-)\right] = \sum_i g(x_i)p_i$$

可见，R-S 积分是一种包容普通积分与无限级数的广义数学模型。

1.4.2　数学期望（或统计平均）

定义 1.8　若随机变量 X 的分布函数为 $F(x)$，且 $\int_{-\infty}^{+\infty} |x|\mathrm{d}F(x) < +\infty$，则

$$E(X) = \int_{-\infty}^{+\infty} x\mathrm{d}F(x) \tag{1.4.3}$$

称为 X 的**数学期望**（Expectation），或**统计（集）平均**（Ensemble average）。

定义中采用了黎曼–斯蒂阶（Riemann-Stieltjes）积分形式。利用密度函数 $f(x)$ 时，可以写为

$$E(X) = \int_{-\infty}^{+\infty} xf(x)\mathrm{d}x \tag{1.4.4}$$

但密度函数中可能涉及冲激函数 $\delta(x)$。如果 X 为离散型，易见

$$E(X) = \sum_i x_i p_i \tag{1.4.5}$$

可以看出，这两个公式是初等概率论中数学期望定义的常用形式。但是在更为深入与规范的数学定义中主要采用式(1.4.3)R-S 积分的形式，这样做既可以规避特殊函数 $\delta(x)$，又无须区分连续或离散型随机变量。基于 R-S 积分的数学期望定义显然具有更好的严谨性与普适性。

数学期望的基本性质如下。

（1）线性：　　　$E(aX + bY + c) = aE(X) + bE(Y) + c$，$c$ 为常数

（2）函数的期望值：　　$E\left[g(X_1 \cdots X_n)\right] = \int_{-\infty}^{+\infty} g(x_1 \cdots x_n)\mathrm{d}F(x_1 \cdots x_n)$

$$= \int_{-\infty}^{+\infty} \cdots \int_{-\infty}^{+\infty} g(x_1 \cdots x_n)f(x_1 \cdots x_n)\mathrm{d}x_1 \cdots \mathrm{d}x_n \tag{1.4.6}$$

（3）若 $X_1, \cdots, X_n$ 独立，则：$E(X_1 \cdots X_n) = E(X_1)E(X_2) \cdots E(X_n)$

数学期望刻画了 $f(x)$ 的中心位置，其物理意义是 X 取值的算术平均值，因此也常称为**均**

值(Mean)，并简记为m_X。附录 A 中给出了各种典型分布的均值等参数。数学期望还常常采用简洁的书写形式，如EX、EX^2、$Eg(X)$等，应注意识别。

1.4.3　矩与联合矩

基于期望，定义单个或多个随机变量的一批数字特征，统称为 k 阶**矩**(Moment)与 $(k+r)$ 阶**联合矩**(或混合矩)(Joint moment)如下

（1）绝对原点矩：$E|X|^k$ $\qquad\qquad$ $E\left(|X|^k|Y|^r\right)$

（2）原点矩：$\qquad m_k = EX^k$ $\qquad\qquad$ $m_{k+r} = E\left(X^k Y^r\right)$

（3）中心矩：$\qquad \mu_k = E(X-EX)^k$ $\qquad$ $\mu_{k+r} = E\left[(X-EX)^k(Y-EY)^r\right]$

中心矩是中心化随机变量的普通原点矩，因此它与原点矩有许多相同的特征。而且，由二项式公式：$(a+b)^n = \sum_{k=0}^{n}\binom{n}{k}a^k b^{n-k}$，容易得出下面的关系式

$$\mu_n = \sum_{k=0}^{n}\binom{n}{k}(-1)^{n-k}m_k(EX)^{n-k}\ , \quad m_n = \sum_{k=0}^{n}\binom{n}{k}\mu_k(EX)^{n-k} \qquad (1.4.7)$$

矩与联合矩中，特别常用的有：

（1）**均方值**：EX^2

（2）**方差**(**Variance**)：$DX = \mathrm{Var}(X) = E(X-EX)^2$

方差的基本性质有：

● $DX = EX^2 - (EX)^2$

● $D(aX+c) = a^2 DX$，c 为常数

● 如果 $X_i(i=1,2,\cdots,n)$ 两两独立，则 $D(X_1+X_2+\cdots+X_n) = DX_1 + DX_2,\cdots +DX_n$

另外，称 $\sigma = \sqrt{\mathrm{Var}(X)}$ 为**标准差**(**Standard deviation**)。

（3）**联合矩**：$E(XY)$

（4）**协方差**(**Covariance**)：$\mathrm{Cov}(X,Y) = E\left[(X-EX)(Y-EY)\right]$

易见，$\mathrm{Cov}(X,Y) = E(XY) - (EX)(EY)$

（5）**相关系数**：$\rho_{XY} = \mathrm{Cov}(X,Y)/\sigma_X\sigma_Y$

有 $|\rho_{XY}| \leqslant 1$，相关系数是归一化随机变量的协方差。

$E(XY)$、$\mathrm{Cov}(X,Y)$ 与 ρ_{XY} 常用于刻画随机变量之间的关联程度。尤其是 ρ_{XY} 提供了一种归一化的测度。定义：

（1）X 与 Y **无关**(Uncorrelated)：$\mathrm{Cov}(X,Y) = 0$ 或 $\rho_{XY} = 0$，即，$E(XY) = (EX)(EY)$。

（2）X 与 Y **正交**(Orthogonal)：$E(XY) = 0$。

显然，如果 EX 与 EY 中至少有一个为 0 时，则正交与无关等价。正交与无关是基于二阶矩的概念，而独立性是基于概率特性的概念。两种概念通常是不同的，但对于正态变量，它们等价。三个术语的相互关系如图 1.4.1 所示。

图 1.4.1

研究多个随机变量时，常常用到**相关矩阵与协方差矩阵** $\boldsymbol{R}$ 与 $\boldsymbol{C}$：考虑 n 维随机变量 $\boldsymbol{X} =$

$(X_1, X_2, \cdots X_n)^T$，定义

$$\boldsymbol{R} = E\left(\boldsymbol{XX}^T\right) = \left(E(X_i X_j)\right)_{n \times n} \tag{1.4.8}$$

$$\boldsymbol{C} = E[(\boldsymbol{X} - E\boldsymbol{X})(\boldsymbol{X} - E\boldsymbol{X})^T] = \left(\text{Cov}(X_i, X_j)\right)_{n \times n} \tag{1.4.9}$$

其中 ( )^T 为转置运算。可以证明，$\boldsymbol{R}$ 与 $\boldsymbol{C}$ 必定是非负定的。

例 1.21 二维均匀分布如例 1.12。讨论 X 与 Y 的基本数字特征。

解： 利用例 1.12 的结果，有

$$EX = \int_0^2 x\left(1 - \frac{1}{2}x\right)dx = \left(\frac{1}{2}x^2 - \frac{1}{6}x^3\right)\Big|_0^2 = \frac{2}{3}$$

$$EX^2 = \int_0^2 x^2\left(1 - \frac{1}{2}x\right)dx = \left(\frac{1}{3}x^3 - \frac{1}{8}x^4\right)\Big|_0^2 = \frac{2}{3}$$

$$DX = EX^2 - (EX)^2 = 2/9$$

同理

$$EY = \int_{-2}^2 y f_Y(y)dy = 0$$

$$EY^2 = \int_{-2}^2 y^2 f_Y(y)dy = \int_{-2}^0 y^2 \frac{2+y}{4}dy + \int_0^2 y^2 \frac{2-y}{4}dy$$

$$= 2\int_0^2 \left(\frac{1}{2}y^2 - \frac{1}{4}y^3\right)dy = \left(\frac{1}{3}y^3 - \frac{1}{8}y^4\right)\Big|_0^2 = \frac{2}{3}$$

$$DY = 2/3$$

而由 D 区域的对称性可得

$$E(XY) = \int_{-\infty}^{+\infty}\int_{-\infty}^{+\infty} xy f(x, y)dxdy = \iint_D \frac{1}{4}xydxdy = 0$$

进而

$$\text{Cov}(X, Y) = E(XY) - (EX)(EY) = 0$$

$$\rho_{XY} = 0$$

由 $\text{Cov}(X, Y)$ 与 $E(XY)$ 为零可见，X 与 Y 虽不独立（见例 1.15），但相互无关且正交。另外，运用向量与矩阵表示方法，记 $\boldsymbol{X} = (X, Y)^T$，有 $E\boldsymbol{X} = (EX, EY)^T = (2/3, 0)^T$，

$$\boldsymbol{R} = E\left(\begin{pmatrix} X \\ Y \end{pmatrix}(X \quad Y)\right) = \begin{pmatrix} EX^2 & E(XY) \\ E(YX) & EY^2 \end{pmatrix} = \begin{pmatrix} 2/3 & 0 \\ 0 & 2/3 \end{pmatrix}$$

同理，

$$\boldsymbol{C} = \begin{pmatrix} DX & \text{Cov}(X, Y) \\ \text{Cov}(Y, X) & DY \end{pmatrix} = \begin{pmatrix} 2/9 & 0 \\ 0 & 2/3 \end{pmatrix}$$

显然，对于多个随机变量，向量与矩阵的表述更为简明。

定理 1.2

（1）（切比雪夫不等式） 设 X 为任一具有有限方差的随机变量，$\forall \varepsilon > 0$，有

$$P\{|X - EX| \geqslant \varepsilon\} \leqslant \sigma_X^2 / \varepsilon^2 \tag{1.4.10}$$

（2）（柯西-许瓦兹不等式） 设 X, Y 为任意两个随机变量，若 $E|X|^2 < +\infty$，$E|Y|^2 < +\infty$，则 $E(XY)$ 存在，且

$$|E(XY)|^2 \leqslant (E|X|^2)(E|Y|^2) \tag{1.4.11}$$

证明：

（1）令区域 $D = \{x : |x - EX| \geqslant \varepsilon\}$，于是

$$\sigma_X^2 = \int_{-\infty}^{+\infty} (x - EX)^2 \, \mathrm{d}F(x)$$
$$\geqslant \int_D (x - EX)^2 \, \mathrm{d}F(x) \geqslant \int_D \varepsilon^2 \, \mathrm{d}F(x) = \varepsilon^2 P\{|X - EX| \geqslant \varepsilon\}$$

因此，得证。

（2）首先考虑 X、Y 为实值随机变量的情形，对于任意实数 α，由于

$$E\left[(\alpha X - Y)^2\right] = (EX^2)\alpha^2 - 2E(XY)\alpha + EY^2 \geqslant 0$$

可见关于 α 的一元二次方程，$(EX^2)\alpha^2 - 2E(XY)\alpha + EY^2 = 0$，最多只有 1 个实根。于是判别式满足

$$\Delta = [2E(XY)]^2 - 4(EX^2)(EY^2) \leqslant 0$$

即，$[E(XY)]^2 \leqslant (EX^2)(EY^2)$。而后，对于一般的复值随机变量 X、Y，有

$$|E(XY)|^2 \leqslant \left(E|XY|\right)^2 \leqslant E|X|^2 \times E|Y|^2$$

因此，得证。（证毕）。

切比雪夫不等式指出，X 落在 $m = EX$ 的 ε 邻域 $(m - \varepsilon, m + \varepsilon)$ 内的概率大于 $1 - \sigma^2/\varepsilon^2$。只要 σ 非常小，X 集中在 m 的附近的概率非常高。这个不等式是通用的，无需知道 X 的分布。例如

$$P[|X - m| < 3\sigma] > 1 - \frac{\sigma^2}{9\sigma^2} = 88.89\%$$

但是这个估计是保守的，例如，在正态分布的特定条件下，该概率实际为 99.74%。

考虑常数 C，如果随机变量 X 满足：$P[X = C] = 1$，称 X 以概率 1 取 C，记为 $X = C(a.e)$。

推论：随机变量 $X = C(a.e)$ 的充要条件为：$DX = 0$。

1.5　条件数学期望

1.5.1　基本概念

在一定条件下的数学期望，称为条件数学期望(或条件均值)。以 (X, Y) 为例，称

$$E(X|Y = y) = \int_{-\infty}^{+\infty} x \mathrm{d}F(x|y) \tag{1.5.1}$$

为给定"$Y = y$"时，X 的条件数学期望。利用条件密度函数，有

$$E(X|Y = y) = \int_{-\infty}^{+\infty} x f(x|y) \mathrm{d}x = \int_{-\infty}^{+\infty} x \frac{f(x, y)}{f(y)} \mathrm{d}x \tag{1.5.2}$$

对于离散型随机变量，显然

$$E(X|Y = y_j) = \sum_i x_i \frac{P[X = x_i, Y = y_j]}{P[Y = y_j]} \tag{1.5.3}$$

容易看出，$E(X|Y = y)$ 是 y 的函数，为了突出这点，不妨把它记为 $\psi(y)$，比如 $Y = y_0$ 时，$E(X|Y = y_0) = \psi(y_0)$。

特别是，如果该函数的自变量为随机变量 Y，则 $E(X|Y) = \psi(Y)$ 是 Y 的函数，它是一个新的随机变量。称

$$E(X|Y) = \int_{-\infty}^{+\infty} x \mathrm{d}F(x|Y) \tag{1.5.4}$$

为 X 关于 Y 的条件数学期望。

由于条件数学期望仍然是一个随机变量，可以对它进一步求数学期望，有

$$E[E(X|Y)] = E[\psi(Y)] = \int_{-\infty}^{+\infty} \psi(y) f_Y(y) \mathrm{d}y = \int_{-\infty}^{+\infty} \int_{-\infty}^{+\infty} x f(x,y) \mathrm{d}x \mathrm{d}y = EX \tag{1.5.5}$$

该式有时称为**全期望公式**。

例 1.22 设离散随机变量 (X,Y) 的联合分布律与边缘分布律如表 1.5.1(a) 所示，求：（1）$\psi(j) = E(X|Y=j)$ 及相应的概率（$j = 0,1,2,3$）；（2）验证全期望公式。

解：（1）由式(1.5.3)，得

$$\psi(0) = E(X|Y=0) = \left(0 \times \frac{11}{64} + 1 \times \frac{14}{64}\right) \div \frac{25}{64} = \frac{14}{25}$$

同理 $\psi(1) = E(X|Y=1) = 8/14$，$\psi(2) = E(X|Y=2) = 8/14$，$\psi(3) = E(X|Y=3) = 6/11$

显然，$P[\psi(Y) = \psi(j)] = P[Y=j]$。注意到 $\psi(1) = \psi(2) = 8/14$，于是可以合并在一起，得到表 1.5.1(b) 的结果。

表 1.5.1(a) 　例 1.22 的联合分布律与边缘分布律

$Y=j$ \ $X=i$	0	1	$P[Y=j]$
0	11/64	14/64	25/64
1	6/64	8/64	14/64
2	6/64	8/64	14/64
3	5/64	6/64	11/64
$P[X=i]$	28/64	36/64	

表 1.5.1(b) 　$\psi(Y)$ 及其概率

$\psi(Y)$	概率
14/25	25/64
8/14	28/64
6/11	11/64

（2）易见 $E[E(X|Y)] = E[\psi(Y)] = \frac{14}{25} \times \frac{25}{64} + \frac{8}{14} \times \frac{28}{64} + \frac{6}{11} \times \frac{11}{64} = \frac{36}{64}$

$$EX = 0 \times P[X=0] + 1 \times P[X=1] = 36/64 = E[E(X|Y)]$$

比较（无条件）数学期望 EX 与条件期望 $E(X|Y=y_j)$ 的异同可见：$E(X)$ 是对所有 $\xi \in \Omega$ 上 $X(\xi)$ 的加权平均，而 $E(X|Y=y_j)$ 是局限于部分区域 $\xi \in \{\xi: Y(\xi) = y_j\}$ 上 $X(\xi)$ 的加权平均。

条件数学期望 $E(X|Y)$ 是一个形如 $\psi(Y)$ 的随机变量，其本质数学特性是：

（1）它是 Y 的函数，当 $Y=y$ 时，它的取值为 $E(X|Y=y)$；

（2）对 $\forall D \in \mathcal{B}$（博雷尔域），令示性函数 $I_D(Y) = \begin{cases} 1, & Y \in D \\ 0, & Y \notin D \end{cases}$，$\psi(Y)$ 满足

$$E[I_D(Y)\psi(Y)] = E[I_D(Y)X] \tag{1.5.6}$$

可以证明，在不计零概率事件的差别下，由上面两点可以唯一地确定一个随机变量，它就是 $E(X|Y)$。式(1.5.6)可如下说明：

$$E[I_D(Y)\psi(Y)] = \int_{-\infty}^{+\infty} I_D(y) \left[\int_{-\infty}^{+\infty} x \frac{f(x,y)}{f_Y(y)} \mathrm{d}x\right] f_Y(y) \mathrm{d}y$$

$$= \int_{-\infty}^{+\infty} \int_{-\infty}^{+\infty} [I_D(y)x] f(x,y) \mathrm{d}x \mathrm{d}y$$

$$= E[I_D(Y)X]$$

其物理意义可解释为：在 Y 的任何区域上，$\psi(Y)$ 与 X 总是具有相同的数学期望。特别是，考

虑整个区域 $D = (-\infty, +\infty)$，显然，恒有 $I_D(Y) = 1$，可得，$E[E(X|Y)] = EX$。

对于更为一般的多变量与函数情况，比如

$$E[g(X_1, X_2, X_3)|Y_1, Y_2] = \int_{-\infty}^{+\infty} \int_{-\infty}^{+\infty} \int_{-\infty}^{+\infty} g(x_1, x_2, x_3) f(x_1, x_2, x_3 | Y_1, Y_2) \mathrm{d}x_1 \mathrm{d}x_2 \mathrm{d}x_3$$

它是 Y_1 与 Y_2 的函数随机变量，且通过对条件进一步求平均，可得到无条件的均值，即

$$E\{E[g(X_1, X_2, X_3)|Y_1, Y_2]\} = E[g(X_1, X_2, X_3)]$$

1.5.2 主要性质

条件期望与一般期望有相似的基本性质，并有一些新性质：

（1）$E(aX + bY + c|Z) = aE(X|Z) + bE(Y|Z) + c$，$c$ 为常数。

（2）若 X 与 Y 独立，则

$$E\{g(X, Y)|Y = y\} = E\{g(X, y)\} \tag{1.5.7}$$

一种简单的情况是：$E(X|Y) = E(X)$。

（3）

$$E[h(Y)g(X, Y)|Y] = h(Y)E[g(X, Y)|Y] \tag{1.5.8}$$

对于条件期望，条件给出的部分可视为确定量。

（4）$\forall g(\cdot)$，$E[X - g(Y)]^2 \geqslant E[X - E(X|Y)]^2$

证明： 下面仅证明上述基本性质中的（2）与（4）。

对于（2），如果 X 与 Y 独立，则 $f_{XY}(x, y) = f_X(x)f_Y(y)$，于是

$$E\{g(X, Y)|Y = y\} = \int_{-\infty}^{+\infty} g(x, y) f_{XY}(x, y)\mathrm{d}x \Big/ f_Y(y) = \int_{-\infty}^{+\infty} g(x, y) f_X(x)\mathrm{d}x = E\{g(X, y)\}$$

又由此，$\forall y, E(X|Y = y) = E(X)$，因此，$E(X|Y) = E(X)$。

对于（4），令 $A = X - E(X|Y)$，$B = E(X|Y) - g(Y)$，则

$$E[X - g(Y)]^2 = E[A + B]^2 = EA^2 + EB^2 + 2E(AB)$$

如果 $E(AB) = 0$，则，$E[X - g(Y)]^2 \geqslant EA^2 = E[X - E(X|Y)]^2$，显然，在 $g(Y) = E(X|Y)$ 时等号成立。因此，下面只要证明 $E(AB) = 0$ 即可。先将 A 代入

$$E(AB) = E[XB - E(X|Y)B] = E[XB - E(XB|Y)]$$

其中注意到 B 只是 Y 的函数，由式 (1.5.8) 可放入 $E(X|Y)$ 括号中，最后利用全期望公式

$$E(AB) = E(XB) - E[E(XB|Y)] = 0$$

（证毕）

条件数学期望是概率论中极为重要的概念。性质（4）表明：基于 Y 对 X 的最佳（最小均方误差）估计就是 $E(X|Y)$。这是一整套回归理论的基础。$E(X|Y)$ 又称为 X 关于 Y 的回归函数。

例 1.23 试证明 **Wald** 等式：若序列 $\{X_1, X_2, \cdots, X_n \cdots\}$ 是独立同分布的，且它们与另一个整数随机变量 N 独立，则

$$\begin{cases} E[X_1 + \cdots + X_N] = EN \times EX_1 \\ D[X_1 + \cdots + X_N] = EN \times DX_1 + DN \times (EX_1)^2 \end{cases} \tag{1.5.9}$$

证明： 先计算 $\quad E[X_1 + \cdots + X_N | N = n] = E(X_1 + \cdots + X_n) = nEX_1$

于是 $\quad E[X_1 + \cdots + X_N] = E\{E[X_1 + \cdots + X_N | N]\} = E\{N \times EX_1\} = EN \times EX_1$

注意，由于 N 是随机数，因此不能够直接写成：$E(X_1+\cdots+X_N)=N\times EX_1$。给定条件"$N=n$"使得和式的项数由随机变量转换为确定数值，从而解决了这个困难。同理，先计算

$$E\left[(X_1+\cdots+X_N)^2\mid N=n\right]=E(X_1+\cdots+X_n)^2=nEX_1^2+n(n-1)(EX_1)^2=nDX_1+n^2(EX_1)^2$$

$$E[X_1+\cdots+X_N]^2=E\left\{E\left[(X_1+\cdots+X_N)^2\big|N\right]\right\}=EN\times DX_1+EN^2(EX_1)^2$$

所以

$$D[X_1+\cdots+X_N]=E[X_1+\cdots+X_N]^2-[E(X_1+\cdots+X_N)]^2$$
$$=EN\times DX_1+EN^2(EX_1)^2-(EN\times EX_1)^2$$
$$=EN\times DX_1+DN\times(EX_1)^2$$

例 1.24 反复进行每次成功概率为 p 的独立试验，试求：（1）直至首次成功的试验次数 N 的均值；（2）直至首次有 k 次持续成功的试验次数 N_k 的均值。

解：（1）记 X_1 为第 1 次试验结果，值 1 表示成功，0 表示失败。考察条件期望 $E(N|X_1)$：若 $X_1=1$，则第一次已经成功，于是，$E(N|X_1=1)=1$；若 $X_1=0$，则后面还需要若干次，由于独立性，后面次数的均值还是 EN，于是，$E(N|X_1=0)=1+EN$。所以

$$EN=E\left[E(N|X_1)\right]=1\times P(X_1=1)+(1+EN)\times P(X_1=0)$$
$$=p+(1+EN)\times(1-p)=1+(1-p)\times EN$$

故得，$EN=1/p$。可以发现，N 服从几何分布，其实 $EN=1/p$ 正是几何分布的均值。

这里，我们找出并利用其中的递推特性，再运用条件数学期望"分而治之"。下面，我们将继续运用这个技巧。

（2）在出现 $k-1$ 次相继成功时，记 Z_1 为下一次的试验结果。此时，考察条件期望 $E(N_k|N_{k-1},Z_1)$：若 $Z_1=1$，则 k 次相继成功出现，于是，$E(N_k|N_{k-1},Z_1=1)=N_{k-1}+1$；否则，相继成功计数值被"归零"，由独立性可知，还需要平均 EN_k 次。先针对 Z_1 求平均有

$$E(N_k|N_{k-1})=E\left[E(N_k|N_{k-1},Z_1)\right]$$
$$=(N_{k-1}+1)\times p+(N_{k-1}+1+EN_k)\times(1-p)$$
$$=N_{k-1}+1+(1-p)\times EN_k$$

进而

$$EN_k=E\left[E(N_k|N_{k-1})\right]=EN_{k-1}+1+(1-p)\times EN_k$$

即

$$EN_k=(1+EN_{k-1})/p$$

注意到，$EN_1=EN=1/p$，可递归解出

$$EN_2=1/p+1/p^2,\quad EN_3=1/p+1/p^2+1/p^3,\quad\cdots$$

归纳得到

$$EN_k=\sum_{i=1}^{k}p^{-i}$$

许多实际问题包含多个随机因素，上面的例题给出了求解复杂数学期望的一种有效方法。由全期望公式 $EX=E[E(X|Y)]$ 可见，计算 X 的期望可以分步进行：先"冻结"部分随机变量以简化计算，而后再针对条件的随机性做二次平均。这种利用条件数学期望，巧妙地选择次序，分而治之的方法，是求解复杂数学期望的重要方法。

1.6　特征函数、矩母函数与概率母函数

特征函数、矩母函数与概率母函数等是概率论中研究随机变量特性的几种重要工具。

1.6.1 特征函数

1. 基本概念

定义 1.9 随机变量 X 的**特征函数**(Characteristic function)定义为

$$\phi_X(v) = E[e^{jvX}] = \int_{-\infty}^{\infty} e^{jvx} dF(x) \tag{1.6.1}$$

式中，$j = \sqrt{-1}$，v 为确定的实变量。

时间信号 $f(t)$ 的傅里叶变换与反变换定义为

$$F(j\omega) = \int_{-\infty}^{+\infty} f(t)e^{-j\omega t} dt, \quad f(t) = \frac{1}{2\pi}\int_{-\infty}^{+\infty} F(j\omega)e^{j\omega t} d\omega \tag{1.6.2}$$

简记为：$f(t) \leftrightarrow F(j\omega)$。容易发现，随机变量 X 的密度函数 $f_X(x)$ 与其特征函数 $\phi_X(v)$ 是一对傅里叶变换，具体讲

$$f_X(x) \leftrightarrow \phi_X(-v) \quad \text{或} \quad f_X(-x) \leftrightarrow \phi_X(v)$$

于是，特征函数既是复指数随机变量 e^{jvX} 的数学期望，也是 $f_X(x)$ 的傅里叶变换。

特征函数是概率论中一种极为重要的变换分析方法。由于密度函数是绝对可积的，因此特征函数必定存在。特征函数与密度函数一一对应，它以另外一种形式全面地描述着随机变量的概率特性。特征函数的一些基本性质如下。

性质 1 $Y = aX + b$ 的特征函数为

$$\phi_Y(v) = e^{jvb}\phi_X(av) \tag{1.6.3}$$

性质 2 独立随机变量和的特征函数为

$$\phi_{X_1+X_2+\cdots+X_n}(v) = \phi_{X_1}(v)\phi_{X_2}(v)\cdots\phi_{X_n}(v) \tag{1.6.4}$$

性质 3 若 X 的 r 阶绝对矩存在，则对于一切正整数 $k \leqslant r$，有

$$EX^k = (-j)^k \phi_X^{(k)}(0) \tag{1.6.5}$$

式中，$\phi_X^{(k)}(0)$ 是 $\phi_X(v)$ 对 v 的第 k 阶导数在 $v = 0$ 点的值。

证明：式(1.6.1)两边对 v 求导数得到

$$\phi_X^{(k)}(v) = (j)^k \int_{-\infty}^{+\infty} x^k e^{jvx} dF(x) = (j)^k E\left[X^k e^{jvX}\right]$$

于是，令 $v = 0$ 有，$\phi_X^{(k)}(0) = (j)^k EX^k$。（证毕）

该性质又称为特征函数的**矩生成特性**，它说明由特征函数可以方便地确定随机变量的各阶矩。

例 1.25 求参数为 λ 的指数分布的特征函数。

解：利用单位阶跃函数，指数分布的密度函数及其傅里叶变换可以写成

$$f(x) = \lambda e^{-\lambda x} u(x) \longleftrightarrow \frac{\lambda}{\lambda + j\omega}$$

其中用到傅里叶变换公式 $e^{-at}u(t) \longleftrightarrow \dfrac{1}{a + j\omega}, \ (a > 0)$。因此，$\phi(v) = \dfrac{\lambda}{\lambda - jv}$。

例 1.26 求正态分布 $X \sim N(\mu, \sigma^2)$ 的特征函数。

解：首先令 $X_0 = (X - \mu)/\sigma$，则 $X_0 \sim N(0,1)$。按定义

$$\phi_{X_0}(v) = \int_{-\infty}^{+\infty} e^{jvx}\left(\frac{1}{\sqrt{2\pi}} e^{-\frac{x^2}{2}}\right) dx = \int_{-\infty}^{+\infty} \frac{1}{\sqrt{2\pi}} e^{-\frac{(x-jv)^2}{2}+\frac{(jv)^2}{2}} dx = e^{-\frac{1}{2}v^2}$$

其中，用到 $\int_{-\infty}^{+\infty}\frac{1}{\sqrt{2\pi}}\mathrm{e}^{-\frac{(x-jv)^2}{2}}\mathrm{d}x=1$。再根据式(1.6.3)，最后得到

$$\phi_X(v)=\mathrm{e}^{jv\mu}\phi_{X_0}(\sigma v)=\mathrm{e}^{j\mu v-\frac{1}{2}\sigma^2 v^2}$$

例1.27 根据 $\phi_X(v)=\exp\left(-\frac{1}{2}\sigma^2 v^2\right)$，求正态分布 $X\sim N(0,\sigma^2)$ 的各阶原点矩。

解： 根据矩生成特性

$$\phi_X^{(1)}(0)=-\sigma^2 v\phi_X(v)\big|_{v=0}=0$$

$$\phi_X^{(2)}(0)=-\sigma^2\left[\phi_X(v)+v\phi_X^{(1)}(v)\right]_{v=0}=-\sigma^2\phi_X(0)=-\sigma^2$$

$$\phi_X^{(3)}(0)=-\sigma^2\left[2\phi_X^{(1)}(v)+v\phi_X^{(2)}(v)\right]_{v=0}=-2\sigma^2\phi_X^{(1)}(0)=0$$

$$\phi_X^{(k)}(0)=-\sigma^2\left[(k-1)\phi_X^{(k-2)}(v)+v\phi_X^{(k-1)}(v)\right]_{v=0}=-(k-1)\sigma^2\phi_X^{(k-2)}(0)$$

$$=\begin{cases}0, & k=2n-1\\ (-1)^n 1\times 3\times\cdots\times(k-1)\sigma^{2n}, & k=2n\end{cases},\quad n=1,2,\cdots$$

于是

$$EX^k=(-j)^k\phi_X^{(k)}(0)=\begin{cases}0, & k=2n-1\\ 1\times 3\times\cdots\times(k-1)\sigma^k, & k=2n\end{cases},\quad n=0,1,2,\cdots \tag{1.6.6}$$

可见，零均值高斯分布的高阶矩很有规律，特别是，奇数阶的高阶矩都是零。

2．其他性质

性质4 特征函数 $\phi_X(v)$ 满足：

（1）$|\phi_X(v)|\leqslant\phi_X(0)=1$；

（2）$\phi_X(v)$ 在实数域上一致连续；

（3）$\phi_X(v)$ 是半正定的，即对于一切正整数 n，任意实数 $v_1,v_2,\cdots,v_n$ 与复数 $z_1,z_2,\cdots,z_n$，恒有

$$\sum_{k=1}^{n}\sum_{l=1}^{n}\phi(v_k-v_l)z_k z_l^*\geqslant 0 \tag{1.6.7}$$

证明：

（1）首先，$\phi_X(0)=E(\mathrm{e}^{j0})=1$，又 $|\phi_X(v)|=\left|E(\mathrm{e}^{jvx})\right|\leqslant E\left|\mathrm{e}^{jvx}\right|=1$；

（2）对于所有 $v\in(-\infty,+\infty)$，由于对所有的实数 h 与正实数 A 有

$$|\phi_X(v+h)-\phi_X(v)|=\int_{-\infty}^{\infty}\left|\mathrm{e}^{jvx}(\mathrm{e}^{jhx}-1)\right|\mathrm{d}F(x)$$

$$\leqslant\int_{|x|\geqslant A}\left|\mathrm{e}^{jhx}-1\right|\mathrm{d}F(x)+\int_{-A}^{A}\left|\mathrm{e}^{jhx}-1\right|\mathrm{d}F(x)$$

其中，$\left|\mathrm{e}^{jhx}-1\right|\leqslant 2$，或者 $\left|\mathrm{e}^{jhx}-1\right|=\left|2\mathrm{e}^{jhx/2}\sin(hx/2)\right|=|2\sin(hx/2)|\leqslant|hx|$，分别带入上式得

$$|\phi_X(v+h)-\phi_X(v)|\leqslant 2\int_{|x|\geqslant A}\mathrm{d}F(x)+\int_{-A}^{A}|hx|\mathrm{d}F(x)$$

于是，对于任意给定的 $\varepsilon>0$，只要令 A 足够大，使得 $2\int_{|x|\geqslant A}\mathrm{d}F(x)<\frac{\varepsilon}{2}$，而后取 $h<\frac{\varepsilon}{2A}$，总有

$$|\phi_X(v+h)-\phi_X(v)|<\frac{\varepsilon}{2}+\int_{-A}^{A}\frac{\varepsilon}{2}\mathrm{d}F(x)\leqslant\varepsilon$$

这里 h 与 v 无关，即在整个区间里上式都能满足，因此，$\phi_X(v)$ 对 $v\in(-\infty,+\infty)$ 一致连续。

（3）对于任意实数 $v_1, v_2, \cdots, v_n$ 与复数 $z_1, z_2, \cdots, z_n$，恒有 $E\left(\left|\sum_{k=1}^{n} z_k \mathrm{e}^{\mathrm{j}v_k X}\right|^2\right) \geqslant 0$。因此

$$E\left[\left(\sum_{k=1}^{n} z_k \mathrm{e}^{\mathrm{j}v_k X}\right)\left(\sum_{k=1}^{n} z_k \mathrm{e}^{\mathrm{j}v_k X}\right)^*\right] = \sum_{k=1}^{n}\sum_{l=1}^{n} E\left(\mathrm{e}^{\mathrm{j}(v_k - v_l)X}\right) z_k z_l^* \geqslant 0$$

（证毕）

本性质是特征函数的基本特性。可以证明，满足该性质各条件的 $\phi_X(v)$ 一定是某个分布函数的特征函数。

3. 联合特征函数

定义 1.10 二维随机变量 (X, Y) 的**联合特征函数**定义为

$$\phi_{XY}(u, v) = E\left[\mathrm{e}^{\mathrm{j}uX + \mathrm{j}vY}\right] \tag{1.6.8}$$

式中，$\mathrm{j} = \sqrt{-1}$，u 与 v 为确定的实变量。

对于 n 维随机（列）变量 $\boldsymbol{X} = \left(X_1, X_2, \cdots, X_n\right)^{\mathrm{T}}$，$(\ )^{\mathrm{T}}$ 为转置运算，可以使用向量形式来描述。

定义 1.11 n 维随机变量 $\boldsymbol{X} = \left(X_1, X_2, \cdots, X_n\right)^{\mathrm{T}}$ 的**联合特征函数**定义为

$$\phi_{\boldsymbol{X}}(\boldsymbol{v}) = E[\mathrm{e}^{\mathrm{j}\boldsymbol{v}^{\mathrm{T}}\boldsymbol{X}}] \tag{1.6.9}$$

式中，$\mathrm{j} = \sqrt{-1}$，$\boldsymbol{v} = (v_1, v_2, \cdots, v_n)^{\mathrm{T}}$ 为确定实变量。

同样地，分布函数与特征函数相互唯一确定，并且，联合特征函数与联合密度函数之间是一对多维傅里叶变换。

性质 5 多维特征函数的性质

（1）随机变量 $X_1, X_2, \cdots, X_n$ 相互独立的充分必要条件是

$$\phi_{X_1, X_2, \cdots, X_n}(v_1, v_2, \cdots, v_n) = \prod_{i=1}^{n} \phi_{X_i}(v_i)$$

（2）设 m 维随机变量 $Y_1, Y_2, \cdots, Y_m$ 由 $X_1, X_2, \cdots, X_n$ 通过如下线性变换得到

$$\boldsymbol{Y} = \boldsymbol{GX} + \boldsymbol{b}$$

其中，$\boldsymbol{Y} = \begin{bmatrix} Y_1 \\ Y_2 \\ \vdots \\ Y_m \end{bmatrix}$，$\boldsymbol{G} = \begin{bmatrix} g_{11} & g_{12} & \cdots & g_{1n} \\ g_{21} & g_{22} & \cdots & g_{2n} \\ \vdots & \vdots & \ddots & \vdots \\ g_{m1} & g_{m2} & \cdots & g_{mn} \end{bmatrix}$，$\boldsymbol{b} = \begin{bmatrix} b_1 \\ b_2 \\ \vdots \\ b_m \end{bmatrix}$。则 $\boldsymbol{Y}$ 的特征函数为

$$\phi_{\boldsymbol{Y}}(\boldsymbol{v}) = \mathrm{e}^{\mathrm{j}\boldsymbol{v}^{\mathrm{T}}\boldsymbol{b}} \phi_{\boldsymbol{X}}(\boldsymbol{G}^{\mathrm{T}}\boldsymbol{v}) \tag{1.6.10}$$

（3）联合矩发生特性：若 $X_1, X_2, \cdots, X_k$ 的 $k = k_1 + k_2 + \cdots + k_n$ 阶混合矩 $E[X_1^{k_1} X_2^{k_2} \cdots X_n^{k_n}]$ 存在，则

$$E(X_1^{k_1} X_2^{k_2} \cdots X_n^{k_n}) = (-\mathrm{j})^k \frac{\partial^k \phi(0, 0, \cdots, 0)}{\partial v_1^{k_1} \partial v_2^{k_2} \cdots \partial v_n^{k_n}} \tag{1.6.11}$$

（4）若 $X_1, X_2, \cdots, X_n$ 的特征函数是 $\phi_{X_1, X_2, \cdots, X_n}(v_1, v_2, \cdots, v_n)$，对于任何 $1 \leqslant k < n$

$$\phi_{X_1 X_2 \cdots X_k}(v_1, v_2, \cdots, v_k) = \phi_{X_1 X_2 \cdots X_k X_{k+1} \cdots X_n}(v_1, v_2, \cdots, v_k, 0 \cdots, 0)$$

是 $X_1, X_2, \cdots, X_k$ 的特征函数。

（5）$|\phi(\boldsymbol{v})| \leqslant \phi(\boldsymbol{0}) = 1$。

例 1.28 设 n 个随机变量 $X_1, X_2, \cdots, X_n$ 是独立同分布的随机变量，它们服从 $B(1, p)$，求 $X = (X_1, X_2, \cdots, X_n)^{\mathrm{T}}$ 的 n 维联合特征函数。

解： 令 $q = 1 - p$，由独立性有

$$\phi_X(\boldsymbol{v}) = \prod_{i=1}^{n} \phi_{X_i}(v_i) = \prod_{i=1}^{n}(q + p\mathrm{e}^{\mathrm{j}v_i})$$

例 1.29 求二维正态随机变量 $(X, Y) \sim N\left(\mu_1, \sigma_1^2; \mu_2, \sigma_2^2; \rho\right)$ 的特征函数。

解： 首先令 $X = \sigma_1 X_1 + \mu_1$，$Y = \sigma_2 Y_1 + \mu_2$，则 $(X_1, Y_1) \sim N(0,1; 0,1, \rho)$。利用例 1.14 的结果，$Y_1 | X_1 \sim N(\rho X_1, 1 - \rho^2)$，以及一维正态分布的特征函数结果，得到

$$E[\mathrm{e}^{\mathrm{j}vY_1} | X_1] = \mathrm{e}^{\mathrm{j}\rho X_1 v - \frac{(1-\rho^2)v^2}{2}}$$

我们再求下面的条件期望

$$E[\mathrm{e}^{\mathrm{j}uX_1 + \mathrm{j}vY_1} | X_1] = \mathrm{e}^{\mathrm{j}uX_1} E[\mathrm{e}^{\mathrm{j}vY_1} | X_1] = \mathrm{e}^{\mathrm{j}uX_1} \mathrm{e}^{\mathrm{j}\rho X_1 v - \frac{(1-\rho^2)v^2}{2}} = \mathrm{e}^{\mathrm{j}(u+\rho v)X_1} \mathrm{e}^{-\frac{(1-\rho^2)v^2}{2}}$$

于是

$$\phi_{X_1 Y_1}(u, v) = E\{E[\mathrm{e}^{\mathrm{j}uX_1 + \mathrm{j}vY_1} | X_1]\} = \mathrm{e}^{-\frac{(1-\rho^2)v^2}{2}} E\left[\mathrm{e}^{\mathrm{j}(\rho v + u)X_1}\right]$$

又 $E[\mathrm{e}^{\mathrm{j}vX_1}] = \mathrm{e}^{-v^2/2}$，得

$$\phi_{X_1 Y_1}(u, v) = \mathrm{e}^{-\frac{(1-\rho^2)v^2}{2}} \mathrm{e}^{-\frac{(\rho v + u)^2}{2}} = \mathrm{e}^{-\frac{1}{2}(u^2 + 2\rho uv + v^2)}$$

最后利用线性变换性质，有

$$\phi_{X,Y}(u, v) = \mathrm{e}^{\mathrm{j}(\mu_1 u + \mu_2 v)} \phi_{X_1 Y_1}(\sigma_1 u, \sigma_2 v) = \mathrm{e}^{\mathrm{j}(\mu_1 u + \mu_2 v) - \frac{1}{2}\left(\sigma_1^2 u^2 + 2\rho \sigma_1 \sigma_2 uv + \sigma_2^2 v^2\right)} \tag{1.6.12}$$

1.6.2　矩母函数与概率母函数

1. 矩母函数

定义 1.12　随机变量 X 的**矩母函数**（或**矩生成函数**）定义为

$$m_X(u) = E[\mathrm{e}^{uX}] \tag{1.6.13}$$

式中，u 为确定的实变量。

这种变换也称为指数变换。显然，$m_X(u) = \phi_X(-\mathrm{j}u)$，$\phi_X(v) = m_X(\mathrm{j}v)$。并且有

$$E[X^k] = m_X^{(k)}(0) \tag{1.6.14}$$

可见，使用矩母函数求解矩更为简便。矩母函数的许多性质可以对照前面特征函数的性质获得。

例 1.30 求正态分布的矩母函数，并计算 EX^2。

解： 由于正态分布的特征函数是 $\phi_X(v) = \mathrm{e}^{\mathrm{j}\mu v - \frac{1}{2}\sigma^2 v^2}$，因此

$$m_X(u) = \phi_X(-\mathrm{j}u) = \mathrm{e}^{\mu u + \frac{1}{2}\sigma^2 u^2}$$

进而

$$m_X''(u) = \sigma^2 \mathrm{e}^{\mu u + \frac{1}{2}\sigma^2 u^2} + (\mu + \sigma^2 u)^2 \mathrm{e}^{\mu u + \frac{1}{2}\sigma^2 u^2}$$

于是

$$EX^2 = \sigma^2 + \mu^2$$

2. 概率母函数

许多离散随机变量的取值是非负整数的，概率母函数是研究它们的有效工具。概率母函数是 19 世纪初由 Laplace 引进的，它是第一个被系统应用于概率论的变换方法。

定义 1.13　若随机变量 X 取非负整数值，分布律为 $P[X = k] = p_k$，$k = 0, 1, 2, \cdots$。则

$$\psi_X(z) = E(z^X) = \sum_{k=0}^{+\infty} p_k z^k \tag{1.6.15}$$

称为它的**概率母函数**（或**生成函数**）（Probability generating function），简称**母函数**。

定理 1.3 母函数 $\psi_X(z)$ 在 $z \in [-1, +1]$ 上一定存在，并且与概率分布律相互唯一确定，有，

$$P[X=k] = p_k = \frac{\psi^{(k)}(0)}{k!} \qquad k = 0, 1, 2, \cdots \tag{1.6.16}$$

证明：当 $z \in [-1, +1]$ 时

$$\left| \psi_X(z) \right| = \left| E(z^X) \right| = \left| \sum_{k=0}^{+\infty} p_k z^k \right| \leqslant \sum_{k=0}^{+\infty} p_k = 1$$

因此，母函数一定存在。又对于任何 $k \geqslant 0$，由定义式有

$$\psi^{(k)}(z) = k(k-1)\cdots 1 \times p_k + \sum_{i=k+1}^{+\infty} i(i-1)\cdots(i-k+1) p_i z^{i-k}$$

于是，$p_k = \psi^{(k)}(0)/k!$。所以，母函数与概率分布律相互唯一确定。（证毕）

性质 6 若母函数为 $\psi_X(z)$ 且 EX^k 存在，则有

$$\psi_X^{(1)}(1) = E[X]$$
$$\psi_X^{(2)}(1) = E[X(X-1)]$$
$$\vdots$$
$$\psi_X^{(n)}(1) = E[X(X-1)\cdots(X-n+1)] \tag{1.6.17}$$

其中，$E[X(X-1)\cdots(X-n+1)]$ 被称为**阶乘矩**（Factorial moment），$\psi_X(z)$ 有时也被称为**阶乘矩发生函数**。

例 1.31 求泊松分布 $X \sim \mathcal{P}(\lambda)$ 的母函数，并计算其均值、方差与 $X=2$ 的概率。

解：首先
$$\psi_X(z) = \sum_{k=0}^{+\infty} \frac{\lambda^k}{k!} e^{-\lambda} z^k = e^{-\lambda} \sum_{k=0}^{+\infty} \frac{(\lambda z)^k}{k!} = e^{-\lambda} e^{\lambda z} = e^{\lambda(z-1)}$$

利用其性质有
$$EX = \psi_X^{(1)}(1) = \lambda e^{\lambda(z-1)} \big|_{z=1} = \lambda$$

又
$$E[X(X-1)] = EX^2 - EX = \psi_X^{(2)}(1) = \lambda^2 e^{\lambda(z-1)} \big|_{z=1} = \lambda^2$$

所以方差为
$$\mathrm{Var}(X) = EX^2 - (EX)^2 = \lambda^2 + \lambda - \lambda^2 = \lambda$$

最后，$X=2$ 的概率为
$$P[X=2] = \frac{\psi_X^{(2)}(0)}{2!} = \frac{\lambda^2}{2} e^{-\lambda}$$

结合例题可以发现，母函数其实是随机变量概率分布律的"紧凑"表现形式，将其按幂级数展开以后，各个系数就是相应的概率取值。由麦克劳林展开公式易知，式 (1.6.16) 正是计算系数的具体方法。

1.6.3 其他常用变换

在理论研究与文献阅读中还会时常遇到一些其他形式的变换方法，下面简要地介绍它们的基本概念。

1. 拉普拉斯（Laplace）变换

对于只取非负值的连续随机变量，使用拉普拉斯变换来分析通常很方便。

定义 1.14 随机变量 X 的分布函数的**拉普拉斯变换**定义为

$$\tilde{X}(s) = E(\mathrm{e}^{-sX}) = \int_0^\infty \mathrm{e}^{-sx}\,\mathrm{d}F(x) \tag{1.6.18}$$

其中，$s = a + \mathrm{j}b$，$a > 0$。

有时令 $b = 0$，使 s 退化为正实数 a，这时的拉普拉斯变换为

$$\tilde{X}(a) = E(\mathrm{e}^{-aX})$$

与矩母函数相比，$\tilde{X}(a)$ 的优点是：$0 \leqslant \tilde{X}(a) \leqslant 1$。这是因为 X 非负，使得，$0 \leqslant \mathrm{e}^{-aX} \leqslant 1$。

2．第二特征函数和第二矩母函数

定义 1.15　随机变量 X 的**第二特征函数**定义为

$$\phi_2(v) = \ln\phi(v) = \ln E[\mathrm{e}^{\mathrm{j}vX}] \tag{1.6.19}$$

定义 1.16　随机变量 X 的**第二矩母函数**定义为

$$m_2(u) = \ln m(u) = \ln E[\mathrm{e}^{uX}] \tag{1.6.20}$$

由于使用了对数 $\ln(\ )$，第二特征函数与第二矩母函数在分析独立随机变量的和时尤其方便。如 $Y = X_1 + X_2 + \cdots + X_n$，若 $X_i, (i = 1, 2, \cdots, n)$ 相互独立，则

$$\phi_{2Y}(v) = \sum_{i=1}^n \phi_{2X_i}(v) = \phi_{2X_1}(v) + \phi_{2X_2}(v) + \cdots + \phi_{2X_n}(v)$$

$$m_{2Y}(u) = \sum_{i=1}^n m_{2X_i}(u) = m_{2X_1}(u) + m_{2X_2}(u) + \cdots + m_{2X_n}(u)$$

例 1.32　设随机变量 X 与 Y 有线性关系，$Y = aX + b$，其中 a 和 b 为确定量。试确定 Y 与 X 的第二特征函数之间的关系，以及它们的第二矩母函数之间的关系。

解：因为 $\phi_Y(v) = \mathrm{e}^{\mathrm{j}bv}\phi_X(av)$，又由矩母函数的定义得到

$$m_Y(u) = E[\mathrm{e}^{u(aX+b)}] = \mathrm{e}^{bu}m_X(au)$$

再应用第二特征函数和第二矩母函数的定义，可得

$$\phi_{2Y}(v) = \phi_{2X}(av) + \mathrm{j}bv, \quad m_{2Y}(u) = m_{2X}(au) + bu$$

最后，第二特征函数又常常称为累积量生成函数。因为仿照特征函数生成矩的方法，由 $\phi_2(v)$ 通过求导可以生成随机变量的所谓"累积量"，在第 7 章中将详细讨论。

1.7　随机收敛性与极限定理

1.7.1　随机变量序列的收敛性

随机变量序列 $\{X_n, n \geqslant 1\}$（即 $X_1, X_2, \cdots$）由同一个概率空间上 $(\Omega, \mathcal{F}, P)$ 上无穷多个随机变量组成。如果 $\forall \xi \in \Omega$，$\{X_n(\xi)\}$ 总是收敛的，则称 $\{X_n\}$ **处处收敛**，记为

$$\lim_{n\to\infty} X_n = X \quad \text{或} \quad X_n \to X(n \to \infty)$$

一般而言，每个数列的极限与 ξ 有关，因此 X_n 的极限 X 是随机变量，它们在同一个概率空间上。概率论中经常用到的 $\{X_n\}$ 的收敛概念有如下几种。

（1）**几乎处处收敛** (a.e.)。若满足

$$P\{\xi : \lim_{n\to\infty} X_n = X\} = 1$$

即 $\{X_n\}$ 收敛的概率等于 1。它也称为**以概率 1 收敛**或**几乎必然收敛**。记为 $\lim_{n\to\infty} X_n = X(\mathrm{a.e.})$ 或 $X_n \xrightarrow{\mathrm{a.e.}} X$。

（2）**依概率收敛**(P)。若 $\forall \varepsilon > 0$ 满足

$$\lim_{n \to \infty} P\{|X_n - X| \geqslant \varepsilon\} = 0$$

记为 $\lim\limits_{n \to \infty} X_n = X(\text{in } P)$ 或 $X_n \xrightarrow{P} X$。

（3）**r 阶矩收敛**(Lr)。若对某个实数 $r > 0$，满足

$$\lim_{n \to \infty} E|X_n - X|^r = 0$$

记为 $\lim\limits_{n \to \infty} X_n = X(\text{Lr})$ 或 $X_n \xrightarrow{\text{Lr}} X$。

特别地，当 $r = 2$ 时称为**均方收敛**；当 $r = 1$ 时称为**平均收敛**。

（4）**依分布收敛**(d)。若 $F_n(x)$ 与 $F(x)$ 是 X_n 与 X 的分布函数，在 $F(x)$ 的任何连续点 x 处满足

$$\lim_{n \to \infty} F_n(x) = F(x)$$

记为 $\lim\limits_{n \to \infty} X_n = X(\text{d})$ 或 $X_n \xrightarrow{\text{d}} X$。这时也称 F_n 弱收敛于 F，记为 $F_n \xrightarrow{\text{w}} F$。对依分布收敛来说，由于只与分布函数有关，不必要求 X_n 与 X 在同一个概率空间上。

上述各种收敛性之间存在一定的"强弱"关系，如图 1.7.1 所示。

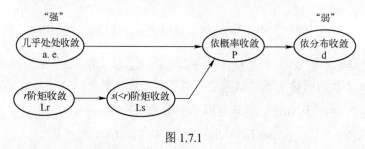

图 1.7.1

其中，几乎处处收敛与 r 阶矩收敛之间一般是无法相互推出的。

1.7.2 收敛定理

定理 1.4 有关期望的收敛定理：

（1）**单调收敛定理**：设随机变量序列 $\{X_n\}$ 是非负且单调非减的：

$$0 \leqslant X_1 \leqslant X_2 \leqslant \cdots \leqslant X_n \leqslant \cdots$$

并且 $X_n \xrightarrow{\text{a.e.}} X$，则

$$\lim_{n \to \infty} EX_n = E(\lim_{n \to \infty} X_n) = EX$$

（2）**法图（Faton）引理**：设随机变量序列 $\{X_n\}$ 是非负的，则

$$E(\underline{\lim_{n \to \infty}} X_n) \leqslant \underline{\lim_{n \to \infty}} EX_n \leqslant \overline{\lim_{n \to \infty}} EX_n \leqslant E(\overline{\lim_{n \to \infty}} X_n)$$

其中，$\underline{\lim\limits_{n \to \infty}}$ 与 $\overline{\lim\limits_{n \to \infty}}$ 分布表示上、下极限。

（3）**勒贝格（Lebesgue）控制收敛定理**：设随机变量序列 $\{X_n\}$ 有：$X_n \xrightarrow{P} X$；且存在随机变量 Y，$EY < +\infty$，使得 $P\{|X_n| \leqslant Y\} = 1$。则

$$\lim_{n \to \infty} EX_n = E(\lim_{n \to \infty} X_n) = EX$$

1.7.3 大数定律

大数定律是判断大数量的随机现象的平均结果是否趋向常数的定律。1713 年伯努利首先

给出了下面的定理。

定理 1.5(伯努利大数定律) 若 S_n 是 n 次独立重复的试验(伯努利试验)中条件 A 发生的次数，p 是事件 A 在每次试验中发生的概率，则 $\forall \varepsilon > 0$，有

$$\lim_{n \to \infty} P\left\{\left|\frac{S_n}{n} - p\right| \geqslant \varepsilon\right\} = 0, \qquad 即 \qquad \frac{S_n}{n} \xrightarrow{P} p \tag{1.7.1}$$

证明： 引入指示变量 $X_i = \begin{cases} 1, & 第i次试验中A发生 \\ 0, & 第i次试验中A不发生 \end{cases}$，则 $X_i \sim B(1, p)$，并且 $EX_i = p$，

$\mathrm{Var}(X_i) = p(1-p)$。易见在 $0 \leqslant p \leqslant 1$ 上，$p(1-p)$ 有最大值 $1/4$，因此 $\mathrm{Var}(X_i) \leqslant 1/4$。又

$S_n = \sum_{i=1}^{n} X_i$。于是

$$E\left(\frac{S_n}{n}\right) = \frac{1}{n}\sum_{i=1}^{n} EX_i = p$$

$$\mathrm{Var}\left(\frac{S_n}{n}\right) = \frac{1}{n^2}\sum_{i=1}^{n} \mathrm{Var}(X_i) = \frac{p(1-p)}{n} \leqslant \frac{1}{4n}$$

由切比雪夫不等式得

$$P\left\{\left|\frac{S_n}{n} - p\right| \geqslant \varepsilon\right\} \leqslant \frac{\mathrm{Var}(S_n/n)}{\varepsilon^2} \leqslant \frac{1}{4n\varepsilon^2} \xrightarrow{n \to \infty} 0 \tag{1.7.2}$$

(证毕)

伯努利大数定律揭示了"相对频率稳定于概率"的实质。它既给出了这一说法的数学表述，又肯定了其正确性。200 年后博雷尔证明了一个更强的结论。

定理 1.6(博雷尔强大数定律) 在与伯努利大数定律相同的条件下，S_n/n 不仅依概率趋于 p，而且以概率 1 趋于 p。即 $S_n/n \xrightarrow{a.e.} p$。

这两个定理的差别在于相应的两种收敛性之间的差异。我们考虑 $\left|\dfrac{S_n}{n} - p\right| \geqslant 0.1$ 的问题，这可以理解为以 $\varepsilon = 0.1$ 为界，考察相对频率(作为概率)是否"不够好"的问题。伯努利大数定律指出：在 $n \geqslant 1000$ 以后，由式(1.7.2)，得

$$P("0.1 \text{ 级-不够好}") \leqslant \frac{1}{4 \times 1000 \times 0.1^2} = 0.025$$

于是，对于 1000 次以上的试验，"0.1 级-不够好"的风险低于 1/40。若 n 再大，"0.1 级-不够好"的风险会更低，但总是存在的。而博雷尔大数定律指出：在 n 足够大以后

$$P("0.1 \text{ 级-不够好}") = 0$$

即，"0.1 级-不够好"几乎必定不会发生。这一结论是前一个定理无法肯定的，因此后者更强。

上述两个定理是关于独立(0-1)随机变量序列的，推广之，就得到一般的大数定律的定义。

定义 1.17 设随机变量序列 $\{X_n\}$ 的部分和 $S_n = \sum_{i=1}^{n} X_i$，$i = 1, 2, \cdots$ 若存在常数列 $\{a_n\}$，使得：

（1）$\dfrac{S_n}{n} - a_n \xrightarrow{P} 0$，则称**弱大数定律**(Weak law of large number)成立；

（2）$\dfrac{S_n}{n} - a_n \xrightarrow{a.e.} 0$，则称**强大数定律**(Strong law of large number)成立。

弱大数定律也简称为大数定律。显然，强大数定律成立则大数定律成立。

其他几个著名的大数定律为：

（1）**辛钦大数定律**：若 $\{X_n\}$ 是独立同分布的随机变量序列，$EX_n = \mu$ 存在且有界，则

$$\frac{S_n}{n} - \mu \xrightarrow{\ P\ } 0$$

（2）**柯尔莫格洛夫强大数定律**：在与辛钦大数定律同样的条件下，$\frac{S_n}{n} - \mu \xrightarrow{\ \text{a.e.}\ } 0$；

（3）若 $\{X_n\}$ 是独立随机变量序列，且 $\sum\limits_{i=1}^{\infty} \frac{\text{Var}(X_i)}{n^2} < +\infty$，则 $\frac{S_n}{n} - \frac{ES_n}{n} \xrightarrow{\ \text{a.e.}\ } 0$。

更精确与深入的研究是关注 S_n/n 的收敛速度，其中常常出现 $\log\log()$ 形式的项，因此被称为重对数律。

定理 1.7（重对数律） 设 $\{X_n\}$ 是独立同分布的随机变量序列，且 $EX_n = 0$，$\text{Var}(X_n) = \sigma^2 < +\infty$，则

$$P\left\{\varlimsup_{n\to\infty} \frac{S_n}{\sqrt{2\sigma^2 n \log\log n}} = 1\right\} = 1$$

$$P\left\{\varliminf_{n\to\infty} \frac{S_n}{\sqrt{2\sigma^2 n \log\log n}} = -1\right\} = 1 \tag{1.7.3}$$

也就是说，在 $n \to \infty$ 时，算术平均 S_n/n 趋于 $EX(=0)$ 的速度与 $\sqrt{\dfrac{\log\log n}{n}}$ 趋于 0 的速度相当。

1.7.4 中心极限定理

中心极限定理（Central limit theorem）是研究随机变量序列的部分和是否趋近于正态分布的一类定理。在自然界与社会实践中，许多现象受到大量相互独立的随机因素的影响，如果每个因素的影响都很微小，那么总的效果可以看作是服从正态分布的。中心极限定理是概率论中最重要的成果之一，它从理论上解释了为什么有那么多的自然现象的经验频率呈现为正态特性。

定理 1.8（棣莫弗–拉普拉斯中心极限定理） 设随机变量 $S_n \sim B(n,p), n = 1, 2\cdots$ 则对任何实数 x，有

$$\lim_{n\to\infty} P\left\{\frac{S_n - np}{\sqrt{np(1-p)}} \leqslant x\right\} = \Phi(x) = \frac{1}{\sqrt{2\pi}} \int_{-\infty}^{x} e^{-u^2/2} du \tag{1.7.4}$$

其中 $\Phi(x)$ 是标准正态分布 $N(0,1)$ 的分布函数。

该定理源于棣莫弗与拉普拉斯对当 n 较大时二项分布概率的近似计算的研究。此结果以及下面定理的结果，至今仍对这种近似计算起着重要的作用（参见例 1.10。）另外，它们又是一系列深入研究的开端。

定理 1.9（泊松极限定理） 设随机变量 $S_n \sim B(n,p), n = 1, 2\cdots$ 若存在 $\lambda > 0$，使得当 $n \to \infty$ 时 $np \to \lambda$，则对任意给定的正整数 k

$$\lim_{n\to\infty} P\{S_n = k\} = \frac{\lambda^k}{k!} e^{-\lambda} \tag{1.7.5}$$

定理中 $p \to 0$，可见，该定理关注的是大量"稀有"事件的计数问题。

定理 1.10 设 $\{X_n\}$ 为独立同分布的随机变量序列，记 $\mu = EX_n$，$\sigma^2 = \text{Var}(X_n)$，若 $\sigma^2 < +\infty$，则 $S_n = \sum\limits_{i=1}^{n} X_i$ 满足

$$\lim_{n\to\infty} P\left\{\frac{S_n - n\mu}{\sigma\sqrt{n}} \leqslant x\right\} = \Phi(x) \tag{1.7.6}$$

显然，比棣莫弗–拉普拉斯中心极限定理更为强有力之处在于此定理允许 X_n 具有任意的分布。令 S_n 的标准化为 S_n^*，有

$$S_n^* = \frac{S_n - ES_n}{\sqrt{\mathrm{Var}(S_n)}} = \frac{S_n - nu}{\sigma\sqrt{n}} \tag{1.7.7}$$

记 S_n^* 的分布函数为 $F_n^*(x)$，该定理指出：

$$F_n^*(x) \xrightarrow{\ w\ } \Phi(x), \qquad\qquad S_n^* \xrightarrow{\ d\ } \text{标准正态随机变量} \tag{1.7.8}$$

最后，我们给出解决中心极限问题的一个关键性定理。

定理 1.11（连续性定理）　分布函数列 $\{F_n(x)\}$ 收敛于分布函数 $F(x)$ 的充要条件是：相应的特征函数列 $\{\phi_n(v)\}$ 点点收敛于特征函数 $\phi(v)$，且在 v 的任一有限区间上一致连续。

习题

1.1　设随机试验 E 是将一枚硬币抛两次，观察 H–正面、T–反面出现的情况，试分析它的概率空间 $(\Omega, \mathcal{F}, P)$。

1.2　设 $A, B \subset \Omega$，集类 $\mathcal{A} = \{A, B\}$。试求：$\sigma(\mathcal{A})$ 的所有元素。

1.3　设四个黑球与两个白球随机地等分为 A 与 B 两组，记 A 组中白球的数目为 X；然后随机交换 A 与 B 中一个球，再记交换后 A 组中白球的数目为 Y。试求：（1）X 的分布律；（2）$Y|X$ 的分布律；（3）Y 的分布律。

1.4　设 A 与 B 是概率空间 (Ω, F, P) 上的事件，且 $0 < P(B) < 1$，试证明：A 与 B 独立的充要条件为：$P(A|B) = P(A|\bar{B})$。

1.5　已知条件概率密度函数 $f(x_3, x_4 | x_1, x_2, x_5)$ 与 $f(x_1, x_5 | x_2)$，试求条件概率密度函数 $f(x_3 | x_1, x_2, x_5)$、$f(x_3, x_4 | x_2)$ 与 $f(x_4 | x_2)$。

1.6　两个人 A 和 B 依次从装有 m 张红桃和 n 张黑桃的盒子中摸牌（不放回）。假定先摸到红桃者赢。问先摸牌的人赢的概率是多少？

1.7　甲乙两队进行围棋团体赛，得胜人多的一方获胜，已知甲队每个队员获胜的概率为 0.6，乙队每个队员获胜的概率为 0.4。下面两个方案中哪个对乙队有利：（1）双方各出 3 人；（2）双方各出 7 人。

1.8　（巧合问题）1 至 N 个数字随机地排为一行，如果 k "恰巧"出现在第 k 个位置，则称为一次巧合；设巧合次数为 X。试求：$P(X = 0)$ 与 $P(X = k)$，$0 \leqslant k \leqslant N$。

1.9　试求下列 Y 的概率密度：（1）随机变量 $X \sim N(\mu, \sigma^2)$，$Y = |X|$；（2）随机变量 $X \sim U(0, \pi)$，$Y = \sin X$。

1.10　设随机变量 $X \sim N(\mu, \sigma^2)$，而随机变量 $Y = e^X$，称为**对数正态分布随机变量**。试证明：Y 的概率密度函数为 $f_Y(y) = \dfrac{1}{y\sqrt{2\pi}\sigma} \exp\left\{-(\ln y - \mu)^2 / 2\sigma^2\right\} u(y)$。

1.11　若 x 和 y 是联合正态，均值为零，即

$$f(x, y) = \frac{1}{2\pi\sigma_1\sigma_2\sqrt{1-r^2}} \exp\left\{-\frac{1}{2(1-r^2)}\left(\frac{x^2}{\sigma_1^2} - 2r\frac{xy}{\sigma_1\sigma_2} + \frac{y^2}{\sigma^2}\right)\right\}$$

证明它们的比值 $z = x/y$ 是中心在 $r\sigma_1/\sigma_2$ 的柯西分布。

1.12　若随机变量 X 与 Y 的联合密度函数为

$$f_{XY}(x, y) = \begin{cases} 1, & 0 < |y| < x < 1 \\ 0, & \text{其他} \end{cases}$$

求：（1）条件概率 $f_{X|Y}(x|y)$ 与 $f_{Y|X}(y|x)$；（2）$P(X>1/2|Y>0)$ 与 $P(Y>0|X>1/2)$。

1.13 试证明：（1）设 N 为取值非负整数的离散随机变量，则

$$EN = \sum_{n=1}^{\infty} P(N \geqslant n) = \sum_{n=0}^{\infty} P(N>n)$$

（2）设 X 为取值非负的随机变量，分布函数为 $F(x)$，则

$$EX = \int_0^{\infty} [1-F(x)]\mathrm{d}x$$

1.14 设随机变量 X_i 是不相关的，且有相同的均值 $EX_i = \eta$ 和方差 $\sigma_i^2 = \sigma^2$，而 $\overline{X} = \dfrac{1}{n}\sum_{i=1}^{n} X_i$，

$V = \dfrac{1}{n-1}\sum_{i=1}^{n}(X_i-\overline{X})^2$ 分别称为 X_i 的**样本均值和样本方差**，试证明：

（1）$E\overline{X} = \eta$，$\sigma_{\overline{X}}^2 = \sigma^2/n$；（2）$EV = \sigma^2$。

1.15 (Montmort 配对问题)n 个人将自己的帽子放在一起，充分混合后每人随机地取一项，令正巧选中自己帽子的人数为 X。求：（1）EX 与 $Var(X)$；（2）利用切比雪夫不等式粗略估计 X 通常在什么范围？

1.16 连续投掷均匀硬币 n 次，统计正面出现的频率 K。为了保证 $P[K \in (0.4, 0.6)] > 90\%$，$n$ 必须足够大。求：（1）利用切比雪夫不等式估计 n 至少是多少？（2）利用正态分布近似估计 n 至少是多少？

1.17 在某种加法的数值计算中，对每个加数按小数点后面第三位进行四舍五入，假设所有舍入误差是独立的，且服从均匀分布。试估计 12000 个数相加时，总误差的绝对值最多是多少？

1.18 若随机变量 X 与 Y 有联合概率密度函数 $f_{XY}(x,y) = xe^{-x(y+1)}u(x)u(y)$。试求：（1）边缘概率密度函数 $f_X(x)$ 和 $f_Y(x)$；（2）条件概率密度函数 $f_{Y|X}(y|x)$ 与条件数学期望 $E(Y|X=x)$。

1.19 已知随机变量 X 服从 $[0,a]$ 上的均匀分布。随机变量 Y 服从 $[X,a]$ 上的均匀分布。试求：

（1）$E(Y|X)$，$0 \leqslant X \leqslant a$；（2）$EY$。

1.20 某班车发车前上客人数 X 服从参数为 λ 的泊松分布，每位乘客中途下车的概率为 p，彼此独立。Y 表示中途下车人数。求：（1）$P(Y=m|X=n)$，$0 \leqslant m \leqslant n$；（2）$X$ 与 Y 的联合分布；（3）$E(Y|X)$ 与 $E(Y)$。

1.21 某矿工困于黑暗的矿井中，有三条通道可选择，第一通道经 3 小时可以到达地面，第二通道经 1 小时又回到原处，第三通道经 2 小时也回到原处。假定他每次选择通道都是等可能的。试问他平均返回地面的时间是多少？

1.22 假设某二进制传输中错误的发生是独立同分布的，误比特概率为 p_b。求：（1）出现第一个错误前平均能传输多少位？（2）出现第一个连续 5 位错误前平均可传输多少位？

1.23 设在某大楼底层乘电梯的人数服从均值为 λ 的泊松分布。该大楼共有 $M+1$ 层，各乘客等可能地在其中某层离开，而乘客之间彼此独立。在不考虑中途上客的情况下，求该电梯一次上行中的平均停靠次数。

1.24 试证明：（1）$E[h(Y)g(X,Y)|Y] = h(Y)E[g(X,Y)|Y]$；

（2）$\sigma_{X|Y}^2 = E(X^2|Y) - (m_{X|Y})^2$（其中，$m_{X|Y} = E(X|Y)$，$\sigma_{X|Y}^2 = E\{[X-m_{X|Y}]^2|Y\}$，称为条件方差）

1.25 设 X 服从几何分布，即 $P(X=k) = 2^k/3^{k+1}$，$k=0,1,2,\cdots$。试求：（1）X 的特征函数与概率母函数；（2）X 的均值与方差。

1.26 试证明：（1）n 个独立泊松随机变量之和为泊松随机变量；（2）两个泊松随机变量之差不是泊松随机变量。

1.27 设 $X \sim N(0,\sigma^2)$，而 $Y = X^2$，试求 $f_Y(y)$。

（提示：利用 $Y = g(X)$ 的特征函数计算公式，$\phi_Y(v) = \int_{-\infty}^{+\infty} e^{jvg(x)} f_X(x)\mathrm{d}x = \int_{-\infty}^{+\infty} e^{jvy} f_Y(y)\mathrm{d}y$）

1.28 设高斯随机变量 X 的特征函数为 $\phi_X(v) = \exp(j\mu v - \sigma^2 v^2/2)$，试求：（1）$X$ 的矩母函数；（2）X 的第二特征函数 $\phi_{2X}(v)$。

1.29 设独立同分布的随机变量序列 X_i，试说明其乘积 $Y = X_1 X_2 \cdots X_n$ 的概率密度函数是近似对数正态的，即

$$f_Y(y) \approx \frac{1}{\sqrt{2\pi}\sigma y} \exp\left\{-\frac{1}{2\sigma^2}(\ln y - \mu)^2\right\} u(y)$$

其中 $\mu = \sum\limits_{i=1}^{n} E(\ln X_i)$，$\sigma^2 = \sum\limits_{i=1}^{n} \mathrm{Var}(\ln X_i)$。该结论称为随机变量乘积的中心极限定理。

1.30 若 $X_n \xrightarrow{\mathrm{P}} a$，$Y_n \xrightarrow{\mathrm{P}} b$，试证明 $X_n + Y_n \xrightarrow{\mathrm{P}} a + b$。

第 2 章 随机过程基础

2.1 定义与基本特性

概率论里着重讨论了随机变量与多维随机变量的情形。将这些概念推广，随机过程研究随参数变化与演进的随机变量的问题。

2.1.1 概念

大量的物理现象既是随机的，也是依时间参量或序号(连续的或离散的)推进的。

例 2.1 热噪声电压信号：电子设备中，电阻上的噪声电压是典型的随机量。由于热电子的随机骚动，引起电阻两端的电压有一个不确定的起伏变化，在任何一瞬间电压值都是随机的。我们不只关心一个或几个时刻的随机变量，而是关心整个时段上它的随机表现，它既可以看作一个沿时间展开的随机变量，又可以看作一个随机的时间函数。

例 2.2 医院登记新生儿性别。男婴 = 1，女婴 = 0，第 n 个婴儿性别记为 $X_n(\xi)$，得到一个序列 $\{X_n(\xi), \ n=1,2,\cdots\}$，参量 n 是正整数，每一个 n 对应的 $X_n(\xi)$ 是二值随机变量。于是，新生儿记录是一列随序号不断推进的随机变量。但换个角度来看，该记录又是某个无法事先知道的数列。

这样的随机问题比比皆是，我们用随机过程作为描述它们的数学模型，其规范定义如下。

定义 2.1 给定参量集 T 与概率空间 $(\Omega, \mathcal{F}, P)$，依赖参数 $t \in T$ 的一族随机变量 $\{X(t,\xi)\}$ 称为**随机过程(Stochastic process or random process)**，简记为 $\{X(t)\}$。

随机过程的概念包括几个方面的含义：

（1）它是一族二元函数 $X(t,\xi)$ 的总体，t 与 ξ 都是自变量。其中，ξ 在 Ω 上取值，表明它是随机的；而 t 在 T 域上取值，表明它又是时变的；

（2）当 t 固定时，即在某个时刻上，它是一个随机变量；

（3）当 ξ 固定时，即在某次呈现中，它是 t 的确定函数，称此函数为**样本函数**；

（4）当 t 与 ξ 都固定时，它是一个数值，为过程 X 在 t 时刻的**状态**(或**样值**)。

实际应用中，随机过程的参数 t 最常见的是时间，因此它取名为"过程"，其参数也常常默认为时间。但它也可以是更为广泛的其他参量，比如某种空间位置坐标，这时我们所考察的是某个随空间分布的随机量。参数域 T 通常是 $[0, +\infty)$、或 $R = (-\infty, +\infty)$、或多维的 R^d。如果 T 为整数集或其子集，这时参数是离散的，称 $\{X(t)\}$ 为**随机序列**或**离散(参数)随机过程**；如果 T 为 $d(d > 1)$ 维欧几里得空间 R^d 或其子集，这时参数是多维的，称 $\{X(t)\}$ 为**多参量随机过程**，或**随机场**。

2.1.2 基本特性

依据定义，随机过程是含参数的随机变量族，因此，可以通过描述带 t 的随机变量 $X(t,\xi)$ 来描述随机过程的特性。首先，分布函数是随机变量最基本的性质。

1. 有限维分布函数族

n 阶(维)概率分布函数定义为

$$F(x_1, x_2, \cdots, x_n; t_1, t_2, \cdots, t_n) = F_{X(t_1), X(t_2), \cdots, X(t_n)}(x_1, x_2, \cdots, x_n)$$
$$= P[X(t_1) \leqslant x_1, X(t_2) \leqslant x_2, \cdots, X(t_n) \leqslant x_n]$$

n 阶(维)概密度函数 $f(x_1, x_2, \cdots, x_n; t_1, t_2, \cdots, t_n)$ 满足

$$F(x_1, x_2, \cdots, x_n; t_1, t_2, \cdots, t_n) = \int_{-\infty}^{x_n} \cdots \int_{-\infty}^{x_2} \int_{-\infty}^{x_1} f(x_1, x_2, \cdots, x_n; t_1, t_2, \cdots, t_n) \mathrm{d}x_1 \mathrm{d}x_2 \cdots \mathrm{d}x_n$$

以及 **n 维特征函数**定义为

$$\phi(v_1, v_2, \cdots, v_n; t_1, t_2, \cdots, t_n) = E\left\{ \exp\left[\mathrm{j}(v_1 X(t_1) + v_2 X(t_2) + \cdots + v_n X(t_n)) \right] \right\}$$

随机过程 $X(t)$ 的一、二阶分布是最基本的，而高阶分布包含了更多的信息。可以想象，无限地增加时刻点数(阶数 n)，缩小时刻间距，可以全面地反映出过程的统计特性。

容易看出，随机过程的有限维分布应该不依赖于所选参量的顺序，而且高维分布的边缘分布与相应的低维分布是一致的。即，它满足如下的**对称性与相容性**：

（1）如果 $k_1, k_2, \cdots, k_n$ 是 $1, 2, \cdots, n$ 的某种排列，有

$$F(x_{k_1}, x_{k_2}, \cdots, x_{k_n}; t_{k_1}, t_{k_2}, \cdots, t_{k_n}) = F(x_1, x_2, \cdots, x_n; t_1, t_2, \cdots, t_n) \tag{2.1.1}$$

（2）如果 $m < n$，有

$$F(x_1, x_2, \cdots, x_m; t_1, t_2, \cdots, t_m) = F(x_1, x_2, \cdots, x_m, \infty, \cdots, \infty; t_1, t_2, \cdots, t_m, t_{m+1}, \cdots, t_n) \tag{2.1.2}$$

定理 2.1（Kolmogoroff 存在定理） 若给定参数集 T 与满足相容性的任意有穷阶分布函数族，则必存在概率空间 $(\Omega, \mathcal{F}, P)$ 及定义于其上的一个随机过程 $\{X(t), t \in T\}$，使该过程的有穷阶分布函数族与已给的相重合。

这说明随机过程的统计特性完全由其分布函数族决定，因而，全面研究随机过程的问题在于研究其分布函数的特性。

2. 基本数字特征

数字特征反映了随机变量的一些关键特性，随机过程的数字特征根据相应的随机变量来定义，其基本的内容主要包括：

（1）**均值：** $\qquad\qquad\qquad m_X(t) = EX(t)$

（2）**自相关函数：** $\qquad\qquad R_X(t_1, t_2) = E[X(t_1) X(t_2)]$

（3）**方差与标准差：** $\qquad \sigma_X^2(t) = DX(t) = \mathrm{Var}[X(t)] = E[X(t) - m_X(t)]^2$

$$\sigma_X(t) = \sqrt{DX(t)}$$

（4）**均方差：** $\qquad\qquad\qquad EX^2(t) = R_X(t, t)$

（5）**协方差函数：** $\qquad C_X(t_1, t_2) = E\left\{ [X(t_1) - m_X(t_1)][X(t_2) - m_X(t_2)] \right\}$

$$= R_X(t_1, t_2) - m_X(t_1) m_X(t_2)$$

（6）**相关系数：** $\qquad\qquad \rho_X(t_1, t_2) = \dfrac{C_X(t_1, t_2)}{\sigma_X(t_1) \sigma_X(t_2)}$

其中，均值与相关函数是最基本的，由它们容易导出协方差函数、方差等其他各种数字特征。由于定义中的随机变量与时间有关，因此，随机过程的数字特征是时间的确定函数。如果分别定义**中心化过程与归一化过程**为

$$X_0(t) = X(t) - m_X(t), \qquad \dot{X}(t) = \frac{X(t) - m_X(t)}{\sigma(t)} \tag{2.1.3}$$

则有
$$C_X(t_1, t_2) = R_{X_0}(t_1, t_2), \qquad \rho_X(t_1, t_2) = R_{\dot{X}}(t_1, t_2) \tag{2.1.4}$$

3. 联合特性与复过程

研究多个随机过程及相互关系时，我们用到联合特性。两个随机过程 $X(t)$ 与 $Y(t)$ 的**联合概率分布函数**由它们任意两个时刻的随机变量 $X(t_1)$ 与 $Y(t_2)$ 来定义
$$F_{XY}(x, y; t_1, t_2) = F_{X(t_1), Y(t_2)}(x, y) = P[X(t_1) \leqslant x, Y(t_2) \leqslant y]$$

进而，($n+m$) 维联合概率分布函数定义为
$$F_{XY}(x_1, x_2, \cdots, x_n; y_1, y_2, \cdots, y_m; t_1, t_2, \cdots, t_n; s_1, s_2, \cdots, s_m)$$
$$= P\big[X(t_1) \leqslant x_1; X(t_2) \leqslant x_2; \cdots; X(t_n) \leqslant x_n; Y(s_1) \leqslant y_1; Y(s_2) \leqslant y_2; \cdots; Y(s_m) \leqslant y_m\big]$$

相仿地可定义 $X(t)$ 与 $Y(t)$ 的**联合概率密度函数**与**特征函数**。

随机过程 $X(t)$ 与 $Y(t)$ 的联合数字特征主要是：

（1）**互相关函数：** $\qquad R_{XY}(t_1, t_2) = E[X(t_1)Y(t_2)]$

（2）**互协方差函数：** $\qquad C_{XY}(t_1, t_2) = E\{[X(t_1) - m_X(t_1)][Y(t_2) - m_Y(t_2)]\}$
$$= R_{XY}(t_1, t_2) - m_X(t_1)m_Y(t_2)$$

（3）**互相关系数：** $\qquad \rho_{XY}(t_1, t_2) = \dfrac{C_{XY}(t_1, t_2)}{\sigma_X(t_1)\sigma_Y(t_2)}$

由上可见，$R_{XX}(t_1, t_2)$ 也就是 $R_X(t_1, t_2)$，有的文献中采用这种记法。

复过程 $\{Z(t) = X(t) + jY(t), t \in T\}$ 由两个实过程 $X(t)$ 与 $Y(t)$ 组成，其特性由它们的联合统计特性所规定。复过程的均值、相关函数与互相关函数定义为：
$$m_Z(t) = EZ(t) = EX(t) + jEY(t) \tag{2.1.5}$$
$$R_Z(t_1, t_2) = E\big[Z(t_1)Z^*(t_2)\big] \tag{2.1.6}$$
$$R_{Z_1 Z_2}(t_1, t_2) = E\big[Z_1(t_1)Z_2^*(t_2)\big] \tag{2.1.7}$$

其中 $(\ )^*$ 表示复数共轭运算，它在复过程二阶矩定义中是必要的，也是与实过程有关定义的主要差别。还可以根据需要，定义复过程的其他数字特征。

例 2.3 讨论随机过程 $Z(t) = aX(t) + bY(t)$ 的均值与相关函数，其中 a 与 b 是确定量。

解： 根据定义 $\qquad EZ(t) = aEX(t) + bEY(t) = am_X(t) + bm_Y(t)$
$$R_Z(t_1, t_2) = E\big\{[aX(t_1) + bY(t_1)][aX(t_2) + bY(t_2)]^*\big\}$$
$$= |a|^2 R_X(t_1, t_2) + |b|^2 R_Y(t_1, t_2) + ab^* R_{XY}(t_1, t_2) + ba^* R_{YX}(t_1, t_2)$$

其中，我们一般化假设 $X(t)$、$Y(t)$ 与 $Z(t)$ 可以是复数。注意，$Z(t)$ 相关函数结果中涉及两个过程的互相关函数，如果 $X(t)$ 与 $Y(t)$ 正交，则
$$R_Z(t_1, t_2) = |a|^2 R_X(t_1, t_2) + |b|^2 R_Y(t_1, t_2)$$

如果 $X(t)$ 与 $Y(t)$ 无关，容易得到
$$C_Z(t_1, t_2) = |a|^2 C_X(t_1, t_2) + |b|^2 C_Y(t_1, t_2)$$

2.1.3 举例

下面举例说明一些简单且常用的随机过程。

例 2.4   随机正弦过程

$\{X(t) = A\cos(\varOmega t + \varTheta), \ t \in (-\infty, +\infty)\}$，其中，$A$、$\varOmega$ 与 $\varTheta$ 部分或全部是随机变量。正弦信号是一种在物理、电气工程与科学研究中有着广泛应用的信号。一种典型的情形是：ω_0 是确定量，A 与 $\varTheta$ 彼此独立，A 是某种分布的随机变量，$\varTheta$ 服从 $[0, 2\pi)$ 的均匀分布。下面计算其均值与自相关函数。

均值: $EX(t) = EA \times E[\cos(\omega_0 t + \varTheta)] = EA \times \displaystyle\int_0^{2\pi} \cos(\omega_0 t + \theta) \frac{1}{2\pi} \mathrm{d}\theta = 0$

自相关函数: $R(t_1, t_2) = EA^2 \times E[\cos(\omega_0 t_1 + \varTheta)\cos(\omega_0 t_2 + \varTheta)]$

$$= \frac{1}{2}EA^2 \left\{ E[\cos(\omega_0 t_1 - \omega_0 t_2)] + E[\cos(\omega_0 t_1 + \omega_0 t_2 + 2\varTheta)] \right\}$$

式中后一项均值为 0。于是，$R(t_1, t_2) = \dfrac{1}{2}EA^2 \cos\omega_0(t_1 - t_2)$。

例 2.5   独立二进制序列（或称伯努利（Bernoulli）序列）

$\{X_n, \ n = 1, 2, \cdots\}$，其中各个 X_n 是取值 $(0, 1)$ 的独立同分布二值随机变量。$P[X_n = 1] = p$，$P[X_n = 0] = 1 - p = q$。独立二进制序列是许多随机现象的数学模型，比如：计算机二进制数据与数字传输中的比特流等。下面讨论它的均值与自相关函数。

均值: $EX_n = p$

自相关函数: $R(n_1, n_2) = \begin{cases} EX_{n_1} \times EX_{n_2} = p^2, & n_1 \neq n_2 \\ EX_{n_1}^2 = p, & n_1 = n_2 \end{cases} = pq\delta(n_1 - n_2) + p^2$

其中，$\delta(m) = \begin{cases} 1, & m = 0 \\ 0 & m \neq 0 \end{cases}$，它为离散冲激函数。

例 2.6   二进制传输过程

$\{X(t) = I_n, \ t \in [nT - T/2, nT + T/2), \ n = 0, \pm 1, \pm 2, \cdots\}$。其中，$\{I_n, \ 0, \pm 1, \pm 2, \cdots\}$ 是取值 $(-1, +1)$ 的独立二进制序列。为了数学上的简化，这里不妨考虑 $t \in (-\infty, +\infty)$，n 为全体整数的情形。在通信等应用中，称 T 长的时段为 1 个时隙，第 n 个时隙以 nT 为中心。如果令 $P_T(t)$ 是中心位于零时刻、宽为 T、高为 1 的方脉冲。则

$$X(t) = \sum_{n=-\infty}^{+\infty} I_n P_T(t - nT)$$

$X(t)$ 的时隙位置固定地以 $t = \pm T/2$ 对齐，称为半随机二进制传输过程。

更一般的情形中时隙边缘是随机的，这时称为随机二进制传输过程，可以表示为 $Y(t) = X(t - D)$，其中 D 在 $[0, T)$ 上均匀分布，并与 $X(t)$ 独立。下面先讨论 $X(t)$ 的均值与自相关函数。仿照例 2.5 容易得出

均值: $EX(t) = EI_n \times \displaystyle\sum_{n=-\infty}^{+\infty} P_T(t - nT) = p - q$

自相关函数: $R_X(t_1, t_2) = \begin{cases} EI_{n_1} \times EI_{n_2} = 1 - 4pq, & n_1 \neq n_2 \\ EI_{n_1}^2 = 1, & n_1 = n_2 \end{cases}$

$$= 4pq\delta(n_1 - n_2) + (1 - 4pq)$$

其中，$n_1 = [t_1 / T]$，$n_2 = [t_2 / T]$，这里 $[z]$ 取 z 的整数部分。

对于 $Y(t) = X(t - D)$，首先 $E\{Y(t) \mid D = h\} = EX(t - h) = p - q$，因此

$$EY(t) = E\{E[Y(t)\,|\,D]\} = p - q$$

再计算自相关函数 $\quad R_Y(t_1,t_2) = E[Y(t_1)Y(t_2)] = E[X(t_1-D)X(t_2-D)]$

下面分两种情况来分析：

1）假定 $|t_1-t_2| > T$，则 $X(t_1-D)$ 与 $X(t_2-D)$ 必定位于不同时隙而彼此独立，于是

$$R_Y(t_1,t_2) = E[X(t_1-D)]E[X(t_2-D)] = (p-q)^2 = 1-4pq$$

2）假定 $|t_1-t_2| \leqslant T$，则 t_1-D 与 t_2-D 之间最多可能含有一条时隙边缘。如果不含，则 $X(t_1-D)$ 与 $X(t_2-D)$ 处于同一时隙而相同；反之，它们处于前后时隙而彼此独立。观察图 2.1.1(a)中从 t_1 开始的 T 长区域，其中有且仅有一条边缘，它的具体位置受抖动 D 的影响。由 D 服从均匀分布可知，边缘落入 t_1 与 t_2 之间的概率为 $|t_1-t_2|/T$，于是，$X(t_1-D)$ 与 $X(t_2-D)$ 独立的概率为 $|t_1-t_2|/T$，相同的概率为 $1-|t_1-t_2|/T$。所以

$$R_Y(t_1,t_2) = (p-q)^2 \times \frac{|t_1-t_2|}{T} + [p\times 1^2 + q\times(-1)^2]\times\left(1-\frac{|t_1-t_2|}{T}\right) = 1-4pq\frac{|t_1-t_2|}{T}$$

两种情况合并得到 $\quad R_Y(t_1,t_2) = R_Y(\tau) = \begin{cases} 1-4pq(|\tau|/T), & 0<|\tau|<T \\ 1-4pq, & |\tau|\geqslant T \end{cases}$

其中令 $\tau = t_1 - t_2$。该自相关函数与相应的协方差函数呈三角形，它们如图 2.1.1(b)所示。

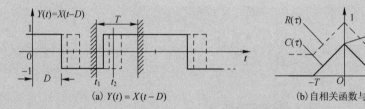
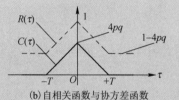

(a) $Y(t) = X(t-D)$ (b) 自相关函数与协方差函数

图 2.1.1 二进制传输过程示例

例 2.7 随机电报信号（Random telegraph signal）

$\{X(t) = A(-1)^{N(t)}, t \geqslant 0\}$，其中 $N(t)$ 是常数为 λt 的泊松随机变量，A 为 $(+1,-1)$ 的二元等概随机变量，$N(t)$ 与 A 彼此独立。$X(t)$ 是一种两电平信号，它的典型样本如图 2.1.2 所示。初始时刻为随机变量 A，在此后的 $[0,t]$ 上，$X(t)$ 在 ± 1 之间以"泊松特性"发生随机翻转。

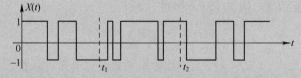

图 2.1.2 随机电报信号示例（$X(0)$ 为 1 的情形）

先计算一阶概率特性

$$P[X(t)=1] = P[X(t)=1\,|\,A=1]P[A=1] + P[X(t)=1\,|\,A=-1]P[A=-1]$$

$$= P[N(t)=\text{偶数}\,|\,A=1]\times\frac{1}{2} + P[N(t)=\text{奇数}\,|\,A=-1]\times\frac{1}{2}$$

$$= \{P[N(t)=\text{偶数}] + P[N(t)=\text{奇数}]\}\times\frac{1}{2}$$

$$= 1/2$$

于是 $\quad\quad\quad\quad P[X(t)=-1] = 1 - P[X(t)=1] = 1/2$

即该过程任何时刻的取值都是二元等概的。进而

$$m(t) = E[X(t)] = 1/2 - 1/2 = 0$$

计算其自相关函数时，不妨先考虑 $t_2 \geqslant t_1$，有

$$R(t_1,t_2) = E[X(t_1)X(t_2)] = (+1) \times P[X(t_1) 与 X(t_2) 同号] + (-1) \times P[X(t_1) 与 X(t_2) 反号]$$

$$= P[N(t_2 - t_1) = 偶数] - P[N(t_2 - t_1) = 奇数]$$

$$= 2P[N(t_2 - t_1) = 偶数] - 1$$

其中，$N(t_2 - t_1)$ 是在 t_1 至 t_2 期间发生的翻转次数。于是，令 $\tau = t_2 - t_1$，有

$$P[N(\tau) = 偶数] = \sum_{\substack{k=0 \\ k 为偶数}}^{\infty} \frac{(\lambda\tau)^k e^{-\lambda\tau}}{k!} = \frac{e^{-\lambda\tau}}{2} \sum_{n=0}^{\infty} \left[\frac{(\lambda\tau)^n}{n!} + \frac{(-\lambda\tau)^n}{n!} \right]$$

$$= \frac{e^{-\lambda\tau}}{2}\left(e^{\lambda\tau} + e^{-\lambda\tau}\right) = \left(1 + e^{-2\lambda\tau}\right)/2$$

因此 $\qquad R(\tau) = 2 \times \left(1 + e^{-2\lambda\tau}\right)/2 - 1 = e^{-2\lambda\tau}$

考虑到 t_2, t_1 的一般情况，利用对称性最后得

$$R(\tau) = e^{-2\lambda|\tau|} \tag{2.1.8}$$

2.1.4 分类

从上述例子中可以看到，依据参数集与值域（状态空间）的特性，随机过程可分为如表2.1.1 所示的基本类型。

随机过程还常常按照其分布规律、统计特性或某些突出的特征进行分类，常见的类别包括：平稳过程、独立过程、独立增量过程、马尔可夫过程、二阶矩过程、高斯过程、更新过程、点（或称计数）过程、鞅过程等。

表 2.1.1　随机过程的基本类型及例子

	连续值域	离散值域
连续参量	正弦过程、布朗运动	二进制传输过程、泊松过程
离散参量	—	独立二进制序列、马尔可夫链

2.2　平稳性与平稳过程

随机过程描述的是随参量推进的随机现象，其统计特性通常也是随相应参量推进的。有一类极为重要的随机过程，它的主要（或全部）统计特性关于参量保持"稳定不变"，这种随机过程被称为**平稳（Stationary）随机过程**，相应的性质被称为**平稳性（Stationarity）**。实际应用中经常遇到处于稳态的系统，它们的特性往往可以用平稳过程进行建模分析。

2.2.1 严格与广义平稳过程

定义 2.2　若过程 $\{X(t), t \in T\}$ 的任意 n 维分布函数具有下述的参量移动不变性：$\forall t_1, t_2,$ $\cdots, t_n \in T$，$x_1, x_2, \cdots, x_n \in R$，以及满足 $t_1 + u, t_2 + u, \cdots, t_n + u \in T$ 的任意 u 值，恒有

$$F(x_1, x_2, \cdots, x_n; t_1, t_2, \cdots, t_n) = F(x_1, x_2, \cdots, x_n; t_1 + u, t_2 + u, \cdots, t_n + u) \tag{2.2.1}$$

则称它是**严格平稳（SSS）过程**（或强平稳过程）。如果上式仅对于 $n \leqslant N$ 成立，则称随机过程是 N 阶平稳的。

定义 2.3　若过程 $\{X(t), t \in T\}$ 的均值与相关函数存在，并且满足：（1）均值为常数；（2）相关函数与两时间参量 $(t + \tau, t)$ 的绝对位置无关，即

$$\begin{cases} E[X(t)] = m = 常数 \\ R(t + \tau, t) = R(\tau), \quad \tau = t_1 - t_2 \end{cases} \tag{2.2.2}$$

则称它是**广义平稳(WSS)过程**(或**弱平稳过程**、或**宽平稳过程**),简称**平稳过程**。

需要注意的是,这里定义 $\tau = t_1 - t_2$,即 $R(\tau) = E[X(t+\tau)X^*(t)]$。也有的书中定义 $\tau = t_2 - t_1$ 与 $R(\tau) = E[X(t)X^*(t+\tau)]$。对于实过程而言,这没有差别,但对于复过程就有不同了。

> **例 2.8** 考察前面例子的平稳性:容易发现,独立二进制过程是严格平稳过程,也是广义平稳过程;随机正弦过程、随机二进制传输过程与电报过程都是广义平稳过程。

简单地讲,平稳性是随机过程的统计特性对参量(组)的移动不变性,严格平稳性要求全部统计特性都具有移动不变性;而广义平稳性只要求一、二阶矩特性具有移动不变性。严格平稳性与广义平稳性之间有关系:

$$\begin{pmatrix} 严格平稳 \\ 过程 \end{pmatrix} \xrightarrow[\text{不一定是}]{\text{如果其均值与相关函数存在}} \begin{pmatrix} 广义平稳 \\ 过程 \end{pmatrix} \tag{2.2.3}$$

严格平稳性要求太"苛刻",应用中研究最多的还是广义平稳过程,本书后面主要讨论的是后者。如果实际问题中产生与影响随机过程的主要物理条件不随时间而改变,那么通常可以认为此过程是平稳的。

凡是不满足平稳性定义的随机过程,统称为**非平稳过程**。应该说,非平稳过程具有更为广泛与实际的意义,平稳过程只是一种近似或特殊情况。当非平稳过程的统计特性变化相对缓慢时,在一个较短的时段内,非平稳过程可以近似为平稳过程来处理。语音信号是明显的非平稳过程,人们普遍实施 10~30ms 的分帧,再在帧内采用平稳信号的处理技术解决有关问题。

在讨论多个随机过程时,联合平稳性指其联合统计特性对参量(组)具有移动不变性。
联合严格平稳性指随机过程 $X(t)$ 与 $Y(t)$ 的任意 $(n+m)$ 阶联合分布函数满足:

$$F_{XY}(x_1, x_2, \cdots, x_n, y_1, y_2, \cdots, y_m; t_1, t_2, \cdots, t_n, s_1, s_2, \cdots, s_m)$$
$$= F_{XY}(x_1, x_2, \cdots, x_n, y_1, y_2, \cdots, y_m; t_1 + u, t_2 + u, \cdots, t_n + u, s_1 + u, s_2 + u, \cdots, s_m + u)$$

其中,各个时间参量与状态的取值(在相应定义域中)是任意的。
联合广义平稳性指 $X(t)$ 与 $Y(t)$ 分别是广义平稳的,且满足:

$$R_{XY}(t_1, t_2) = R_{XY}(t+\tau, t) = R_{XY}(\tau), \qquad \tau = t_1 - t_2$$

2.2.2 平稳过程的相关函数

(广义)平稳过程的主要特征集中在其相关函数上,下面介绍相关函数的几个基本特性。
性质 1 若 $\{X(t), t \in T\}$ 是平稳过程,则

(1) $R(-\tau) = R^*(\tau)$;

(2) $|R(\tau)| \leqslant R(0)$;

(3) $C(\tau) = R(\tau) - |m|^2$, $\sigma^2 = R(0) - |m|^2$。

证明:这里只证明(2)。利用柯西-许瓦兹不等式

$$|E[ZW]|^2 \leqslant E|Z|^2 \times E|W|^2$$

令 $Z = X(t_1), W = X(t_2)$,有

$$\left| E\left[X(t_1)X^*(t_2) \right] \right|^2 \leqslant E|X(t_1)|^2 \times E|X(t_2)|^2 = R^2(0)$$

即,$|R(\tau)| \leqslant R(0)$。(证毕)

显然,实平稳过程的 $R(\tau)$ 是实偶函数,在原点处非负并达到最大。相关函数反映出随机过程在统计意义上的关联程度。对于平稳过程,这种关联性只与被度量的两点间的距离有关,而

与从什么位置开始度量没有关系。实际应用中，关联程度会随着间距的增大而逐渐减小，直至无关。因此，实际应用中的非周期平稳过程，一般都满足

$$\lim_{\tau \to \infty} C(\tau) = 0 \qquad \text{与} \qquad \lim_{\tau \to \infty} C_{XY}(\tau) = 0 \qquad (2.2.4)$$

这时 $|m|^2 = R(\infty)$，$E|X(t)|^2 = R(0)$，$\sigma^2 = R(0) - R(\infty)$ (2.2.5)

于是，相关函数中包含了多种基本参数，如图 2.2.1 所示。

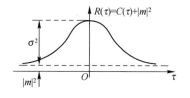

图 2.2.1　相关函数图示

例 2.9　工程应用中某一平稳信号 $X(t)$ 的自相关函数为

$$R_X(\tau) = 100\mathrm{e}^{-10|\tau|} + 100\cos 10\tau + 100$$

试估计其均值、均方值和方差。

解：实际应用中，具有这类自相关函数的信号 $X(t)$，通常可以被等效为两个平稳随机信号 $U(t)$ 与 $V(t)$ 的和，而 $U(t)$ 与 $V(t)$ 的自相关函数分别为 $R_U(\tau) = 100\mathrm{e}^{-10|\tau|} + 100$ 与 $R_V(\tau) = 100\cos 10\tau$。$U(t)$ 是 $X(t)$ 的非周期分量，利用式 (2.2.5) 可得

$$m_U = \pm\sqrt{R_U(\infty)} = \pm 10$$

$V(t)$ 是周期分量，很可能是具有随机相位的正弦过程的相关函数，可以认为此分量的均值 $m_V = 0$。于是

$$m_X = m_U + m_V = \pm 10 \qquad E\left[X^2(t)\right] = R_X(0) = 300 \qquad \sigma_X^2 = R_X(0) - m_X^2 = 200$$

所以，$X(t)$ 的均值为 ±10、均方值为 300、方差为 200。

本例题说明了一种在已知条件不够充分时的工程分析方法，尽管从理论上讲，其中有的假设是不够严格的，但它们合乎多数的实际场合，因此是有用的。

性质 2　若 $\{X(t), t \in T\}$ 与 $\{Y(t), t \in T\}$ 是联合平稳过程，则

（1）$R_{XY}(-\tau) = R_{YX}^*(\tau)$；

（2）$C_{XY}(\tau) = R_{XY}(\tau) - m_X m_Y^*$。

2.3　独立过程与白噪声过程

考虑一种理想与简单的随机过程，其各时刻的随机变量是彼此独立或无关的，这就引出了独立过程与白噪声过程的概念。因其具有理想与简单的特性，它们具有重要的理论价值。工程实践中，一些信号在特定的理想条件下可以近似为这类过程。

定义 2.4　若过程 $\{X(t), t \in T\}$ 在任意 n 个时刻 $t_1, t_2, \cdots, t_n \in T$ 上的随机变量 $X(t_1), X(t_2), \cdots,$ $X(t_n)$ 彼此统计独立，则称它为**独立随机过程**（Independent process）。

相仿地，对于序列 $\{X(n), n = 1, 2, \cdots\}$，如果任意 n 个编号对应的随机变量彼此独立，则称其为**独立随机序列**。

根据定义中的独立性，容易知道：$\{X(t), t \in T\}$ 是独立过程的充要条件为：对于任意正整数 n，其 n 维分布函数满足

$$F(x_1, x_2, \cdots, x_n; t_1, t_2, \cdots, t_n) = \prod_{i=1}^{n} F_i(x_i; t_i) \qquad (2.3.1)$$

其中，$F_i(x_i; t_i)$ 是 $X(t)$ 在 t_i 时刻的一维分布函数。该条件的密度函数与特征函数形式为

$$f(x_1, x_2, \cdots, x_n; t_1, t_2, \cdots, t_n) = \prod_{i=1}^{n} f_i(x_i; t_i) \qquad (2.3.2)$$

$$\phi(v_1, v_2, \cdots, v_n; t_1, t_2, \cdots, t_n) = \prod_{i=1}^{n} \phi_i(v_i; t_i) \qquad (2.3.3)$$

如果过程的均值与方差为 $m(t)$ 与 $\sigma^2(t)$，则

$$R(t_1, t_2) = E\left[X(t_1)X^*(t_2)\right] = \begin{cases} E\left|X(t_1)\right|^2, & t_1 = t_2 \\ m(t_1)m^*(t_2), & t_1 \neq t_2 \end{cases} \qquad (2.3.4)$$

$$C(t_1, t_2) = \begin{cases} \sigma^2(t_1), & t_1 = t_2 \\ 0, & t_1 \neq t_2 \end{cases} \qquad (2.3.5)$$

可见，独立过程在各不同时刻上的随机变量彼此无关。

当均值与方差为常数时，它是广义平稳的。进而，如果在不同时刻过程具有相同的分布，则 $F(x;t) = F(x)$，因此

$$F(x_1, x_2, \cdots, x_n; t_1, t_2, \cdots, t_n) = \prod_{i=1}^{n} F(x_i) \qquad (2.3.6)$$

显然，具有同分布的独立过程是严格平稳过程。

例 2.10 讨论独立二进制序列 $\{X_n, n = 1, 2, \cdots\}$（如例 2.5）的概率特性。

解： 由定义，$\{X_n\}$ 是独立同分布的，因此它是严格平稳的独立序列。其一阶分布律：$\forall n$，有

$$P[X_n = 0] = q, \quad P[X_n = 1] = p$$

m 阶分布律：$\forall m$，正整数 $n_1, n_2, \cdots, n_m$ 与 $x_1, x_2, \cdots, x_m$，有

$$P\left\{\left(X_{n_1}, X_{n_2}, \cdots, X_{n_m}\right) = (x_1, x_2, \cdots, x_m)\right\} = \prod_{i=1}^{m} P\left\{X_{n_i} = x_i\right\}$$

如果 $x_i(i = 1, 2, \cdots, m)$ 取 0 或 1，且其中 1 的个数为 $k(\leqslant m)$，则上式等于 $p^k q^{m-k}$，否则它等于 0。比如，令 $m = 4$，有

$$P\left\{(X_1 X_2 X_3 X_4) = (0110)\right\} = p^2 q^2, \qquad P\left\{(X_1 X_2 X_3 X_4) = (0210)\right\} = 0$$

定义 2.5 若过程 $\{X(t), t \in T\}$ 对任意 $s, t \in T$，恒有：

$$R(s, t) = q(t)\delta(s - t) \qquad (2.3.7)$$

则称它是**白噪声过程**（White noise process），简称**白噪声**或**白过程**。若 $q(t)$ 为常数，则称它为**平稳白噪声**。

通常假定白噪声总是零均值的，因此，$C(s, t) = R(s, t)$。可见，白噪声过程的方差无限，而不同时刻上的随机变量彼此无关，有时也通俗地称这种过程是"纯随机的"。

相仿地，如果序列对所有 m 与 n，恒有，$R(m, n) = \sigma^2(n)\delta(m - n)$，则称它是**白噪声序列**。与连续过程不同，白噪声序列的方差（或功率）是有限的，取值 $\sigma^2(n)$。同样，若 $\sigma^2(n)$ 为常数，则称它为**平稳白噪声序列**。

独立过程与白噪声的这种独立或无关特性是极其理想的。一般而言，随机过程 $\{X(t), t \in T\}$ 在不同时刻 $s, t \in T$ 的随机变量 $X(t)$ 与 $X(s)$ 是相互依赖的，通称为**相依过程**。实际工程上，这种依赖性通常会随着 $|s - t|$ 的加大而减小。这就引出了下面的概念：

定义 2.6 若随机过程 $\{X(t), t \in T\}$，对任意 $s, t \in T$，当 $|s - t| > a$ 时恒有：$X(t)$ 与 $X(s)$ 独立，则称它是 a-**相依过程**。常数 a 大于 0，称为过程的**相依时间**。

分析 a-相依过程时，当随机变量的时刻相差大于 a 后，应充分利用其独立性与无关性；比如，若 $|s-t|>a$，有

$$F(x_1,x_2;s,t)=F(x_1;s)F(x_2;t), \quad C(s-t)=0$$

而时刻相差小于 a 时，要根据具体问题进行分析。

2.4 高 斯 过 程

高斯分布是一种极为重要的分布。一方面，这种分布在工程应用中经常遇到；另一方面，它又具有良好的数学性质，易于进行理论分析。高斯分布的基本概念已在概率论中讨论过了，本节先介绍多维的高斯分布及其性质，而后说明具有这种分布的随机过程。

2.4.1 高斯分布

下面首先给出高斯随机变量的有关定义及其几种表示形式。

1．一维高斯分布

随机变量 X 服从高斯(或正态)分布是指：其密度函数或特征函数为

$$f_X(x)=\frac{1}{\sqrt{2\pi}\sigma}\exp\left[-\frac{(x-\mu)^2}{2\sigma^2}\right] \tag{2.4.1}$$

$$\phi_X(v)=\exp\left(j\mu v-\frac{1}{2}\sigma^2 v^2\right) \tag{2.4.2}$$

其中，μ 和 σ^2 是均值和方差。(一维)高斯分布简记为 $X\sim N(\mu,\sigma^2)$。

2．二维高斯分布

两个随机变量 X 和 Y 服从二维(联合)高斯(或正态)分布是指：其联合密度函数或特征函数为

$$f_{XY}(x,y)=\frac{1}{2\pi\sigma_1\sigma_2\sqrt{1-\rho^2}}e^{-\frac{1}{2(1-\rho^2)}\left[\frac{(x-\mu_1)^2}{\sigma_1^2}-2\rho\frac{(x-\mu_1)(y-\mu_2)}{\sigma_1\sigma_2}+\frac{(y-\mu_2)^2}{\sigma_2^2}\right]} \tag{2.4.3}$$

$$\phi_{XY}(v_1,v_2)=\exp\left[j(\mu_1 v_1+\mu_2 v_2)-\frac{1}{2}\left(\sigma_1^2 v_1^2+2\rho\sigma_1\sigma_2 v_1 v_2+\sigma_2^2 v_2^2\right)\right] \tag{2.4.4}$$

其中，μ_1,μ_2 和 σ_1^2,σ_2^2 是各自的均值与方差，ρ 是互相关系数。二维高斯分布简记为 $(X,Y)\sim N(\mu_1,\sigma_1^2;\mu_2,\sigma_2^2;\rho)$。若按下面的向量方式表示，则公式更为简明。

3．多维高斯分布

n 维随机变量 $\boldsymbol{X}=(X_1,X_2,\cdots,X_n)^T$ 服从 n 维(联合)高斯分布定义为：其联合密度函数或特征函数为

$$f_{X_1 X_2\cdots X_n}(x_1,x_2,\cdots,x_n)=f_X(\boldsymbol{x})=\frac{1}{(2\pi)^{n/2}|\boldsymbol{C}|^{1/2}}\exp\left[-\frac{(\boldsymbol{x}-\boldsymbol{\mu})^T \boldsymbol{C}^{-1}(\boldsymbol{x}-\boldsymbol{\mu})}{2}\right] \tag{2.4.5}$$

$$\phi_{X_1 X_2\cdots X_n}(v_1,v_2,\cdots,v_n)=\phi_X(\boldsymbol{v})=\exp\left(j\boldsymbol{\mu}^T\boldsymbol{v}-\frac{1}{2}\boldsymbol{v}^T\boldsymbol{C}\boldsymbol{v}\right) \tag{2.4.6}$$

简记为 $\boldsymbol{X}\sim N(\boldsymbol{\mu},\boldsymbol{C})$。式中，$\boldsymbol{\mu}$ 与 $\boldsymbol{C}$ 为均值与协方差矩阵，$|\boldsymbol{C}|$ 与 $\boldsymbol{C}^{-1}$ 分别是 $\boldsymbol{C}$ 的行列式值与逆阵。并且

$$
\boldsymbol{x} = \begin{bmatrix} x_1 \\ x_2 \\ \vdots \\ x_n \end{bmatrix}, \quad \boldsymbol{v} = \begin{bmatrix} v_1 \\ v_2 \\ \vdots \\ v_n \end{bmatrix} \tag{2.4.7}
$$

它们是确定向量。

$\boldsymbol{X}$ 的均值与协方差矩阵为

$$
\boldsymbol{\mu} = \begin{bmatrix} \mu_1 \\ \mu_2 \\ \vdots \\ \mu_n \end{bmatrix} = E[\boldsymbol{X}], \quad \boldsymbol{C} = (c_{ij})_{n \times n} = E[(\boldsymbol{X} - \boldsymbol{\mu})(\boldsymbol{X} - \boldsymbol{\mu})^{\mathrm{T}}] \tag{2.4.8}
$$

这里采用了向量与矩阵形式的表示方法，$(\ )^{\mathrm{T}}$ 表示转置运算。均值（列）向量的各元素是 $\mu_i = EX_i$，$i = 1, 2, \cdots, n$。协方差矩阵 $\boldsymbol{C}$ 是 $n \times n$ 方阵，其第 (i, j) 号元素为 $c_{ij} = \mathrm{cov}(X_i, X_j)$。

可以证明，向量与矩阵形式的公式展开后为

$$
f_{X_1 X_2 \cdots X_n}(x_1, x_2, \cdots, x_n) = \frac{1}{(2\pi)^{n/2} |\boldsymbol{C}|^{1/2}} \exp\left[-\frac{1}{2|\boldsymbol{C}|} \sum_{i=1}^{n} \sum_{k=1}^{n} |\boldsymbol{C}|_{ik} (x_i - \mu_i)(x_k - \mu_k) \right] \tag{2.4.9}
$$

$$
\phi_{X_1 X_2 \cdots X_n}(v_1, v_2, \cdots, v_n) = \exp\left(\mathrm{j} \sum_{k=1}^{n} \mu_k v_k - \frac{1}{2} \sum_{i=1}^{n} \sum_{k=1}^{n} c_{ik} v_i v_k \right) \tag{2.4.10}
$$

式中，$|\boldsymbol{C}|_{ik}$ 是协方差矩阵的元素 c_{ik} 的代数余子式。

上述定义中只用到了均值与协方差矩阵，可见，高斯随机变量的全部统计特性都由其一、二阶矩参数决定。对照式 (2.4.1)、式 (2.4.2) 与式 (2.4.5)、式 (2.4.6) 可见，采用向量与矩阵表示后，一维与 n 维的高斯密度函数（或特征函数）在形式上是相似的。还可注意到，高斯随机变量的特征函数比其密度函数更简洁，因此，人们常常通过特征函数来研究它的性质。

作为协方差阵，$\boldsymbol{C}$ 必定是非负定的。严格地讲，式 (2.4.5) 中要求 $|\boldsymbol{C}| \neq 0$。于是，$\boldsymbol{X}$ 的分布分为：

（1）**正态分布**：$\boldsymbol{C}$ 必定是正定的，式 (2.4.5) 存在；

（2）**退化正态分布**：$|\boldsymbol{C}| = 0$，它没有密度函数，且分布函数也不易写出（$\boldsymbol{X}$ 实际上可退化为低维向量）。

可见，高斯分布是正态分布的推广，它包括正态分布与退化正态分布。实际上，不论退化与否，使用特征函数都是方便的。因此，在后面的讨论中我们大量地使用它。

2.4.2　高斯随机变量的性质

首先，我们考虑由 n 个随机变量 $X_1, X_2, \cdots, X_n$ 通过如下线性变换得到 m 个随机变量 $Y_1, Y_2, \cdots, Y_m$ 的情形：

$$
\begin{aligned}
Y_1 &= g_{11} X_1 + g_{12} X_2 + \cdots + g_{1n} X_n \\
Y_2 &= g_{21} X_1 + g_{22} X_2 + \cdots + g_{2n} X_n \\
&\cdots \\
Y_m &= g_{m1} X_1 + g_{m2} X_2 + \cdots + g_{mn} X_n
\end{aligned} \tag{2.4.11}
$$

令

$$
\boldsymbol{Y} = \begin{bmatrix} Y_1 \\ Y_2 \\ \vdots \\ Y_m \end{bmatrix}, \quad \boldsymbol{G} = \begin{bmatrix} g_{11} & g_{12} & \cdots & g_{1n} \\ g_{21} & g_{22} & \cdots & g_{2n} \\ \vdots & \vdots & \ddots & \vdots \\ g_{m1} & g_{m2} & \cdots & g_{mn} \end{bmatrix}
$$

上面的线性变换公式可以用矩阵形式简洁地表示为

$$\boldsymbol{Y} = \boldsymbol{G}\boldsymbol{X} \tag{2.4.12}$$

其均值与协方差为

$$\boldsymbol{\mu}_Y = E[\boldsymbol{Y}] = E[\boldsymbol{G}\boldsymbol{X}] = \boldsymbol{G}\boldsymbol{\mu}_X \tag{2.4.13}$$

$$\boldsymbol{C}_Y = E\left[(\boldsymbol{Y} - \boldsymbol{\mu}_Y)(\boldsymbol{Y} - \boldsymbol{\mu}_Y)^{\mathrm{T}}\right] = E\left[\boldsymbol{G}(\boldsymbol{X} - \boldsymbol{\mu}_X)(\boldsymbol{X} - \boldsymbol{\mu}_X)^{\mathrm{T}}\boldsymbol{G}^{\mathrm{T}}\right]$$

$$= \boldsymbol{G}E\left[(\boldsymbol{X} - \boldsymbol{\mu}_X)(\boldsymbol{X} - \boldsymbol{\mu}_X)^{\mathrm{T}}\right]\boldsymbol{G}^{\mathrm{T}} = \boldsymbol{G}\boldsymbol{C}_X\boldsymbol{G}^{\mathrm{T}} \tag{2.4.14}$$

性质 1 若 $\boldsymbol{X} = (X_1, X_2, \cdots, X_n)^{\mathrm{T}}$ 是 n 维(联合)高斯随机变量,则它满足:

(1)经过任意线性变换后仍是高斯随机变量。并且,$\boldsymbol{Y} = \boldsymbol{G}\boldsymbol{X} \sim N\left(\boldsymbol{G}\boldsymbol{\mu}_X, \boldsymbol{G}\boldsymbol{C}_X\boldsymbol{G}^{\mathrm{T}}\right)$。

(2)任意 $m(\leqslant n)$ 维边缘概率分布也是高斯的。特别是,各分量随机变量是一维高斯的。

(3)任意 $m(\leqslant n)$ 维条件概率分布也是高斯的。

(4)各随机变量相互独立的充要条件是两两互不相关,即协方差矩阵为对角阵;并且,对角线上的元素就是各个方差的值:

$$\boldsymbol{C} = \begin{bmatrix} \sigma_1^2 & & & 0 \\ & \sigma_2^2 & & \\ & & \ddots & \\ 0 & & & \sigma_n^2 \end{bmatrix}$$

证明: 这里只证明(1)与(2),其他证明从略。

(1)计算 $\boldsymbol{Y}$ 的特征函数

$$\phi_Y(\boldsymbol{v}) = E\left[\exp\left(\mathrm{j}\boldsymbol{v}^{\mathrm{T}}\boldsymbol{Y}\right)\right] = E\left[\exp\left(\mathrm{j}\boldsymbol{v}^{\mathrm{T}}\boldsymbol{G}\boldsymbol{X}\right)\right] = \phi_X(\boldsymbol{G}^{\mathrm{T}}\boldsymbol{v})$$

再利用式(2.4.6)的结果有

$$\phi_Y(\boldsymbol{v}) = \exp\left[\mathrm{j}\boldsymbol{\mu}_X^{\mathrm{T}}(\boldsymbol{G}^{\mathrm{T}}\boldsymbol{v}) - \frac{1}{2}(\boldsymbol{G}^{\mathrm{T}}\boldsymbol{v})^{\mathrm{T}}\boldsymbol{C}_X(\boldsymbol{G}^{\mathrm{T}}\boldsymbol{v})\right]$$

$$= \exp\left(\mathrm{j}\boldsymbol{\mu}_X^{\mathrm{T}}\boldsymbol{G}^{\mathrm{T}}\boldsymbol{v} - \frac{1}{2}\boldsymbol{v}^{\mathrm{T}}\boldsymbol{G}\boldsymbol{C}_X\boldsymbol{G}^{\mathrm{T}}\boldsymbol{v}\right) = \exp\left(\mathrm{j}\boldsymbol{\mu}_Y^{\mathrm{T}}\boldsymbol{v} - \frac{1}{2}\boldsymbol{v}^{\mathrm{T}}\boldsymbol{C}_Y\boldsymbol{v}\right)$$

由特征函数的唯一性可得,$\boldsymbol{Y} \sim N\left(\boldsymbol{G}\boldsymbol{\mu}_X, \boldsymbol{G}\boldsymbol{C}_X\boldsymbol{G}^{\mathrm{T}}\right)$。

(2)不妨考虑线性变换如下($m < n$)

$$\boldsymbol{G} = \begin{bmatrix} 1 & 0 & \cdots & 0 & 0 \\ 0 & 1 & \cdots & 0 & 0 \\ \vdots & \vdots & \ddots & \vdots & \vdots \\ 0 & 0 & \cdots & 1 & 0 \end{bmatrix}$$

令 $\boldsymbol{Y} = \boldsymbol{G}\boldsymbol{X}$,由(1)的结果 $\boldsymbol{Y}$ 是联合高斯的,它由 $\boldsymbol{X}$ 的部分随机变量构成,其分布是 $\boldsymbol{X}$ 的某种边缘分布。$\boldsymbol{X}$ 的任意边缘分布可以仿此获得,因而是高斯的。(证毕)

n 个随机变量 $X_1, X_2, \cdots, X_n$ 怎样才会是联合高斯的?下面的定理给出了答案。

定理 2.2 n 个随机变量 $X_1, X_2, \cdots, X_n$ 是联合高斯的充要条件是:分量随机变量的任意非零线性组合

$$Y = \boldsymbol{a}^{\mathrm{T}}\boldsymbol{X} = a_1 X_1 + a_2 X_2 + \cdots + a_n X_n$$

是高斯的。其中,$\boldsymbol{a} = (a_1, a_2, \cdots, a_n)^{\mathrm{T}}$ 是组合系数。

证明: 首先,如果 $X_1, X_2, \cdots, X_n$ 是联合高斯,由性质 1 的第(1)条,Y 是它们的线性变换,因此是高斯的。反过来,如果对于任意的 $\boldsymbol{a} = (a_1, a_2, \cdots, a_n)^{\mathrm{T}}$,$Y$ 是一维高斯的,可由式(2.4.13)与式(2.4.14)求出其均值与方差后,将特征函数表示为

$$\phi_Y(v) = \exp\left(\mathrm{j}(\boldsymbol{a}^{\mathrm{T}}\boldsymbol{\mu}_X)v - \frac{(\boldsymbol{a}^{\mathrm{T}}\boldsymbol{C}_X\boldsymbol{a})v^2}{2}\right)$$

令 $v = 1$，则 $\quad \phi_Y(1) = E(\mathrm{e}^{\mathrm{j}\times 1\times Y}) = E(\mathrm{e}^{\mathrm{j}\boldsymbol{a}^{\mathrm{T}}X}) = \phi_X(\boldsymbol{a}) = \exp\left(\mathrm{j}\boldsymbol{\mu}_X^{\mathrm{T}}\boldsymbol{a} - \frac{\boldsymbol{a}^{\mathrm{T}}\boldsymbol{C}_X\boldsymbol{a}}{2}\right)$

视 $\boldsymbol{a} = (a_1, a_2, \cdots, a_n)^{\mathrm{T}}$ 为自变量，上式是 $X_1, X_2, \cdots, X_n$ 的特征函数，其形式表明，它是联合高斯的。（证毕）

一般而言，任意的 n 个随机变量，即使它们各自是一维高斯的，集中在一起未必就是联合高斯的。但有下面的推论。

推论 若 n 个一维高斯随机变量 $X_i, i = 1, 2, \cdots, n$ 彼此独立，则其线性组合必定是高斯的，$X_1, X_2, \cdots, X_n$ 是联合高斯的。

证明： 请参见习题。

值得注意的是，推论中的这些高斯变量要求是彼此独立的，否则结论不一定成立，即使它们是彼此无关的。事实上，几个"分散的"一维高斯随机变量，彼此无关并不一定独立；但联合高斯多维随机变量中的各个分量，彼此无关则必定独立。

例 2.11 设三维随机变量 $(X_1, X_2, X_3) \sim N(\boldsymbol{\mu}_X, \boldsymbol{C}_X)$，其中

$$\boldsymbol{\mu}_X = \begin{bmatrix} 1 \\ 2 \\ 1 \end{bmatrix}, \qquad \boldsymbol{C}_X = \begin{bmatrix} 4 & 2 & 1 \\ 2 & 4 & 2 \\ 1 & 2 & 3 \end{bmatrix}$$

求：（1）X_1 的密度函数；（2）$(X_1 + X_2, 2X_3)$ 的密度函数。

解：（1）X_1 是 (X_1, X_2, X_3) 的一个分量，因而是一维高斯的，其均值与方差分别为 $E(X_1) = \mu_1 = 1$，$\sigma_{X_1}^2 = c_{11} = 4$，因此，$X_1 \sim N(1, 4)$。于是

$$f_X(x) = \frac{1}{2\sqrt{2\pi}} \exp\left[-\frac{(x-1)^2}{8}\right]$$

（2）不妨记 $Y_1 = X_1 + X_2$，$Y_2 = 2X_3$，则

$$\boldsymbol{Y} = \begin{bmatrix} Y_1 \\ Y_2 \end{bmatrix} = \begin{bmatrix} X_1 + X_2 \\ 2X_3 \end{bmatrix} = \begin{bmatrix} 1 & 1 & 0 \\ 0 & 0 & 2 \end{bmatrix} \begin{bmatrix} X_1 \\ X_2 \\ X_3 \end{bmatrix}$$

可见，$(X_1 + X_2, 2X_3)$ 是 (X_1, X_2, X_3) 的线性变换结果，它是二维高斯的。下面计算其均值与协方差

$$\boldsymbol{\mu}_Y = \begin{bmatrix} 1 & 1 & 0 \\ 0 & 0 & 2 \end{bmatrix} \boldsymbol{\mu}_X = \begin{bmatrix} 3 \\ 2 \end{bmatrix}$$

$$\boldsymbol{C}_Y = \begin{bmatrix} 1 & 1 & 0 \\ 0 & 0 & 2 \end{bmatrix} \boldsymbol{C}_X \begin{bmatrix} 1 & 1 & 0 \\ 0 & 0 & 2 \end{bmatrix}^{\mathrm{T}} = \begin{bmatrix} 12 & 6 \\ 6 & 12 \end{bmatrix}$$

因此，$\boldsymbol{Y} = (X_1 + X_2, 2X_3) \sim N(\boldsymbol{\mu}_Y, \boldsymbol{C}_Y)$。又 $E(Y_1) = 3$，$E(Y_2) = 2$，$\sigma_{Y_1}^2 = 12$，$\sigma_{Y_2}^2 = 12$，而 $\rho = \dfrac{\mathrm{Cov}(Y_1, Y_2)}{\sigma_{Y_1}\sigma_{Y_2}} = \dfrac{6}{\sqrt{12}\sqrt{12}} = \dfrac{1}{2}$。于是，$(X_1 + X_2, 2X_3) \sim N(3, 12; 2, 12; 1/2)$。由式 (2.4.3) 得

$$f_{Y_1Y_2}(y_1, y_2) = \frac{1}{12\sqrt{3}\pi} \mathrm{e}^{-\frac{1}{18}\left[(y_1-3)^2 - (y_1-3)(y_2-2) + (y_2-2)^2\right]}$$

2.4.3 高斯随机过程

定义 2.7 若随机过程 $\{X(t), t \in T\}$，对于任意正整数 n 及 $t_1, t_2, \cdots, t_n \in T$，$n$ 元随机变量 ($X(t_1)$, $X(t_2), \cdots, X(t_n)$)的联合概率分布为 n 维高斯分布，则称该过程为**高斯过程**（或**正态过程**）(Gaussian/Normal process)。

若高斯过程 $X(t)$ 的均值函数为 $m(t)$，方差函数为 $D(t)$，则 $X(t) \sim N\big(m(t), D(t)\big)$。由此，该过程的一阶密度函数与特征函数为

$$f_X\big(x,t\big) = \frac{1}{\sqrt{2\pi D(t)}} \exp\left\{ -\frac{\big[x - m(t)\big]^2}{2D(t)} \right\} \tag{2.4.15}$$

$$\phi_X\big(v,t\big) = \exp\left(jm(t)v - \frac{1}{2}D(t)v^2 \right) \tag{2.4.16}$$

进一步，如果 $X(t)$ 的协方差函数为 $C(s,t) = \text{cov}\big[X(s), X(t)\big]$，考虑任意 n 个时刻及其对应的随机变量，定义时间组（列向量）$\boldsymbol{t} = (t_1, t_2, \cdots, t_n)^{\text{T}}$，并令

$$\boldsymbol{X} = \begin{bmatrix} X(t_1) \\ X(t_2) \\ \vdots \\ X(t_n) \end{bmatrix}, \quad \boldsymbol{\mu} = \begin{bmatrix} m(t_1) \\ m(t_2) \\ \vdots \\ m(t_n) \end{bmatrix}, \quad \boldsymbol{C} = \begin{bmatrix} C(t_1, t_1) & C(t_1, t_2) & \cdots & C(t_1, t_n) \\ C(t_2, t_1) & C(t_2, t_2) & \cdots & C(t_2, t_n) \\ \vdots & \vdots & \ddots & \vdots \\ C(t_n, t_1) & C(t_n, t_2) & \cdots & C(t_n, t_n) \end{bmatrix}$$

则 $\boldsymbol{X} \sim N(\boldsymbol{\mu}, \boldsymbol{C})$。于是，该过程的 n 阶密度函数与特征函数可由式(2.4.5)与式(2.4.6)写出。

根据定义与前面高斯随机变量的性质，可迅速得到下面的结果。

性质 2 高斯过程的性质：

（1）各阶分布完全由其均值函数 $m(t)$ 和协方差函数 $C(s,t)$ 决定；

（2）经过任意线性变换（或线性系统处理）后仍然是高斯过程；

（3）它是独立过程的充要条件是，其协方差函数 $C(s,t) = 0$, $(s \neq t)$；

（4）广义平稳的高斯过程也必定是严格平稳的。

证明：这里只证明上面的第（4）条。如果高斯过程 $X(t)$ 是广义平稳的，则其均值为常数 m，$C(s,t) = C(s+\tau, t+\tau)$。由式(2.4.10)将其特征函数写成展开形式：

$$\phi_{X_1 X_2 \cdots X_n}\big(v_1, \cdots, v_n; t_1, \cdots, t_n\big) = \exp\left(j\sum_{k=1}^{n} mv_k - \frac{1}{2}\sum_{i=1}^{n}\sum_{k=1}^{n} C(t_i, t_k)v_i v_k \right)$$

显然，$\phi_{X_1 X_2 \cdots X_n}\big(v_1, \cdots, v_n; t_1, \cdots, t_n\big) = \phi_{X_1 X_2 \cdots X_n}\big(v_1, \cdots, v_n; t_1+\tau, \cdots, t_n+\tau\big)$。因此，该过程是严格平稳的。（证毕）

简而言之，在线性变换（或处理）中，高斯变量与过程"翻来覆去"始终是高斯的，只要研究它们的均值与协方差就能够准确地把握它们全部的统计特性。因此，其性质的优良性与易于分析性是显而易见的。

例 2.12 若 $N(n)$ 是方差为 σ^2 的零均值白高斯序列（高斯白噪声序列）。试求：（1）它的相关函数 $R(n_1, n_2)$ 与协方差函数 $C(n_1, n_2)$；（2）它的 n 维概率密度函数。

解：首先根据白噪声的特性，有

$$R(n_1, n_2) = C(n_1, n_2) = \sigma^2 \delta(n_1 - n_2)$$

即 $N(n)$ 在不同时刻是无关的，且任何时刻同为 $N(0, \sigma^2)$。又根据高斯过程的性质，它是独立

过程。于是

$$f(x_1,x_2,\cdots,x_n;n_1,n_2,\cdots,n_n) = \prod_{i=1}^{n} f(x_i) = \frac{1}{(2\pi)^{n/2}\sigma^n}\exp\left(-\frac{1}{2\sigma^2}\sum_{i=1}^{n} x_i^2\right)$$

例 2.13 设 A 与 B 是两个独立随机变量，且 $A \sim N(0,\sigma^2)$ 与 $B \sim N(0,\sigma^2)$。

（1）说明随机过程 $\{X(t) = A\cos\omega t + B\sin\omega t, t \in (-\infty,+\infty)\}$ 是高斯过程，其中，ω 是常量；

（2）写出该过程的一、二维概率密度函数与特征函数。

解：由于高斯随机变量 A 与 B 独立，由定理 2.2 的推论知，它们也是联合高斯的。现在考虑任意 n 个时刻，可以得到

$$\begin{bmatrix} X(t_1) \\ X(t_2) \\ \vdots \\ X(t_n) \end{bmatrix} = \begin{bmatrix} \cos\omega t_1 & \sin\omega t_1 \\ \cos\omega t_2 & \sin\omega t_2 \\ \vdots & \vdots \\ \cos\omega t_n & \sin\omega t_n \end{bmatrix} \begin{bmatrix} A \\ B \end{bmatrix}$$

它们是 (A, B) 的线性组合，因而是联合高斯的。于是，根据定义，过程 $X(t)$ 是高斯过程。

进而，可求出

$$EX(t) = EA \times \cos\omega t + EB \times \sin\omega t = 0$$

$$\begin{aligned} C(s,t) = R(s,t) &= E\left[\left(A\cos\omega s + B\sin\omega s\right)\left(A\cos\omega t + B\sin\omega t\right)\right] \\ &= EA^2 \times \cos\omega s\cos\omega t + EB^2 \times \sin\omega s\sin\omega t + \\ &\quad EA \times EB \times \cos\omega s\sin\omega t + EA \times EB \times \sin\omega s\cos\omega t \\ &= \sigma^2\cos\omega(s-t) \end{aligned}$$

因此，$m(t) = 0$，$\sigma^2(t) = C(t,t) = \sigma^2$，则 $X(t) \sim N(0,\sigma^2)$，其一维密度函数与特征函数为

$$f_X(x,t) = \frac{1}{\sqrt{2\pi}\sigma}\exp\left(-\frac{x^2}{2\sigma^2}\right), \qquad \phi_X(v,t) = \exp\left(-\frac{1}{2}\sigma^2 v^2\right)$$

对于 $(X(s),X(t))$，由于

$$\rho = \frac{C(s,t)}{\sigma(s)\sigma(t)} = \cos\omega(s-t)$$

因此它服从 $N(0,\sigma^2;0,\sigma^2;\cos\omega(s-t))$，其二维密度函数与特征函数为

$$f_X(x,y;s,t) = \frac{1}{2\pi\sigma^2|\sin\omega(s-t)|}\exp\left[-\frac{x^2 - 2xy\cos\omega(s-t) + y^2}{2\sigma^2\sin^2\omega(s-t)}\right]$$

$$\phi_X(v_1,v_2;s,t) = \exp\left[-\frac{\sigma^2}{2}\left(v_1^2 + 2v_1v_2\cos\omega(s-t) + v_2^2\right)\right]$$

2.5 独立增量过程

许多随机现象是逐步推进的，它们的发展由增量的累积来实现。随机过程的特性通过其增量表现出来，一种简单而典型的情况是各个增量之间是彼此独立的，相应的随机过程称为独立增量过程。

2.5.1 基本概念

定义 2.8 对于随机过程 $\{X(t),t \geq 0\}$，任取正整数 $n \geq 1$ 与 $0 \leq t_0 < t_1 < t_2 < \cdots < t_n$，并记增量 $\Delta X_i = X(t_i) - X(t_{i-1})$，$i = 1,2,\cdots,n$。若 $\Delta X_1,\Delta X_2,\cdots,\Delta X_n$ 彼此独立，则称该过程为**独立增量过程**（Independent increment process）。

所谓"独立增量"是指非重叠时段的增量是彼此独立的。针对此特点，我们总按顺序地安排时刻点：$0 \leqslant t_0 < t_1 < t_2 < \cdots < t_n$，并且

$$X(t_n) = X(t_{n-1}) + \Delta X_n = X(t_0) + \sum_{i=1}^{n} \Delta X_i \qquad (2.5.1)$$

除非特别声明，我们以后假设独立增量过程满足**零初值条件**：$t_0 = 0$ 且 $X(t_0) = X(0) = 0$。此时，上式进一步简化为

$$X(t_n) = \sum_{i=1}^{n} \Delta X_i \qquad (2.5.2)$$

可见，$X(t)$ 可以表示为独立随机变量之和，在分析它的概率特性时，采用特征函数的方法比直接采用概率密度函数的方法更为方便。

2.5.2 基本性质

假定 $\phi_X(v, t)$ 是随机过程 $X(t)$ 的一维特征函数，$\phi_{\Delta X_i}(v)$ 是各个增量随机变量 ΔX_i 的特征函数，$i = 1, 2, \cdots, n$，则有：

性质 1 独立增量过程 $\{X(t), t \geqslant 0\}$ 性质如下：

（1）一维特征函数为 $\qquad \phi_X(v; t_n) = \phi_X(v, t_{n-1})\phi_{\Delta X_n}(v) = \prod_{i=1}^{n} \phi_{\Delta X_i}(v) \qquad (n \geqslant 1) \qquad (2.5.3)$

（2）n 维特征函数为 $\qquad \phi_X(\boldsymbol{v}, \boldsymbol{t}) = \prod_{i=1}^{n} \phi_{\Delta X_i}\left(\sum_{k=i}^{n} v_k\right) \qquad (n \geqslant 1) \qquad (2.5.4)$

其中 $\qquad \boldsymbol{X} = \begin{pmatrix} X(t_1) \\ X(t_2) \\ \vdots \\ X(t_n) \end{pmatrix}, \qquad \boldsymbol{v} = \begin{pmatrix} v_1 \\ v_2 \\ \vdots \\ v_n \end{pmatrix}, \qquad \boldsymbol{t} = \begin{pmatrix} t_1 \\ t_2 \\ \vdots \\ t_n \end{pmatrix}$

（3）条件概率分布 $\qquad F_X\left(x_n | x_{n-1}, \cdots, x_1; t_n, t_{n-1}, \cdots, t_1\right) = F_{\Delta X_n}\left(x_n - x_{n-1}\right) \qquad (2.5.5)$

证明：

（1）由式 (2.5.2) 与特征函数性质可直接得到。

（2）根据 n 维特征函数定义

$$\begin{aligned}
\phi_X(\boldsymbol{v}, \boldsymbol{t}) &= E\left\{\exp\left[\mathrm{j}\sum_{k=1}^{n} v_k X(t_k)\right]\right\} = E\left\{\exp\left[\mathrm{j}\sum_{k=1}^{n} v_k\left(\sum_{m=1}^{k} \Delta X_m\right)\right]\right\} \\
&= E\left\{\exp\left[\mathrm{j}\Delta X_1 \sum_{k=1}^{n} v_k + \mathrm{j}\Delta X_2 \sum_{k=2}^{n} v_k + \cdots + \mathrm{j}\Delta X_n \sum_{k=n}^{n} v_k\right]\right\} \\
&= \prod_{i=1}^{n} \phi_{\Delta X_i}\left(\sum_{k=i}^{n} v_k\right)
\end{aligned}$$

（3）由定义与式 (2.5.1) 可见，$X(t_n)$ 仅由最近的状态 $X(t_{n-1})$ 与相应增量 ΔX_n 决定，于是

$$\begin{aligned}
&P\left[X(t_n) \leqslant x_n | X(t_{n-1}) = x_{n-1}, \cdots, X(t_1) = x_1\right] \\
&= P\left[X(t_n) \leqslant x_n | X(t_{n-1}) = x_{n-1}\right] \\
&= P\left[\Delta X_n \leqslant x_n - x_{n-1} | X(t_{n-1}) = x_{n-1}\right] \\
&= P\left[\Delta X_n \leqslant x_n - x_{n-1}\right]
\end{aligned}$$

其中，利用到 ΔX_n 与 $X(t_{n-1})$ 独立。（证毕）

性质 1 的（1）与（2）说明独立增量过程的有限维分布由其各个增量的一维分布确定。性质（3）还说明，在给定最近时刻的状态后，早期的状态对未来的状态不再有影响。因此，独立增量过程是"**无后效性**"的，具有这种性质的过程被称为马尔可夫过程，后面我们将详细讨论。

2.5.3 平稳独立增量过程

增量 ΔX_i 实际上包含着两个时刻参数，增量的形式也可以表示为

$$\Delta X_{t_i,\tau_i} = X(t_i + \tau_i) - X(t_i), \qquad (t_i, \tau_i = t_{i+1} - t_i \geqslant 0) \tag{2.5.6}$$

这样可以突出增量的起始时刻与时间长度。如果增量的概率特性对所有（起始）时刻保持恒定，而只与时间长度 τ_i 有关，则称这种增量为**平稳增量**。其物理意义在于，随机现象在其整个发展过程中，每个时刻的变化特性与规律是一致的与稳定的，这种情况是相当普遍的。

定义 2.9 若独立增量过程 $\{X(t), t \geqslant 0\}$ 的增量是平稳的，即满足：任取 $t, \tau \geqslant 0$ 与 $T > 0$，$\Delta X_{t,\tau}$ 与 $\Delta X_{t+T,\tau}$ 恒有相同的概率分布，则称该过程为**平稳独立增量过程**。

增量的平稳性使得 $\Delta X_{t,\tau}$ 与 $\Delta X_{0,\tau} = X(\tau)$ 有着相同的概率分布，即：

$$\phi_{\Delta X_{t,\tau}}(v) = \phi_X(v, \tau) \tag{2.5.7}$$

因此，过程具有更为简单的性质。

性质 2 平稳独立增量过程 $\{X(t), t \geqslant 0\}$ 满足：

（1）均值与方差是 t 的线性函数

$$EX(t) = mt, \qquad \mathrm{Var}[X(t)] = DX(t) = \sigma^2 t \tag{2.5.8}$$

其中，m 与 σ^2 为常数，分别称为**均值变化率**与**方差变化率**。

（2）协方差函数为

$$C(s,t) = \sigma^2 \min(s,t)$$

（3）一维特征函数为

$$\phi_X(v; t_n) = \prod_{i=1}^{n} \phi_X(v, t_i - t_{i-1}) \tag{2.5.9}$$

（4）n 维特征函数为

$$\phi_X(v, t) = \prod_{i=1}^{n} \phi_X\left(\sum_{k=i}^{n} v_k, t_i - t_{i-1}\right) \tag{2.5.10}$$

证明：（1）这里只证明方差的线性函数关系（均值与它相似）。任取 $t, s \geqslant 0$，有

$$\mathrm{Var}[X(t+s)] = \mathrm{Var}\{[X(t+s) - X(s)] + [X(s) - X(0)]\}$$

$X(t)$ 已被表示为两段不重叠增量，因此相互独立。于是

$$\begin{aligned}
\mathrm{Var}[X(t+s)] &= \mathrm{Var}[X(t+s) - X(s)] + \mathrm{Var}[X(s) - X(0)] \\
&= \mathrm{Var}[X(t) - X(0)] + \mathrm{Var}[X(s) - X(0)] \\
&= \mathrm{Var}[X(t)] + \mathrm{Var}[X(s)]
\end{aligned}$$

如果某函数 $g(x)$ 对任意 t 与 s 恒有：$g(t+s) = g(t) + g(s)$，由数学知识可证明 $g(x)$ 必是 x 的线性函数，并通过原点。于是，令方差的变化率为 σ^2，$\sigma^2 = \mathrm{Var}[X(t)]/t = \mathrm{Var}[X(1)]$，则 $\mathrm{Var}[X(t)] = \sigma^2 t$。

（2）任取 $t, s \geqslant 0$，有

$$C(s,t) = E\{[X(t) - m(t)][X(s) - m(s)]\} = E[X(t)X(s)] - m(t)m(s)$$

先考虑 $t \geqslant s$，同样将 $X(t)$ 表示为两段不重叠增量，并利用独立性，有

$$C(s,t) = E\left\{ \left[X(t) - X(s) + X(s) \right] X(s) \right\} - m(t)m(s)$$

$$= E\left[X(t) - X(s) \right] E\left[X(s) \right] + E\left[X^2(s) \right] - m(t)m(s)$$

$$= m \times (t-s) \times m \times s + \left[\sigma^2 s + m^2 s^2 \right] - m^2 st$$

$$= \sigma^2 s$$

综合考虑 $t < s$ 情况得到，$C(s,t) = \sigma^2 \min(s,t)$。

（3）性质 1 的（1）中原 ΔX_i 相应的时间长度为 $(t_i - t_{i-1})$，因此 ΔX_i 与 $X(t_i - t_{i-1})$ 同分布，即 $\phi_{\Delta X_i}(v) = \phi_X(v, t_i - t_{i-1})$，于是，根据性质 1 的（1）可得该结果。

（4）仿（3）由性质 1 的（2）可得到。（证毕）

应该注意，平稳独立增量过程本身是非平稳过程，因为 $EX(t) = mt$ 与 $DX(t) = \sigma^2 t$，它们是随时间变化的，但是它的增量具有平稳性，并且彼此独立。增量的平稳性与独立性使得过程简化，其最基本的特点是均值与方差都随时间呈线性。

例 2.14 设 $X(n)$ 是独立二元序列，取值 1 与 0 的概率分别为 p 与 q。令 $Y(0) = 0$ 与 $Y(n) = \sum_{i=1}^{n} X(i)$，$n > 0$，则称 $\{Y(n)，n = 0,1,2,\cdots\}$ 为**二项式（计数）过程**（Binomial counting process）。试说明该过程是平稳独立增量过程，并讨论其基本特性。

解： 由于 $X(n)$ 是彼此独立的，因此，$Y(n)$ 的任意非重叠增量是独立的。又因 $X(n)$ 是同分布的，使得增量的分布与它所处的时刻无关。于是，$\{Y(n)，n = 0,1,2,\cdots\}$ 是平稳独立增量过程。计算特征函数

$$\phi_Y(v; n) = \prod_{i=1}^{n} \phi_X(v) = \left(q + p e^{jv} \right)^n \qquad (n \geqslant 1)$$

将其展开有

$$\phi_Y(v; n) = q^n + C_n^1 p q^{n-1} e^{jv} + C_n^2 p^2 q^{n-2} e^{j2v} + \cdots + p^n e^{jnv}$$

对照特征函数定义可知，其各种可能的概率取值为：$q^n, C_n^1 q^{n-1} p, C_n^2 q^{n-2} p^2, \cdots, p^n$。即 $P[Y(n) = k] = C_n^k p^k q^{n-k}$，$0 \leqslant k \leqslant n$，它们正是二项式系数。

根据增量 $X(n)$ 的独立同分布特性，可以直接计算 $Y(n)$ 的基本数字特征。易知

$$EY(n) = \sum_{i=1}^{n} EX(i) = nEX(0) = np$$

$$DY(n) = \sum_{i=1}^{n} DX(i) = nDX(0) = n(p - p^2) = npq$$

以及（不妨设 $m \leqslant n$）

$$C_Y(m,n) = E\left[Y(m)Y(n) \right] - EY(m)EY(n)$$

$$= EY^2(m) + E\left[Y(m)(Y(n) - Y(m)) \right] - EY(m)EY(n)$$

$$= DY(m) + \left[EY(m) \right]^2 + EY(m)E\left[Y(n-m) \right] - EY(m)EY(n)$$

$$= mpq + (mp)^2 + m(n-m)p^2 - mnp^2 = mpq$$

其实，借助性质可以快速地得到结果：注意到 $Y(1) = X(1)$，均值与方差的变化率为 $m = EX(1) = p$，$\sigma^2 = \mathrm{Var}[X(1)] = pq$，于是，$Y(n)$ 的均值、方差与协方差函数为

$$EY(n) = np，\quad DY(n) = npq，\quad C_Y(m,n) = pq\min(m,n)$$

容易看出，若 $\{X(n), n = 1,2,\cdots\}$ 是独立随机变量序列，则其累加过程

$$\left\{ Y(0) = 0，\ Y(n) = \sum_{k=1}^{n} X(k),\ n = 1,2,\cdots \right\}$$

是独立增量序列。进一步，若 $X(n)$ 还是同分布的，则其累加过程 $\{Y(n)\}$ 是平稳独立增量过程。

例 2.15 假定独立二元序列 $\{X(n), n = 1, 2, \cdots\}$ 取值 $(+1, -1)$，则 $Y(n) = \sum_{i=1}^{n} X(i)$，$n > 0$，常称为（一维）**随机游动/游走（或徘徊）过程**（Random walk），其典型样本序列如图 2.5.1 所示。讨论其基本统计特性。

解： 同上例，$Y(n)$ 是平稳独立增量过程。其均值与方差的变化率为

$$m = EY(1) = EX(1) = p - q$$

$$\sigma^2 = \mathrm{Var}[Y(1)] = \mathrm{Var}[X(1)] = 4pq$$

于是，$Y(n)$ 的均值、方差与协方差函数为

$$EY(n) = n(p - q), \quad \mathrm{Var}[Y(n)] = 4pqn,$$

$$C_Y(m, n) = 4pq\min(m, n)$$

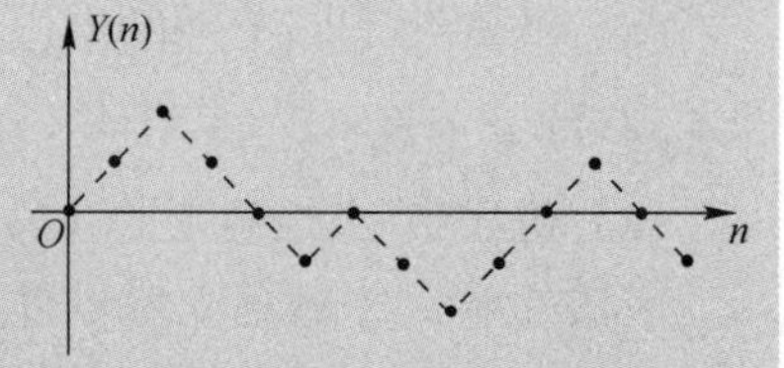

图 2.5.1 随机游动过程示例

另外，其特征函数为 $\phi_Y(v; n) = \prod_{i=1}^{n} \phi_X(v) = (qe^{-jv} + pe^{jv})^n$ $\quad (n \geq 1)$

由图 2.5.1 可以想象一质点沿时间做随机游动的情形：该质点从原点出发，每次或前进、或后退一步。若前进与后退的概率相同，称为**对称随机游动（或徘徊）过程**。随机游动过程是许多实际问题的模型。

例 2.16（赌徒输光模型） 假设甲、乙两人以每局 1 元的赌资博弈。若他们各自原有的资金分别为正整数 a 与 b 元，每局甲赢的概率均为 p，甲输的概率均为 $q=1-p$，且各局的输赢独立。第 k 局若甲赢记为 $X_k = 1$，若甲输记为 $X_k = -1$，则 $\left\{ Y_0 = a,\ Y_n = a + \sum_{k=1}^{n} X_k,\ n = 1, 2, \cdots \right\}$ 是第 n 局甲持有的资金状况。假设赌博过程中不欠不借，那么，Y_n 首次为 0，则甲输光；Y_n 首次为 $a+b$，则乙输光。试讨论甲输光的概率 P_a。

解： 结合上例易见，$\{Y_n\}$ 是一个随机游动过程，只不过初值为 a，且任何一方输光后过程停止。由于 X_k 独立同分布，因此 $\{Y_n\}$ 具有无后效性，即从任何时刻 m 向后，$\{Y_{m+n}\}$ 的变化规律与 $\{Y_n\}$ 是完全一样的，只不过出发时的初值不同而已，初值只对多久结束有所影响。于是，借助条件数学期望的技巧，以首次的输赢为条件，可以构建如下的递推关系

$$P_a = P\left(\text{甲输光} \mid Y_0 = a\right)$$

$$= P(X_1 = 1)P\left(\text{甲输光} \mid Y_1 = a+1\right) + P(X_1 = -1)P\left(\text{甲输光} \mid Y_1 = a-1\right)$$

$$= pP_{a+1} + qP_{a-1}$$

稍加整理有 $\quad (P_{a+1} - P_a) = \lambda(P_a - P_{a-1})$，其中 $\lambda = q/p$

于是

$$(P_2 - P_1) = \lambda(P_1 - P_0)$$

$$(P_3 - P_2) = \lambda(P_2 - P_1) = \lambda^2(P_1 - P_0)$$

$$\cdots$$

$$(P_a - P_{a-1}) = \lambda(P_{a-1} - P_{a-2}) = \lambda^{a-1}(P_1 - P_0)$$

可得

$$P_a - P_1 = \Lambda^{a-1}(P_1 - P_0), \quad \text{其中 } \Lambda^{a-1} = \sum_{i=1}^{a-1} \lambda^i$$

再注意，$P_0 = P\left(\text{甲输光} \mid Y_0 = 0\right) = 1$（初始时刻甲已经输光）与 $P_{a+b} = P\left(\text{甲输光} \mid Y_0 = a+b\right) = 0$（初始时刻甲已经全赢），它们为两个边界条件。于是可得，$0 - P_1 = \Lambda^{a+b-1}(P_1 - 1)$，由此可解出

P_1，进而得到

$$P_a = \begin{cases} \dfrac{\lambda^a - \lambda^{a+b}}{1 - \lambda^{a+b}}, & p \neq \dfrac{1}{2} \\ \dfrac{b}{a+b}, & p = \dfrac{1}{2} \end{cases} \qquad 其中，\lambda = \dfrac{q}{p}$$

可见，即使赌博公平（$p = 1/2$），只要 b 充分大，一直赌下去的话，小资金方的甲几乎一定会输光。

赌博是一种不良的行为。但基于赌博阐述的问题常常能够形象、简洁地反映随机现象的本质，因此，赌博问题是研究随机现象时经常采用的数学模型。

2.6 布 朗 运 动

工程中许多现象类似于一种极不规则的运动，它的数学描述被称为布朗运动（或维纳过程）。这种随机过程是一种连续的独立增量过程，也是一种高斯过程。布朗运动是一种极为重要的基础随机过程，它广泛应用于数理统计、量子力学、经济学、生物学、管理科学等众多领域。本节只对它做一个基本介绍。

2.6.1 背景与定义

1827 年，植物学家布朗（Brown）在显微镜下发现悬浮于液体中的花粉微粒的运动是持续的与极不规则的，以后其他科学家观察到更多的类似现象，人们称这类现象为**布朗运动**（**Brownian motion**）。1905 年，物理学家爱因斯坦（Einstein）首次对这种运动进行了理论分析，从物理学角度进行了解释。直到 1918 年，数学家维纳（Wiener）采用随机过程建立模型，才对该类运动进行了精确的数学描述。因此，布朗运动也常常被称为**维纳过程**（**Wiener process**）。此后，许多数学家对它进行了发展。至今，布朗运动是人们了解得最清楚、性质最丰富的随机过程之一，它应用极为广泛，是随机过程的数学理论中一块重要的基石。

布朗运动是紊乱的，显微镜下花粉微粒的一条典型路线如图 2.6.1 所示。不妨认为微粒运动的各个分量是相互独立的与类似的，为了简化分析，可以只在一维上考察布朗运动的情况。令 $X(t)$ 为 $t \geqslant 0$ 时刻微粒的位置，并且 $X(0) = 0$。研究发现，花粉的位移是由于周围液体分子的微小与不断的碰撞累积而成的。考虑液体处于长期稳定的热平衡状态，其分子运动是均衡的与彼此独立的，于是，其增量 $\Delta X_{t,\tau}$ 具有平稳性与独立性，且均值为零。

将 $\{X(t), t \geqslant 0\}$ 的性质归纳如下，它应满足：

（1）平稳独立增量过程；

（2）统计对称性，即 $EX(t) = 0$；

（3）时间连续的。

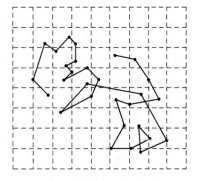

图 2.6.1　布朗运动示例

基于这些性质可以做如下的数学分析：首先，$X(t)$ 的方差是 t 的线性函数，记方差率为 σ^2，则 $DX(t) = \sigma^2 t$。进而，我们从特征函数入手探究其概率特性。由增量的平稳独立性，有

$$\phi_X(v; t+h) = \phi_X(v; t) \phi_X(v; h)$$

再利用时间连续性，分析其特征函数的变化特性

$$\phi_X(v;t+h) - \phi_X(v;t) = \phi_X(v;t)\left[\phi_X(v;h) - 1\right]$$

借助泰勒级数 $e^{jx} = 1 + jx - x^2/2 + o(x^2)$，对 $\phi_X(v;h) = E\left(e^{jvX(h)}\right)$ 进行展开可得

$$\phi_X(v;h) = 1 + jvEX(h) - v^2EX^2(h)/2 + o(EX^2(h)) = 1 - v^2\sigma^2 h/2 + o(h)$$

于是

$$\frac{\phi_X(v;t+h) - \phi_X(v;t)}{h} = \phi_X(v;t)\left[-\frac{v^2\sigma^2 h}{2h} + \frac{o(h)}{h}\right]$$

进而可得微分方程

$$\frac{\partial}{\partial t}\phi_X(v;t) = -\frac{v^2\sigma^2}{2}\phi_X(v;t)$$

可求出 $\phi_X(v;t) = \phi_X(v;0)e^{-\frac{1}{2}v^2\sigma^2 t}$。结合初值 $\phi_X(v;0) = E\left(e^{jvX(0)}\right) = 1$，可见，$X(t)$ 是均值为 0、方差为 $\sigma^2 t$ 的高斯分布。

基于这样的分析，可以提炼得到布朗运动的数学模型如下。

定义 2.10 若随机过程 $\{W(t), t \geq 0\}$ 满足：

（1）具有平稳独立增量；

（2）增量服从高斯分布：$\forall t, \tau > 0$，$\Delta W_{t,\tau} = W(t+\tau) - W(t) \sim N(0, \sigma^2 \tau)$；

则称它是参数为 σ^2 的布朗运动或维纳过程。

从定义可以知道，$W(t)$ 是平稳独立增量过程，因而，$W(\tau)$ 与 $\Delta W_{t,\tau}$ 具有同样的高斯分布。进而，任取 $W(t_1), W(t_2), \cdots, W(t_n)$，它们是多个独立增量的线性组合，其结果是联合高斯的，所以，$W(t)$ 是高斯过程。

当 $\sigma^2 = 1$ 时，称 $\{W(t), t \geq 0\}$ 为**标准布朗运动**。否则，可考虑 $\{W(t)/\sigma, t \geq 0\}$，它是标准布朗运动。故除特别说明外，下面主要讨论标准布朗运动，简称布朗运动，记为 $\{B(t), t \geq 0\}$，并假定 $B(0) = 0$。

例 2.17 设 $N(t)$ 是功率谱密度为 σ^2 的零均值平稳白高斯噪声过程 $N(t)$，令 $Y(t) = \int_0^t N(u)\mathrm{d}u$。试说明 $Y(t)$ 是布朗运动。

解：增量为 $\Delta Y_{t,\tau} = \int_t^{t+\tau} N(u)\mathrm{d}u$，$t, \tau \geq 0$，由于 $N(t)$ 是平稳白高斯噪声，也是独立过程，因此，不同的增量 $\Delta Y_{t,\tau}$ 之间彼此独立。

又由于积分是一个线性变换，因此 $\Delta Y_{t,\tau}$ 也是一个高斯过程。后面第四章中将说明，数学期望与积分运算可以交换次序，于是

$$E\left[\Delta Y_{t,\tau}\right] = \int_t^{t+\tau} EN(u)\mathrm{d}u = 0$$

进而

$$\sigma_{\Delta Y_{t,\tau}}^2 = E\left[\int_t^{t+\tau}\int_t^{t+\tau} N(\alpha)N(\beta)\mathrm{d}\alpha\mathrm{d}\beta\right] = \int_t^{t+\tau}\int_t^{t+\tau} R_N(\alpha-\beta)\mathrm{d}\alpha\mathrm{d}\beta$$

$$= \int_t^{t+\tau}\int_t^{t+\tau} \sigma^2\delta(\alpha-\beta)\mathrm{d}\alpha\mathrm{d}\beta$$

利用 $\int_{-\infty}^{x}\delta(\alpha-\beta)\mathrm{d}\alpha = u(x-\beta)$，并令 $\gamma = t+\tau-\beta$，有

$$\sigma_{\Delta Y_{t,\tau}}^2 = \sigma^2\int_t^{t+\tau}[u(t+\tau-\beta) - u(t-\beta)]\mathrm{d}\beta = \sigma^2\int_0^\tau[u(\gamma) - u(\gamma-\tau)]\mathrm{d}\gamma = \sigma^2\tau$$

其中注意到 $\tau \geq 0$。可见，$\Delta Y_{t,\tau} \sim N(0, \sigma^2\tau)$。它与 t 没有关系，所以增量是平稳的。综合上述几点可得，$Y(t)$ 是布朗运动。

本例说明，平稳白高斯噪声的积分过程是布朗运动。以后还将说明，布朗运动的导数是平

稳白高斯噪声。

最后，布朗运动可以通过随机游动过程进行近似，当前计算机在模拟布朗运动时大都采用的是这一方法。试想以简单的对称随机游动过程逼近微粒的运动：微粒通过一系列离散的微小游动实现位移，即

$$X^\Delta(t) \approx (X_1 + X_2 + \cdots + X_{[t/\Delta t]})\Delta x$$

其中，Δt 与 Δx 分别为时间间隔与游动步长，$\{X_i\}$ 为独立二元等概序列，$[z]$ 表示取 z 的整数部分。于是

$$EX^\Delta(t) \approx 0 , \quad DX^\Delta(t) \approx (\Delta x)^2[t/\Delta t]$$

现令 Δt 与 $\Delta x \to 0$，由物理意义，应该避免 $DX^\Delta(t)$ 趋近于 0 或无穷，这要求 $(\Delta x)^2 = c^2\Delta t$（$c$ 为某常数）。于是，$DX^\Delta(t) \to c^2 t$。由中心极限定理还可知 $X^\Delta(t)$ 服从高斯分布，即 $X^\Delta(t) \sim N(0, c^2 t)$，因此，它近似为布朗运动。

2.6.2 基本性质

根据平稳独立增量过程与高斯过程的特性，很快得出下面几点性质。

性质 1 布朗运动 $\{B(t), t \geqslant 0\}$ 满足：

（1）为连续参量的平稳独立增量过程；

（2）均值、方差与协方差函数为 $EB(t) = 0$，$\mathrm{Var}[B(t)] = t$，$C(s,t) = \min(s,t)$；

（3）为高斯过程，其一维与 n 维分布为 $B(t) \sim N(0,t)$，$\boldsymbol{B} \sim N(\boldsymbol{0}, \boldsymbol{C})$，其中，任取 $0 < t_1 < t_2 < \cdots < t_n$，$\boldsymbol{B} = [B(t_1), B(t_2), \cdots B(t_n)]^{\mathrm{T}}$，并且

$$\boldsymbol{0} = \begin{bmatrix} 0 \\ 0 \\ \vdots \\ 0 \end{bmatrix}, \qquad \boldsymbol{C} = \big[\min(t_i, t_j)\big]_{n \times n} = \begin{bmatrix} t_1 & t_1 & \vdots & t_1 \\ t_1 & t_2 & \vdots & t_2 \\ \vdots & \vdots & \vdots & \vdots \\ t_1 & t_2 & & t_n \end{bmatrix}$$

分析中常常考虑 $B(t)$ 从某位置 x_0 出发经过 t 长时间转移到新位置 x 的情形，相应的条件概率密度函数记为 $p(x,t \mid x_0)$，称为**转移概率密度**。易知，此时增量的时长为 t，位置变化为 $x - x_0$，于是

$$p(x,t \mid x_0) = f_{\Delta B}(x - x_0, t) = f_B(x - x_0, t) = \frac{1}{\sqrt{2\pi t}} \exp\left[-\frac{(x - x_0)^2}{2t}\right] \tag{2.6.1}$$

不妨记原时刻为 t_0，则现在时刻为 $t_0 + t$。由上式有

$$P\big[B(t_0 + t) > x_0 \mid B(t_0) = x_0\big] = P\big[B(t_0 + t) \leqslant x_0 \mid B(t_0) = x_0\big] = 0.5$$

即布朗运动是对称的，它从任何位置出发后高于或低于原位置的概率相同。

容易证明，布朗运动 $\{B(t), t \geqslant 0\}$ 满足下列不变性：

（1）平移不变性：$\forall \tau \geqslant 0$，$\{B(t + \tau) - B(\tau), t \geqslant 0\}$ 是布朗运动；

（2）尺度不变性：$\forall c > 0$，$\left\{\dfrac{1}{\sqrt{c}} B(ct), t \geqslant 0\right\}$ 是布朗运动。

例 2.18 **漂移布朗运动。** 设 $B(t)$ 是布朗运动，称 $X(t) = \sigma B(t) + \mu t$ 为漂移系数为 μ（方差为 σ^2）的布朗运动（其中 μ 与 σ^2 为常数）。这种随机过程常用于描述带有一定宏观趋向的不规则微观运动，如受外在因素影响的分子热运动、电子的漂移运动等。试求漂移布朗运动

$X(t)$ 的一维概率特性。

解： 显然 $EX(t) = \mu t$ ， $\text{Var}[X(t)] = \text{Var}[\sigma B(t)] = \sigma^2 t$ ，因此， $X(t) \sim N(\mu t, \sigma^2 t)$ 。

布朗运动的每一个样本过程 ξ 称为其轨道。从物理上可直观地发现微粒的运动轨道必定是关于 t 的连续函数。但是，微粒在任何瞬间都可能瞬时改变运动方向，速度为无穷。考虑下面的数学式

$$P\left(\left|\frac{X(t+\Delta t) - X(t)}{\Delta t}\right| \leqslant M\right) = P\left(\left|\frac{X(\Delta t)}{\sqrt{\Delta t}}\right| \leqslant M\sqrt{\Delta t}\right) = \Phi(M\sqrt{\Delta t}) - \Phi(-M\sqrt{\Delta t})$$

其中，M 为某给定正数，$\Phi(x)$ 为标准正态分布函数。于是

$$P\left(\left|\frac{X(t+\Delta t) - X(t)}{\Delta t}\right| \leqslant M\right) = 0 ，（\Delta t \to 0）$$

可见布朗运动的样本轨道不是寻常所见的函数，其所有轨道都是 t 的连续函数，但轨道上几乎所有点都没有有限的导数。

虽然布朗运动没有常规导数，但可以为其定义形式导数。令 $\Delta t > 0$ ，记

$$Y(t) = \frac{\Delta B(t)}{\Delta t} = \frac{B(t+\Delta t) - B(t)}{\Delta t} \tag{2.6.2}$$

将上式在 $\Delta t \to 0$ 的极限形式称为布朗运动的导数，记为 $\left\{\dfrac{\mathrm{d}B(t)}{\mathrm{d}t}, t \geqslant 0\right\}$ 。容易发现：

（1） $Y(t)$ 是零均值高斯过程，其方差为 $1/\Delta t$ ；

（2） $\forall t \neq s$ ，只要 Δt 足够小，$Y(t)$ 与 $Y(s)$ 就是独立的。

由此可知，$\mathrm{d}B(t)/\mathrm{d}t$ 是平稳高斯白噪声。

2.6.3 首达与过零点问题

定义 2.11 首达（或首中）时间：$T_a = \min\{t, t \geqslant 0, B(t) = a\}$ ，它表示布朗运动首次到达（或击中）a 值的时间。

性质 2 设 $\{B(t), t \geqslant 0\}$ 为标准布朗运动，且 $B(0) = 0$ ，则：

（1） T_a 的分布函数为

$$F_{T_a}(t) = P(T_a \leqslant t) = 2\left[1 - \Phi\left(|a|/\sqrt{t}\right)\right] = \frac{2}{\sqrt{2\pi}}\int_{|a|/\sqrt{t}}^{\infty} \mathrm{e}^{-\frac{x^2}{2}} \mathrm{d}x \tag{2.6.3}$$

其中，$\Phi(x)$ 为标准正态分布函数；

（2） T_a 几乎总是有限的：$P(T_a < \infty) = 1$ ；

（3） $T_a(a \neq 0)$ 的均值为无穷大：$ET_a = +\infty$ 。

证明：（1）由于 $P[B(t) \geqslant a] = P[B(t) \geqslant a \mid T_a \leqslant t]P[T_a \leqslant t] + P[B(t) \geqslant a \mid T_a > t]P[T_a > t]$

显然，$P[B(t) \geqslant a \mid T_a > t] = 0$ 。又由于对称性，如果在 t 之前 $B(t)$ 已经达到 a 值，则在 t 时刻它高于或低于 a 值的概率同为 0.5。于是，$P[B(t) \geqslant a] = 0.5 P[T_a \leqslant t]$ 。当 $a \geqslant 0$ 时，由正态分布函数可得，$P[B(t) \geqslant a] = 1 - \Phi(a/\sqrt{t})$ 。而当 $a < 0$ 时，由对称性易知，$P[T_a \leqslant t] = P[T_{-a} \leqslant t]$ 。综上述可得结论。

（2） $P(T_a < \infty) = \lim_{t \to \infty} P(T_a \leqslant t) = 2[1 - \Phi(0)] = 1$

（3）为此，先计算 T_a 的概率密度函数，可得

$$f_{T_a}(t) = \frac{\mathrm{d}}{\mathrm{d}t} F_{T_a}(t) = \frac{|a|}{\sqrt{2\pi t^3}} \mathrm{e}^{-\frac{a^2}{2t}}$$

于是

$$ET_a = \int_0^\infty t f_{T_a}(t)\mathrm{d}t = |a| \int_0^\infty \frac{1}{\sqrt{2\pi t}} \mathrm{e}^{-\frac{a^2}{2t}}\mathrm{d}t = +\infty \quad (a \neq 0)$$

上述结论指出，布朗运动几乎所有的轨道都能在有限的时间内首达 a，但从所有轨道的平均来看，它首达 a 的平均时间却是无穷大。

例 2.19 计算布朗运动首达 1 的时间不超过 1 的概率，并计算需要多少时间它能以 90% 的概率保证首达 1。

解： 首先计算 $P(T_1 \leqslant 1) = 2[1 - \Phi(1)] = 0.3174$。再由 $2[1 - \Phi(1/\sqrt{t})] \geqslant 0.9$，可计算出 $t \geqslant 63.17$。

另一个有趣的问题是：在时段 $[0,t]$ 上 $B(t)$ 的最大值所具有的特点。下面的例题说明了一点。

例 2.20 $[0,t]$ 中最大值的分布。$\forall t > 0$，记 $M_t = \max\limits_{0 \leqslant s \leqslant t} \{B(s)\}$，表示布朗运动在 $[0,t]$ 中的最大值。求概率 $P(M_t \geqslant a)$，其中，$a > 0$。

解： 由物理意义可知，有下列事件等价关系：$\{M_t \geqslant a\} = \{T_a \leqslant t\}$，所以

$$P(M_t \geqslant a) = P(T_a \leqslant t) = 2 - 2\Phi(a/\sqrt{t})$$

定义 2.12 $\forall t_2 > t_1 \geqslant 0$，事件 $0(t_1,t_2) = \{$至少存在一个 $t \in (t_1,t_2)$，使 $B(t) = 0\}$ 与 $\overline{0}(t_1,t_2) = \{$没有一个 $t \in (t_1,t_2)$，使 $B(t) = 0\}$，它们分别表示在区间 (t_1,t_2) 中布朗运动至少经过零点一次或根本没有经过零点。

下述定理称为过零点反正弦定理，证明从略。

定理 2.3 设 $\{B(t), t \geqslant 0\}$ 为布朗运动，有

$$P[\overline{0}(t_1,t_2)] = \frac{2}{\pi} \arcsin(\sqrt{\alpha}) \tag{2.6.4}$$

其中 $\alpha = t_1/t_2$，$0 \leqslant \alpha < 1$。

结合图 2.6.2 考察过零点反正弦定理可发现：布朗运动在图中两虚线间不过零点的概率仅与这部分区间所占的比例有关，而与区间长度无关。该结论是有趣的。

图 2.6.2　过零点问题

例 2.21 随机游走越过零点的概率。在 1000 步的对称随机游走中，试计算在后 975 步内始终不越过零点的概率。

解： 在前面分析花粉微粒的物理运动时，借助了随机游走过程近似为布朗运动。反之，

布朗运动也常常可以作为随机游走过程的一种近似。于是，利用过零点反正弦定理可估算要求的概率

$$P\left[\bar{0}(25,1000)\right]=\frac{2}{\pi}\arcsin\left(\sqrt{25/1000}\right)=0.101$$

即随机游走不越过零点的概率约为 0.1。对于 975 步的长时间而言，这个概率非常高。

2.6.4 布朗桥

定义 2.13 设 $\{B(t),t\geqslant 0\}$ 为布朗运动，记 $B_0(t)=B(t)-tB(1)$，称 $\{B_0(t),0\leqslant t\leqslant 1\}$ 为**布朗桥** (**Brown bridge**)。

例 2.22 计算布朗桥的均值与协方差函数。

解： $EB_0(t)=EB(t)-tEB(1)=0$，$0\leqslant t\leqslant 1$。又 $\forall t\geqslant s\geqslant 0$，有

$$\begin{aligned}
C_{B_0}(s,t)&=E\left\{\left[B(s)-sB(1)\right]\left[B(t)-tB(1)\right]\right\}\\
&=E\left[B(s)B(t)-sB(1)B(t)-tB(1)B(s)+stB^2(1)\right]\\
&=C_B(s,t)-sC_B(1,t)-tC_B(1,s)+stC_B(1,1)\\
&=s-st-st+st=s(1-t)
\end{aligned}$$

注意到布朗桥的参数区间限制在[0,1]，而且在其两端处有 $B_0(0)=B_0(1)=0$。$B_0(t)$ 仿佛是两端固定的桥梁，因此得名布朗桥。布朗桥应用广泛。比如，一些实际问题中已知某过程 $X(t)$ 的起始处 $X(0)=x_0$ 与终止处 $X(T)=x_1$，要研究过程中间的情况。研究时可通过坐标变换将其两端 $(0,x_0)$ 与 (T,x_1) 转换到 $(0,0)$ 与 $(1,0)$ 处，而后与布朗桥做对照分析。

习题

2.1 给定随机过程 $X(t)=X_0+Vt$，$t\geqslant 0$，随机变量 $X_0\sim U(0,1)$，$V\sim U(0,1)$，彼此独立。
（1）画出该过程的两条样本函数；
（2）确定 $t=0$ 与 1 时 $X(t)$ 的密度函数与联合密度函数；
（3）求 $EX(t)$、$DX(t)$ 与 $R_X(s,t)$。

2.2 随机过程由下述三个样本函数组成，且等概率发生：$x_1(t)=t$，$x_2(t)=\sin\pi t$，$x_3(t)=\cos\pi t$。
（1）计算分布函数 $F(x;0)$ 和 $F(x_1,x_2;0.5,1)$；
（2）计算均值 $m_X(t)$ 和自相关函数 $R_X(s,t)$。

2.3 假定周期为 T、高为 A 的锯齿波具有随机相位，如图题 2.3 所示，它在 $t=0$ 时刻以后的第一个零点位置 t_0 是 $[0,T)$ 上均匀分布的随机变量。试说明 $X(t)$ 的一阶密度函数为

$$f(x;t)=\begin{cases}1/A, & 0\leqslant x\leqslant A\\ 0, & \text{其他}\end{cases}$$

2.4 某随机过程 $Y(t)$ 在每 T 长时段上是幅度为 1、宽度为 $T/8$、位置随机的方波。方波前沿与该时段起点的距离为 X_i。各 $X_i\sim U(0,7T/8)$，且彼此独立。试求 $Y(t)$ 的概率密度函数。

2.5 某随机过程 $\{Y(t),0\leqslant t<\infty\}$ 的典型样本函数如图题 2.5 所示。在每 T 长时段上是幅度为常数 A、宽度为随机变量 X_i 的方波。各 X_i 彼此独立，且 $X_i\sim U(0,T)$。试求：（1）$Y(t)$ 的概率分布；（2）$EY(t)$ 与 $R_Y(s,t)$。

2.6 两个随机信号 $X(t)=A\sin(\omega t+\Theta)$，$Y(t)=B\cos(\omega t+\Theta)$，其中 A 与 B 为未知随机变量，Θ 为 $0\sim 2\pi$ 均匀分布随机变量，A、B 与 Θ 两两统计独立，ω 为常数，试求：（1）两个随机信号的互相关函数 $R_{XY}(t_1,t_2)$；（2）讨论两个随机信号的正交性、互不相关(无关)与统计独立性。

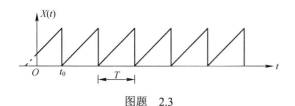

图题 2.3

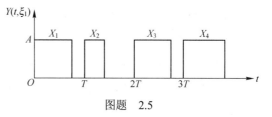

图题 2.5

2.7　随机过程 $X(t) = A\cos(\omega_0 t + \Theta)$，$\omega_0$ 为确定常数，随机变量 $A \sim U(0,1)$，$\Theta \sim U(0, 2\pi)$，彼此独立。令 $Y(t) = X^2(t)$。（1）求 $EX(t)$、$DX(t)$ 与 $R_X(s,t)$；（2）$Y(t)$ 是否广义平稳。

2.8　已知复过程 $X(t) = \sum_i c_i \mathrm{e}^{j\omega_i t}$，其中，$\omega_i$ 为确定常数，c_i 是均值为零、方差为 σ_i^2 的复随机变量，彼此正交，且 $\sum_i \sigma_i^2 < \infty$。求 $EX(t)$、$DX(t)$ 与 $R_X(s,t)$。

2.9　随机相位正弦信号 $X(t) = A\cos(\omega_0 t + \Theta)$，其中，$\omega_0$ 为确定常数，随机变量 A 的均值为 m_A，方差为 σ_A^2，Θ 服从特征函数为 $\phi_\Theta(v)$ 的某种分布，Θ 与 A 统计独立。试证明：$X(t)$ 广义平稳的充要条件为：$\phi_\Theta(1) = \phi_\Theta(2) = 0$。

2.10　若 $\boldsymbol{X} = (X_1, X_2, \cdots, X_n)^{\mathrm{T}}$ 是 n 维（联合）高斯随机变量，试证明：各随机变量相互独立的充要条件是两两互不相关，即协方差矩阵为对角阵，且对角线上的元素就是各个方差值。

2.11　试证明：若 n 个一维高斯随机变量 $X_i, i = 1,2,\cdots,n$ 彼此独立，则 $X_1, X_2, \cdots, X_n$ 是联合高斯的。

2.12　设 A 与 B 是取值为 ± 1 的两个独立同分布等概二元随机变量，X 是零均值高斯随机变量。令 $U = AX$、$V = BX$。试证明：（1）U 与 V 都是高斯变量，且彼此无关；（2）但 $W = U + V$ 不是高斯变量；（3）U 与 V 不是联合高斯变量。

2.13　设 X_1, X_2, X_3, X_4 是零均值联合高斯随机变量，利用特征函数的矩发生性质证明：
$$E[X_1 X_2 X_3 X_4] = E[X_1 X_2]E[X_3 X_4] + E[X_1 X_3]E[X_2 X_4] + E[X_1 X_4]E[X_2 X_3]$$

2.14　设 $\{X(t), -\infty < t < +\infty\}$ 和 $\{Y(t), -\infty < t < +\infty\}$ 都是正态分布且相互独立，设 $Z(t) = X(t) + Y(t)$，$\infty < t < +\infty$，证明 $\{Z(t), -\infty < t < +\infty\}$ 为正态分布。

2.15　设 $\{X(t), t \geq 0\}$ 是零初值的平稳独立增量过程，试证明：
$$f_X(x_1, x_2, \cdots, x_n; t_1, t_2, \cdots, t_n) = \prod_{i=1}^{n} f_X(x_i - x_{i-1}, t_i - t_{i-1})$$
其中，$x_0 = 0$ 与 $t_0 = 0$。

2.16　给定随机过程 $Y_n = \sum_{i=1}^{n} X_i$，其中 X_i 彼此独立，且 $X_i \sim N(0,1)$。试求：（1）EY_n、$C_Y(n,m)$ 与 $\mathrm{Var}[Y_m - Y_n]$（$m \geq n$）；（2）Y_n 的一、二维概率函数；

2.17　设 $\{W(t), t \geq 0\}$ 是参数为 σ^2 的布朗运动，令 $X = W(1)$，$Y = W(4)$。试求：（1）(X,Y) 的协方差矩阵 $\boldsymbol{C}$；（2）(X,Y) 的概率密度 $f(x,y)$ 和特征函数 $\phi(u,v)$。

2.18　试证明：标准布朗运动 $\{B(t), t \geq 0\}$ 的 n 维密度函数为（$\forall n, t_n > \cdots > t_1 > t_0 = 0$），
$$f(x_1, x_2, \cdots, x_n; t_1, t_2, \cdots, t_n) = \prod_{i=1}^{n} f(x_i - x_{i-1}; t_i - t_{i-1})$$

2.19　设 $\{B(t), t \geq 0\}$ 是标准布朗运动，令 $X = B(3) - B(1)$，$Y = B(4) - B(2)$。试求：$D(X+Y)$ 和 $\mathrm{Cov}(X,Y)$。

2.20　设 $\{B(t), t \geq 0\}$ 是标准布朗运动，试证明：

（1）平移不变性：$\forall \tau \geq 0$，$\{B(t+\tau) - B(\tau), t \geq 0\}$ 是标准布朗运动；

（2）尺度不变性：$\forall c > 0$，$\left\{\dfrac{1}{\sqrt{c}} B(ct), t \geq 0\right\}$ 是标准布朗运动。

2.21 设 $\{B(t), t \geq 0\}$ 是标准布朗运动。

（1）称 $\{W(t) = e^{B(t)}, t \geq 0\}$ 为**几何布朗运动**，求 $EW(t)$ 与 $D[W(t)]$；

（2）称 $\{Y(t) = |B(t)|, t \geq 0\}$ 为**反射布朗运动**，求 $F_Y(y,t)$；

（3）称 $\{V(t) = e^{-\alpha t}B(e^{2\alpha t}), t \geq 0\}$ 为 **Ornstein-Uhlenback 过程**，求：① $EV(t)$；② $\forall t \geq s \geq 0$，$R_V(s,t)$；

③说明它是平稳正态过程。

2.22 设 $\{B(t), t \geq 0\}$ 是标准布朗运动，$\forall t > 0$，考虑 $s \in [0,t]$，求：

（1）条件随机变量 $B(s)|B(t) = b$ 的密度函数 $p(x, s \mid B(t) = b)$；

（2）$E\big[B(s)\big|B(t) = b\big]$ 与 $\mathrm{Var}\big[B(s)\big|B(t) = b\big]$。

2.23 设 $\{B(t), t \geq 0\}$ 是标准布朗运动，证明：条件随机变量 $B(t)|B(1) = 0$ 满足：

（1）在 $\forall t \in [0,1]$ 上的均值为 0；

（2）在 $\forall t, s \in [0,1)$ 且 $t > s$ 时，其协方差函数为 $C(s,t) = s(1-t)$；

（3）它与布朗桥具有同样的分布。

第3章 泊松过程及其推广

泊松过程(Poisson Process)是一种关注随机事件发生的数目与时间点的随机过程,它的参数(时间)连续、取值为非负整数。该过程最早由法国数学家 Poisson 于 1837 年引入,因而得名。泊松过程的应用背景直观,是随机建模的重要基石之一。它在通信、交通、经济、管理与日常零售业务等众多领域的研究中有着广泛的应用。

3.1 背景与定义

我们经常需要研究反复出现的随机事件,这时它们的计数是一个基本问题。例如,日常生活中顾客寻求服务、电信业务中的电话发生转接、网络服务器接口处的数据包到达、微观问题中的粒子产生、交通情况中的车辆通过等,它们都是反复发生的随机事件。研究这些随机现象的基本工作是对它们发生的数目进行实时统计,其模型是一个时间连续、取值为非负整数的随机过程,称为**计数过程**。它常被记为 $\{N(t), t \geqslant 0\}$,表示直到 t 时刻事件发生的总数。

泊松过程是一种简单与理想的计数过程,其问题的背景如下面的例题所述。

> **例 3.1** (分析保险公司理赔次数)设在时段 $[0,t]$ 上某保险公司收到某类保险理赔的次数记为 $N(t)$,它是取值为非负整数的随机过程(初值为零)。通过观察与总结发现,在一定的简化下,$N(t)$ 具有下述基本特性:
>
> (1)增量的独立性:在不同时间区段上理赔次数是彼此独立的;
>
> (2)规律的稳定性:在很长时间内理赔次数的统计规律是同样的;
>
> (3)事件的普遍性:在短时段 Δt 内理赔发生的概率近似正比于 Δt,而多次理赔的概率相对很小。

进一步研究发现,许多的计数过程都具有这些基本特性。考虑一台普通的网络服务器在 $[0,t]$ 内接收到的访问次数,记为 $N(t)$。适当简化后不妨认为,从四面八方随机而来的访问是彼此独立的,而统计特性是稳定不变的;还可认定访问将依次(而非同时)到来,空闲的时间越长,新访问出现的概率越大。也就是说,在短时段内,发生数据访问的概率大致正比于时段的长度,瞬间发生多次访问的概率是很小的。

对这些实际特性加以数学提炼,可以发现:例题中的第(1)、(2)条构成了平稳独立增量条件,而第(3)条可以用公式表述为

P[在很小的 Δt 时段上新增 1 次] $\approx \lambda \Delta t$ (其中 λ 为某个常数)

P[在很小的 Δt 时段上新增多于 1 次] ≈ 0

这种特性通常在极短的时段上更明显,即时段越短准确性越高。用数学的准确说法是,上述近似的偏差是随 Δt 的无穷小,即 $o(\Delta t)$。换句话讲,上面两式更为准确的形式是,在右端都应该增加一项 $o(\Delta t)$,即分别写为 $\lambda \Delta t + o(\Delta t)$ 与 $o(\Delta t)$。

进一步运用基本的数学方法,可以发现这三条特性是本质性的,它们所蕴含的统计规律就是泊松概率特性。因此,我们直接有下面的定义。

定义 3.1 随机过程 $\{N(t), t \geqslant 0\}$ 称为参数为 λ(正常数)的**泊松(计数)过程**(Poisson Process),若满足:

（1）初值为零的计数过程，即 $N(0) = 0$ ；

（2）具有平稳独立增量；

（3）$\forall t \geqslant 0$ ，当 Δt 充分小时，有

$$P[N(t+\Delta t) - N(t) = 1] = \lambda \Delta t + o(\Delta t) \qquad (3.1.1)$$

和
$$P[N(t+\Delta t) - N(t) > 1] = o(\Delta t) \qquad (3.1.2)$$

其中，$o(\Delta t)$ 为高阶无穷小，即 $\lim\limits_{\Delta t \to 0} \dfrac{o(\Delta t)}{\Delta t} = 0$ ；λ 称为**强度参数**。

因为其增量彼此独立且统计特性相同，所以 $N(t)$ 也称为**齐次**（或**时齐**）泊松过程。而定义中第（3）条的物理含义可用极限形式更为清楚地展示

$$\frac{\mathrm{d}}{\mathrm{d}t} P[\text{在任何时刻新增 1 次}] = \lim_{\Delta t \to 0} \frac{\lambda \Delta t + o(\Delta t)}{\Delta t} = \lambda$$

$$\frac{\mathrm{d}}{\mathrm{d}t} P[\text{在任何时刻新增多于 1 次}] = \lim_{\Delta t \to 0} \frac{o(\Delta t)}{\Delta t} = 0$$

因此，λ 也被称为泊松过程的**速率**。

为了应用方便，人们也常常采用下面的等价定义。

定义 3.2　　随机过程 $\{N(t), t \geqslant 0\}$ 称为参数为 $\lambda(>0)$ 的**齐次泊松过程**，若满足：

（1）$N(t)$ 是一个计数过程，且初值为 0，即 $N(0) = 0$ ；

（2）具有平稳独立增量；

（3）其概率特性是泊松的，即

$$P[N(t) = k] = (\lambda t)^k \mathrm{e}^{-\lambda t} / k! \qquad (3.1.3)$$

其实，由 $N(t)$ 的平稳独立增量特性可知，$P[N(s+t) - N(s) = k] = P[N(t) = k]$ 。

上述两个定义的等价性由下面的定理给出。

定理 3.1　　上述定义 3.1 与定义 3.2 是等价的。

证明： 这里我们只给出证明的主要部分：由定义 3.1 的第（3）条可以导出定义 3.2 的第（3）条。为了书写简便，记

$$p_k(t) = P[N(t) = k] = P[N(s+t) - N(s) = k]$$

以下分析从 t 到 $t+\Delta t$ ，计数值变为 k 的各种情形。

首先看 $k = 0$ ，显然

$$\{N(t+\Delta t) = 0\} = \{N(t) = 0\} \cap \{N(t+\Delta t) - N(t) = 0\}$$

上式右端两个事件是彼此独立的，于是

$$p_0(t+\Delta t) = p_0(t) p_0(\Delta t)$$

而
$$p_0(\Delta t) = P[N(\Delta t) = 0] = 1 - P[N(\Delta t) = 1] - P[N(\Delta t) > 1]$$

$$= 1 - [\lambda \Delta t + o(\Delta t)] - o(\Delta t) = 1 - \lambda \Delta t + o(\Delta t) \qquad (3.1.4)$$

代入前一式并整理可得

$$\frac{p_0(t+\Delta t) - p_0(t)}{\Delta t} = -\lambda p_0(t) + p_0(t) \frac{o(\Delta t)}{\Delta t}$$

令 $\Delta t \to 0$ 取极限得
$$\frac{\mathrm{d}}{\mathrm{d}t} p_0(t) = -\lambda p_0(t) \qquad (3.1.5)$$

它是关于 $p_0(t)$ 的简单微分方程，可解出 $p_0(t) = c \mathrm{e}^{-\lambda t}$ 。结合初始条件 $p_0(0) = P[N(0) = 0] = 1$ ，易知 $c = 1$ 。

相仿地，再看 $k > 0$，这时

$$\{N(t+\Delta t)=k\} = \bigcup_{j=0}^{k}\{\{N(t)=k-j\}\cap\{N(t+\Delta t)-N(t)=j\}\}$$

易见

$$p_k(t+\Delta t) = \sum_{j=0}^{k} p_{k-j}(t)p_j(\Delta t) \tag{3.1.6}$$

$$= p_k(t)p_0(\Delta t) + p_{k-1}(t)p_1(\Delta t) + p_{k-2}(t)p_2(\Delta t) + \cdots$$

由式 $(3.1.4)$ 并仿照它可得：

$$p_0(\Delta t)=1-\lambda\Delta t + o(\Delta t), \quad p_1(\Delta t)=\lambda\Delta t + o(\Delta t), \quad p_j(\Delta t)=o(\Delta t), \quad j>1$$

代入式 $(3.1.6)$ 并整理可得

$$\frac{p_k(t+\Delta t)-p_k(t)}{\Delta t} = -\lambda p_k(t) + \lambda p_{k-1}(t) + [p_k(t)+p_{k-1}(t)+\cdots]\frac{o(\Delta t)}{\Delta t}$$

令 $\Delta t \to 0$，上式两端取极限得到关于 $p_k(t)$ 的微分方程

$$\frac{\mathrm{d}}{\mathrm{d}t}p_k(t) = -\lambda p_k(t) + \lambda p_{k-1}(t) \tag{3.1.7}$$

考虑 k 从 1 开始，由于 $p_{k-1}(t)=p_0(t)=\mathrm{e}^{-\lambda t}$ 已经获得，可以递归解出

$$p_k(t) = (\lambda t)^k \mathrm{e}^{-\lambda t}/k!$$

这正是定理的结论。（证毕）

另一种推导方法：由于 $N(t)$ 是取值为非负整数的随机变量，可以运用概率母函数，即

$$\psi_N(z) = E(z^{N(t)}) = \sum_{k=0}^{+\infty} p_k(t)z^k$$

考虑它对 t 的导数，并利用上面获得的 $p_k(t)$ 的微分关系式 $(3.1.5)$ 与式 $(3.1.7)$，有

$$\frac{\partial}{\partial t}\psi_N(z) = \sum_{k=0}^{+\infty} p_k'(t)z^k = p_0'(t)z^0 + \sum_{k=1}^{+\infty} p_k'(t)z^k$$

$$= -\lambda p_0(t) - \sum_{k=1}^{+\infty}\lambda p_k(t)z^k + \sum_{k=1}^{+\infty}\lambda p_{k-1}(t)z^k$$

$$= \lambda(z-1)\psi_N(z)$$

这是关于 $\psi_N(z)$ 的简单常微分方程，结合其初值 $\psi_N(z)\big|_{t=0}=E(z^{N(0)})=1$，容易求出

$$\psi_N(z) = \mathrm{e}^{\lambda(z-1)t} = \mathrm{e}^{\lambda tz}\mathrm{e}^{-\lambda t} = \sum_{k=0}^{\infty} \frac{(\lambda t)^k \mathrm{e}^{-\lambda t}}{k!}z^k$$

其中，利用了 $\mathrm{e}^x = \sum_{k=0}^{\infty}\dfrac{x^k}{k!}$。对照 $\psi_N(z)$ 的定义式可得出 $p_k(t)$ 的结果。

利用泊松分布是平稳独立增量过程等结论，还容易得出下面的基本性质。

性质 1 泊松过程 $\{N(t),t\geqslant 0\}$ 满足：

（1） $E[N(t)]=\lambda t$ 与 $\mathrm{Var}[N(t)]=\lambda t$ $\qquad$ (3.1.8)

（2） $C_N(t_1,t_2)=\lambda\min(t_1,t_2)$ $\qquad$ (3.1.9)

（3） $\phi_{N(t)}(v)=\exp\left[\lambda t(\mathrm{e}^{\mathrm{j}v}-1)\right]$ $\qquad$ (3.1.10)

证明：这里只证明第（3）条

$$\phi_{N(t)}(v) = E\left[e^{jvN(t)}\right] = \sum_{k=0}^{\infty} e^{jvk} \frac{(\lambda t)^k e^{-\lambda t}}{k!} = \exp\left[\lambda t(e^{jv} - 1)\right]$$

其中，再次利用了 $e^x = \sum_{k=0}^{\infty} \frac{x^k}{k!}$ 。（证毕）

例 3.2 求参数为 λ 的齐次泊松过程 $N(t)$ 的二维概率分布律 $P[N(t_1) = k_1, N(t_2) = k_2]$ ，其中 $t_2 \geqslant t_1 \geqslant 0$ ， $k_2 \geqslant k_1 \geqslant 0$ 。

解： 由于齐次泊松过程是零初值平稳独立增量随机过程，有

$$
\begin{aligned}
P\left[N(t_1) = k_1, N(t_2) = k_2\right] &= P\left[N(t_1) = k_1, N(t_2) - N(t_1) = k_2 - k_1\right] \\
&= P\left[N(t_1) = k_1\right] P\left[N(t_2) - N(t_1) = k_2 - k_1\right] \\
&= P\left[N(t_1) = k_1\right] P\left[N(t_2 - t_1) = k_2 - k_1\right] \\
&= \frac{(\lambda t_1)^{k_1} e^{-\lambda t_1}}{k_1!} \cdot \frac{[\lambda(t_2 - t_1)]^{(k_2 - k_1)} e^{-\lambda(t_2 - t_1)}}{(k_2 - k_1)!} \\
&= \frac{\lambda^{k_2} t_1^{k_1} (t_2 - t_1)^{k_2 - k_1}}{k_1!(k_2 - k_1)!} e^{-\lambda t_2}
\end{aligned}
$$

最后，我们从泊松过程的定义及其背景可以发现，其所计数的物理事件的特点还可以解释为：（1）相继的(事件不同时发生)；（2）稀有的(任何时刻发生事件的概率都很小)；（3）均匀的(发生的"概率强度"为常数 λ)。

顾客服务、电话转接、粒子产生、交通流量等许多物理现象都具有类似的特征，因而泊松过程是众多应用的数学模型。泊松过程对应的事件序列有时也称为**泊松(事件)流**，可以刻画"顾客流""粒子流""车辆流""信号流"等实际现象的统计特征。

3.2 到达时刻与时间间隔

3.2.1 基本概念

计数过程用以统计某个事件发生的次数。与计数关联的还有事件的发生时刻(或称到达时刻)与相邻发生时刻之间的时间间隔。

考虑事件的发生过程如图 3.2.1 所示，从零时刻开始观测，令编号 $n = 1, 2, 3, \cdots$ 那么称：

（1）第 n 事件的发生时刻 S_n 为该次事件的**到达时刻**(Arrival time)或等待时间；

（2）第 $n-1$ 至 n 事件的发生时刻之间的间隔 T_n 为第 n 个**时间间隔**(Interarrival time)；

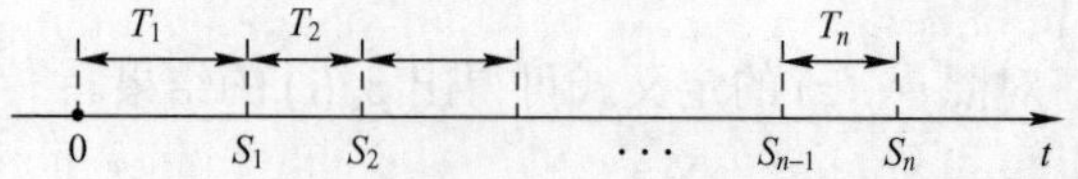

图 3.2.1 到达时刻与时间间隔示意图

S_n 与 T_n 都是随机的，以编号 n 为参数，它们是离散参数的随机过程，可以用公式表示为

$$
\begin{cases}
S_0 = 0 \\
S_n = \inf\{t, t > S_{n-1}, N(t) = n\}, \quad n \geqslant 1
\end{cases}
\tag{3.2.1}
$$

其中，$\inf\{a\}$ 表示集合 $\{a\}$ 的下确界(最大下界)。以及

$$T_n = S_n - S_{n-1}, \quad n \geqslant 1 \tag{3.2.2}$$

可见，$S_n = \sum_{i=1}^{n} T_i$。并且由物理意义可知下列事件是等价的（$\forall t \geqslant 0$）

$$\{N(t) \geqslant n\} = \{S_n \leqslant t\} \tag{3.2.3}$$

$$\{N(t) = n\} = \{S_n \leqslant t < S_{n+1}\} \tag{3.2.4}$$

显然，S_n、T_n 以及 $N(t)$ 之间彼此关联，并相互唯一确定。我们不加证明地给出下面的定理。

定理 3.2 对于计数过程 $\{N(t), t \geqslant 0\}$，令相应的到达时刻为 $\{S_n, n \geqslant 0\}$，时间间隔为 $\{T_n, n \geqslant 1\}$，那么，下述事实彼此等价：

（1）$\{N(t), t \geqslant 0\}$ 是强度为 λ 的泊松过程；

（2）$\{T_n, n \geqslant 1\}$ 是独立同分布的、参数为 λ 的指数随机变量序列；

（3）对任意 n，$\{S_n, n \geqslant 1\}$ 的前 n 个相继时刻 $S_1, S_2, \cdots, S_n$ 的联合概率密度为

$$f_{S_1, S_2, \cdots, S_n}(t_1, t_2, \cdots, t_n) = \lambda^n \mathrm{e}^{-\lambda t_n} I_{(0 < t_1 < t_2 < \cdots < t_n)} \tag{3.2.5}$$

其中，$I_{(0 < t_1 < t_2 < \cdots < t_n)}$ 为指示函数，即

$$I_{(0 < t_1 < t_2 < \cdots < t_n)} = \begin{cases} 1, & 0 < t_1 < t_2 < \cdots < t_n \\ 0, & \text{其他} \end{cases} \tag{3.2.6}$$

3.2.2　基本性质

下面首先说明时间间隔 T_n 的特性，由上面的定理可立即得到性质 1。

性质 1 泊松事件的时间间隔 T_n 彼此独立且服从参数为 λ 的指数分布。

其实，由泊松过程的平稳独立性条件可知，在概率意义上它在任意时刻都重新开始一个同样的随机过程，新的过程与过去的历史完全独立，因而这个过程是无记忆的。所以可以理解，其中的事件间隔时间是独立同分布的指数随机变量。

性质 2 泊松事件的到达时刻 S_n 服从 $\Gamma(n, \lambda)$ 分布，其概率密度函数为

$$f_{S_n}(t) = \frac{\lambda^n}{(n-1)!} t^{n-1} \mathrm{e}^{-\lambda t} \quad (t \geqslant 0) \tag{3.2.7}$$

该分布称为**爱尔朗（Erlang）分布**。

证明： 由定义与式（3.2.3），得

$$F_{S_n}(t) = P[S_n \leqslant t] = P\{N(t) \geqslant n\} = \sum_{k=n}^{\infty} \frac{(\lambda t)^k \mathrm{e}^{-\lambda t}}{k!}$$

进而

$$f_{S_n}(t) = \frac{\mathrm{d}}{\mathrm{d}t} F_{S_n}(t) = \sum_{k=n}^{\infty} \lambda \frac{(\lambda t)^{k-1} \mathrm{e}^{-\lambda t}}{(k-1)!} - \sum_{k=n}^{\infty} \lambda \frac{(\lambda t)^k \mathrm{e}^{-\lambda t}}{k!}$$

$$= \frac{\lambda (\lambda t)^{n-1} \mathrm{e}^{-\lambda t}}{(n-1)!} + \sum_{k=n+1}^{\infty} \lambda \frac{(\lambda t)^{k-1} \mathrm{e}^{-\lambda t}}{(k-1)!} - \sum_{k=n}^{\infty} \lambda \frac{(\lambda t)^k \mathrm{e}^{-\lambda t}}{k!}$$

$$= \frac{\lambda^n}{(n-1)!} t^{n-1} \mathrm{e}^{-\lambda t} \quad (t \geqslant 0)$$

式中，后两个和式正好抵消，这个分布也称为 $\Gamma(n, \lambda)$ 分布（参照附录 A）。（证毕）

其实，上述结论也可以由定理 3.2 中的第（3）条，通过计算边缘分布得出

$$f_{S_n}(t) = \int \cdots \int \lambda^n e^{-\lambda t_n} I_{(0 < t_1 < t_2 < \cdots < t_m)} dt_1 \cdots dt_{n-1} dt_{n+1} \cdots dt_m = \frac{\lambda^n}{(n-1)!} t^{n-1} e^{-\lambda t} \qquad (t \geqslant 0)$$

计算中需注意 $I_{(0 < t_1 < t_2 < \cdots < t_m)}$ 要求的条件为 $0 < t_1 < t_2 < \cdots < t_m$，并且 $m > n$。

另外，由于 T_n 为独立同分布指数随机变量，容易获得其基本特性为

$$\phi_{T_n}(v) = \frac{\lambda}{\lambda - jv}, \quad ET_n = 1/\lambda, \quad DT_n = 1/\lambda^2 \qquad (3.2.8)$$

再利用独立变量和式 $S_n = \sum_{i=1}^{n} T_i$，可求出 S_n 的基本特性为

$$\phi_{S_n}(v) = \left(\frac{\lambda}{\lambda - jv} \right)^n, \quad ES_n = n/\lambda, \quad DS_n = n/\lambda^2 \qquad (3.2.9)$$

若求 $\phi_{S_n}(v)$ 的傅里叶反变换，也可得到 S_n 的概率密度函数式。

3.2.3 指数流

一般地，沿时间考虑随机到达的"点（事件）"可以得到一组有序点的"流"，记为：$0 \leqslant S_1 \leqslant S_2 \leqslant \cdots \leqslant S_n \leqslant \cdots$ 这个概念可以抽象为下述定义。

定义 3.3 如果随机序列 $\{S_n, n \geqslant 0\}$ 满足，$0 \leqslant S_1 \leqslant S_2 \leqslant \cdots \leqslant S_n \leqslant \cdots$ 则称它为一个**事件流**，简称**流**。记 $T_n = S_n - S_{n-1}$，$n \geqslant 1$。如果序列 $\{T_n, n \geqslant 1\}$ 独立同分布，且同为参数为 λ 的指数分布，则称 $\{S_n, n \geqslant 0\}$ 为**指数流**。由于 $\{T_n\}$ 与 $\{S_n\}$ 相互唯一确定，也称 $\{T_n, n \geqslant 1\}$ 为指数流。

由定理 3.2 可立即得出，下述事实彼此等价：

（1）$\{S_n, n \geqslant 0\}$ 是强度为 λ 的指数流；

（2）$\{N(t), t \geqslant 0\}$ 是强度为 λ 的泊松过程。

即指数流与泊松过程是一一对应的。它也给出了计算机模拟泊松过程的一种常用方法：（1）产生一组独立同分布的指数分布随机数 $\{t_i, i = 1, 2, 3, \cdots\}$；（2）其对应的计数序列就是一个泊松过程的样本实现。

> **例 3.3** 已知 $\{N_1(t), t \geqslant 0\}$ 与 $\{N_2(t), t \geqslant 0\}$ 分别是参数为 λ_1 与 λ_2 的泊松过程，且彼此独立。试证明：$N(t) = N_1(t) + N_2(t)$ 是参数为 $\lambda_1 + \lambda_2$ 的泊松分布。
>
> **证明：** 首先 $N(0) = N_1(0) + N_2(0) = 0$，而且增量是 $N_1(t)$ 与 $N_2(t)$ 增量之和，同样具有独立性与平稳性；又
>
> $$\phi_{N_1(t)+N_2(t)}(v) = \phi_{N_1(t)}(v)\phi_{N_2(t)}(v) = \exp\left[\lambda_1 t(e^{jv} - 1) + \lambda_2 t(e^{jv} - 1) \right]$$
> $$= \exp\left[(\lambda_1 + \lambda_2) t(e^{jv} - 1) \right]$$
>
> 服从参数为 $\lambda_1 + \lambda_2$ 的泊松分布。（证毕）

可见，独立泊松过程的和是泊松过程，或者说，独立指数流之和仍是指数流。

定理 3.3（随机分流定理） 若 $\{N(t), t \geqslant 0\}$ 是参数为 λ 的泊松过程，按与此流独立的概率 p 与 $(1-p)$ 将每次发生的事件随机地分为第一类或第二类，由此分得两个流：$\{N_1(t), t \geqslant 0\}$ 与 $\{N_2(t), t \geqslant 0\}$，那么，它们分别是强度为 $p\lambda$ 与 $(1-p)\lambda$ 的泊松过程，且彼此独立。

证明略。

> **例 3.4** 假定甲有一套住房出售，前来询问与购房者每天约有 λ 人，可近似为指数流，

他们的出价 X 是密度函数为 $f(x)$ 的独立同分布随机变量。甲心目中的价格为 $y>0$，一旦 $X>y$ 则成交；否则，甲等待下一位购房者。甲每等待一天将产生费用 c。试求：（1）甲等待成交的平均时间？（2）甲的平均回报是多少？

解：（1）每位购房者是否能够成交因所出价格而随机，成交的概率为

$$p(y) = P(X > y) = \int_y^\infty f(x)\mathrm{d}x$$

全部询问者为参数 λ 的指数流，其中出价达到期望价格的可能购房者形成速率为 $\lambda p(y)$ 的部分指数流，该流中第一位的出现时间就是甲成交的时间，记这个时间为 M_D，它满足指数分布，而其平均值为 $m_D = EM_D = [\lambda p(y)]^{-1}$（天）。

（2）记甲的回报为 Y，显然

$$EY = E(X \mid X > y) - cEM_D = \int_0^\infty x f_{X|X>y}(x)\mathrm{d}x - \frac{c}{\lambda p(y)}$$

而

$$f_{X|X>y}(x) = \begin{cases} f(x)/P(X>y), & x \geqslant y \\ 0, & \text{其他} \end{cases}$$

所以

$$EY = \int_y^\infty \frac{x f(x)}{p(y)}\mathrm{d}x - \frac{c}{\lambda p(y)} = \frac{1}{p(y)}\left[\int_y^\infty x f(x)\mathrm{d}x - c/\lambda\right]$$

如果甲的心理价位 y 过低，则容易成交，但他的回报可能较低；如果 y 过高，则难于成交，即使成交又有可能因为等待中的花费太多而降低回报。所以，y 的最佳值可通过对上式寻优来求得。

3.2.4 指数随机变量的一些性质

指数随机变量与泊松过程密切关联，它性质简单且应用广泛，下面进一步予以说明。参数为 λ 的指数随机变量 X 的分布与密度函数分别为

$$F(t) = 1 - \mathrm{e}^{-\lambda t}, \qquad f(t) = \lambda \mathrm{e}^{-\lambda t} \tag{3.2.10}$$

其中，$t \geqslant 0$。于是，$\forall t \geqslant 0, P(X > t) = 1 - F(t) = \mathrm{e}^{-\lambda t}$。

第 1 章的例 1.9 指出指数分布有一个独特的性质——无记忆性，即

$$P(X > t + \tau \mid X > t) = P(X > \tau) \qquad (\forall t, \tau > 0)$$

形象地说，在经历任意时间长度 t 之后，X 再经历 τ 与 X 从头经历 τ（在统计意义上）是一样的。可以证明指数分布是取值在 $[0,\infty)$ 上唯一的无记忆分布。类似地，几何分布是离散分布中唯一的无记忆分布。

下面的例题利用这一特性来求解。

例 3.5 某种医疗保险规定：医疗费用低于 1000 元的不予以赔付；高于 1000 元的赔付全额的 60%。假定每次医疗费用平均为 2000 元，近似服从指数分布。求医保公司平均每次赔付多少？

解：令每次医疗费用为 X，它服从 $\lambda = 1/2000$ 的指数分布；又令 Y 为相应的赔付金额。由题意，$E(Y \mid X \leqslant 1000) = 0$，并且

$$E(Y \mid X > 1000) = E(X \mid X > 1000) \times 60\% = (EX + 1000) \times 0.6 = 1800$$

其中，利用了 X 的无记忆性，在 $X > 1000$ 时超出部分的均值与 X 本身的均值一样。所以

$$EY = 1800 \times P(X > 1000) + 0 \times P(X \leqslant 1000) = 1800 \times \mathrm{e}^{-1000/2000} = 1091.76$$

性质 3 若 X_1 与 X_2 分别是参数为 λ_1 与 λ_2 的独立指数变量，则

$$P(X_1 < X_2) = \frac{\lambda_1}{\lambda_1 + \lambda_2} \tag{3.2.11}$$

证明： $$P(X_1 < X_2) = \int_0^\infty P(X_1 < X_2 \mid X_1 = x) f_{X_1}(x) \mathrm{d}x = \int_0^\infty P(x < X_2) \lambda_1 \mathrm{e}^{-\lambda_1 x} \mathrm{d}x$$

$$= \int_0^\infty \mathrm{e}^{-\lambda_2 x} \lambda_1 \mathrm{e}^{-\lambda_1 x} \mathrm{d}x = \frac{\lambda_1}{\lambda_1 + \lambda_2}$$

定理 3.4 若 $X_1, X_2, \cdots, X_n$ 分别是参数为 $\lambda_1, \lambda_2, \cdots, \lambda_n$ 的独立指数随机变量，令 $Y = \min(X_1, X_2, \cdots, X_n)$，则

（1） Y 是参数为 $(\lambda_1 + \lambda_2 + \cdots + \lambda_n)$ 的指数随机变量；

（2） $$P(X_i = Y) = \frac{\lambda_i}{(\lambda_1 + \lambda_2 + \cdots \lambda_n)} \, 。 \tag{3.2.12}$$

证明：（1） $\forall y \geqslant 0$，有 $P(Y > y) = P[(X_1 > y) \cap (X_2 > y) \cap \cdots \cap (X_n > y)]$

$$= \prod_{j=1}^n P(X_j > y) = \mathrm{e}^{-(\lambda_1 + \lambda_2 + \cdots \lambda_n)y}$$

可见， $F_Y(y) = 1 - \mathrm{e}^{-(\lambda_1 + \lambda_2 + \cdots + \lambda_n)y}$。

（2） $\forall X_i, i = 1, 2, \cdots, n$，在 $X_1, X_2, \cdots, X_n$ 中去除 X_i 后的 $n-1$ 个变量中的最小值记为 Y_a，则 Y_a 与 X_i 独立且服从参数为 $\lambda_a = \sum_{j=1}^n \lambda_j - \lambda_i$ 的指数分布，于是

$$P(Y = X_i) = P(X_i < Y_a) = \frac{\lambda_i}{\lambda_a + \lambda_i} = \frac{\lambda_i}{\lambda_1 + \lambda_2 + \cdots + \lambda_n}$$

例 3.6 某行业处理中心有 3 台服务器提供服务，各台服务器的处理能力不同，服务时间是参数为 $\lambda_1, \lambda_2, \lambda_3$ 的指数分布。某人提交一项任务时，3 台服务器已在处理各自的最后一项任务，问他要等多久才能拿到结果？

解： 记某人提交新任务后等到结果所需要的时间为 T，它包含等待某服务器出现空闲（最先完成）的时间 $T_{\min}$ 与处理新的任务的时间 T_{new}。我们借助条件平均来求解问题，首先以第 i 台最先完成当前任务为条件，计算条件平均

$$E(T \mid \text{第 } i \text{ 台最先完成}) = E(T_{\min} + T_{\mathrm{new}} \mid \text{第 } i \text{ 台最先完成})$$

$$= ET_{\min} + ET_i = 1/(\lambda_1 + \lambda_2 + \lambda_3) + 1/\lambda_i$$

其中， T_i 是第 i 台服务器完成任务的时间， $i = 1, 2, 3$，其均值为 $1/\lambda_i$。

$$ET = \sum_{i=1}^3 E(T \mid \text{第 } i \text{ 台最先完成}) \cdot P(\text{第 } i \text{ 台最先完成})$$

$$= \sum_{i=1}^3 \left(\frac{1}{\lambda_1 + \lambda_2 + \lambda_3} + \frac{1}{\lambda_i} \right) \cdot \frac{\lambda_i}{\lambda_1 + \lambda_2 + \lambda_3}$$

$$= \sum_{i=1}^3 \left(\frac{\lambda_i}{\lambda_1 + \lambda_2 + \lambda_3} + 1 \right) \cdot \frac{1}{\lambda_1 + \lambda_2 + \lambda_3} = \frac{4}{\lambda_1 + \lambda_2 + \lambda_3}$$

3.3 到达时刻的条件分布

本节进一步讨论到达时刻的特性。考察给定 $N(t) = n$ 的时候，这 n 个事件发生时刻是如何分布的。

定理 3.5 若 $\{N(t), t \geqslant 0\}$ 是泊松过程，则 $\forall 0 < s \leqslant t$，有

$$P[S_1 \leqslant s | N(t)=1] = s/t \qquad (3.3.1)$$

证明：
$$\begin{aligned}
P[S_1 \leqslant s | N(t)=1] &= P[S_1 \leqslant s, N(t)=1]/P[N(t)=1]\\
&= P[N(s)=1, N(t)-N(s)=0]/P[N(t)=1]\\
&= P[N(s)=1]P[N(t)-N(s)=0]/P[N(t)=1]\\
&= \lambda s e^{-\lambda s} \cdot e^{-\lambda(t-s)}/\lambda t e^{-\lambda t} = s/t
\end{aligned}$$

（证毕）

如图 3.3.1 所示，该定理表明条件随机变量 $S_1 | N(t)=1$ 服从均匀分布 $U(0,t)$，具体含义为：当已知 $[0,t]$ 上有且仅有 1 次事件发生时，则这次事件的具体发生时刻在 $[0,t]$ 中是随机等可能的。这个特点十分有趣，我们自然要问：推广到 $N(t)=n(n>1)$ 的情形又如何？

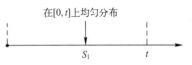

图 3.3.1 "$S_1 | N(t)=1$"特性示意图

定理 3.6 若 $\{N(t), t \geqslant 0\}$ 是泊松过程，则在给定 $N(t)=n$ 时，事件相继发生的时刻 $S_1, S_2, \cdots, S_n$ 的条件概率密度为

$$f_{S_1, S_2, \cdots, S_n}(t_1, t_2, \cdots, t_n | N(t)=n) = \begin{cases} n!/t^n, & 0 < t_1 < t_2 < \cdots < t_n \leqslant t \\ 0, & \text{其他} \end{cases} \qquad (3.3.2)$$

证明： $\forall 0 = t_0 < t_1 < t_2 < \cdots < t_n < t_{n+1} = t$，取 $h_0 = h_{n+1} = 0$ 以及充分小的正数 h_i，使 $t_i + h_i < t_{i+1}$，$i=1,2,\cdots,n$。

$$P[S_i \in (t_i, t_i+h_i], i=1,2,\cdots,n | N(t)=n]$$

$$= \frac{P[N(t_i+h_i)-N(t_i)=1, N(t_{i+1})-N(t_i+h_i)=0, i=1,2,\cdots,n, N(t_1)-N(t_0+h_0)=0]}{P[N(t)=n]}$$

$$= \frac{\prod_{i=1}^{n} P[N(h_i)=1] \times \prod_{i=0}^{n} P[N(t_{i+1}-t_i-h_i)=0]}{P[N(t)=n]} = \frac{\prod_{i=1}^{n}\left[(\lambda h_i)e^{-\lambda h_i}\right] \times \prod_{i=0}^{n} e^{-\lambda(t_{i+1}-t_i-h_i)}}{(\lambda t)^n e^{-\lambda t}/n!}$$

$$= \frac{n!}{t^n} h_1 h_2 \cdots h_n$$

于是
$$\frac{P\{S_i \in (t_i, t_i+h_i], i=1,2,\cdots,n | N(t)=n\}}{h_1 h_2 \cdots h_n} = \frac{n!}{t^n}$$

令 $h_1, h_2, \cdots, h_n \to 0$，从上式可得式（3.3.2）。（证毕）

有趣的是，式（3.3.2）与均匀分布独立变量的顺序统计量具有完全相同的分布。假定 $U_1, U_2, \cdots, U_n$ 是 n 个独立同分布的随机变量，依取值大小排序后记为 $U_{(1)} \leqslant U_{(2)} \leqslant \cdots \leqslant U_{(n)}$，称为相应的**顺序统计量**。可以证明，顺序统计量的密度函数是

$$f_{U_{(1)} U_{(2)} \cdots U_{(n)}}(u_1, u_2, \cdots u_n) = \begin{cases} n! \prod_{i=1}^{n} f(u_i), & u_1 < u_2 < \cdots < u_n \\ 0, & \text{其他} \end{cases}$$

该式简单的解释是：（1）$U_1, U_2, \cdots, U_n$ 的联合密度函数是各密度函数的乘积；（2）$U_1, U_2, \cdots, U_n$ 可有 $n!$ 种排列，而 $U_{(1)}, U_{(2)}, \cdots, U_{(n)}$ 只是其中一种。所以，如果原随机变量服从 $[0,t]$ 上的均匀分布，则其顺序统计量的联合概率密度函数为

$$f_{U_{(1)} U_{(2)} \cdots U_{(n)}}(u_1, u_2, \cdots u_n) = \begin{cases} n!/t^n, & 0 < u_1 < u_2 < \cdots < u_n \leqslant t \\ 0, & \text{其他} \end{cases}$$

考察式（3.3.2），不妨设想有 n 个"客体"彼此独立、随机地在 $[0,t]$ 上引发事件。比如，在超

市的柜台处，顾客们各自独立随机地到达并等待服务。将客体编号为 $O_1, O_2, \cdots, O_n$，他们引发的事件是独立的、随机等概的，相应的事发时刻是无序的，记为 U_i，$i = 1, 2, \cdots, n$；而对应的到达时刻为 S_i 是其有序形式，如图 3.3.2 所示。就总体来看，$\{S_i, i = 1, 2, \cdots, n\}$ 就是 $\{U_i, i = 1, 2, \cdots, n\}$。显然，各个 U_i 是均匀分布的，S_i 是它们的顺序统计量，其联合概率特性恰好满足式 (3.3.2)。

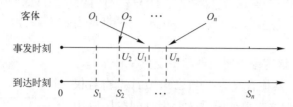

图 3.3.2　无序事发时刻与有序到达时刻的关系

泊松过程的上述关系是其特有的。可以利用这种关系检验泊松过程，这种检验方法不需要知道参数 λ。另外，用 U_i 替代 S_i 分析泊松过程的问题常常是十分方便的，下面的例题说明了这一点。

例 3.7　设某路公共汽车间隔为常数 T，到达车站的乘客流遵从强度为 λ 的泊松流 $\{N(t), t \geq 0\}$，记前一班汽车的离开时刻为零时刻，求在 $[0, T]$ 期间到站的所有乘客总的等候时间及其均值。

解：设第 i 个乘客的到达时刻为 S_i，T 时刻等车乘客的总数为 $N(T)$，则在 $[0, T]$ 期间所有乘客总的等候时间可记为

$$W = \sum_{i=1}^{N(T)} (T - S_i)$$

显然，W 是随机的，为了求其均值，先计算条件期望值

$$E\left[W \mid N(T) = n\right] = E\left[\sum_{i=1}^{n} (T - S_i) \mid N(T) = n\right] = nT - E\left[\sum_{i=1}^{n} S_i \mid N(T) = n\right]$$

令 U_i，$i = 1, 2, \cdots, n$ 是独立同分布的，服从 $[0, T]$ 上的均匀分布，$U_{(i)}$ 为相应的顺序统计量。于是可做下面的替换

$$E\left\{\sum_{i=1}^{n} S_i \mid N(T) = n\right\} = E\left\{\sum_{i=1}^{n} U_{(i)}\right\}$$

对于求和运算，易见

$$E\left\{\sum_{i=1}^{n} U_{(i)}\right\} = E\left\{\sum_{i=1}^{n} U_i\right\} = \sum_{i=1}^{n} E U_i = n \cdot \frac{T}{2}$$

于是，$E\left[W \mid N(T) = n\right] = nT - nT/2 = nT/2$，进而得总等待时间的均值为

$$EW = E\left[N(T) \cdot T/2\right] = EN(T) \cdot T/2 = \lambda T^2 / 2$$

3.4　过滤泊松过程

3.4.1　基本概念与性质

定义 3.4　若 $\{N(t), t \geq 0\}$ 是泊松过程，S_i 为第 i 个事件的到达时刻，记该事件引起的响应为 $h(t - S_i)$，则在 t 时刻所有响应的总和称为**过滤泊松过程**（**Filtered Poisson Process**），记为

$$X(t) = \sum_{i=1}^{N(t)} h(t - S_i) \tag{3.4.1}$$

例如，电子二极管中，电子由阴极发射到阳极的过程服从泊松过程的特性。电子到达阳极时引起阳极电流脉冲，其响应记为 $h(t-S_i)$。这种电流是由一个个电子引起的，且为随机起伏的，称为**散弹噪声**(Shot noise)，其数学模型是过滤泊松过程。下面的定理给出了过滤泊松过程的统计特性。

定理 3.7 设 $\{X(t), t \geqslant 0\}$ 是强度为 λ 的泊松过程对应的过滤泊松过程，$\forall t \geqslant 0$，则

（1）$EX(t) = \lambda \int_0^t h(u)\mathrm{d}u$

（2）$DX(t) = \lambda \int_0^t h^2(u)\mathrm{d}u$

（3）$\phi_{X(t)}(v) = \exp\left\{\lambda \int_0^t \left[\mathrm{e}^{\mathrm{j}vh(u)} - 1\right]\mathrm{d}u\right\}$

证明： 令 U_i 与 $U_{(i)}$，$i = 1, 2, \cdots, n$，分别是独立同均匀分布的随机变量及其顺序统计量。

先证明（3）：
$$E\left[\mathrm{e}^{\mathrm{j}vX(t)}\middle|N(t)=n\right] = E\left\{\exp\left[\mathrm{j}v\sum_{i=1}^n h(t-S_i)\right]\middle|N(t)=n\right\}$$
$$= E\left\{\exp\left[\mathrm{j}v\sum_{i=1}^n h(t-U_{(i)})\right]\right\} = E\left\{\exp\left[\mathrm{j}v\sum_{i=1}^n h(t-U_i)\right]\right\}$$
$$= \prod_{i=1}^n E\left[\mathrm{e}^{\mathrm{j}vh(t-U_i)}\right]$$

其中，$E\left[\mathrm{e}^{\mathrm{j}vh(t-U_i)}\right] = \dfrac{1}{t}\int_0^t \mathrm{e}^{\mathrm{j}vh(t-u_i)}\mathrm{d}u_i = \dfrac{1}{t}\int_0^t \mathrm{e}^{\mathrm{j}vh(u)}\mathrm{d}u$，记为 a_t。因此

$$\phi_{X(t)}(v) = E\left[a_t^{N(t)}\right] = \sum_{k=0}^\infty a_t^k \frac{(\lambda t)^k}{k!}\mathrm{e}^{-\lambda t} = \mathrm{e}^{-\lambda t}\cdot\mathrm{e}^{\lambda t a_t} = \mathrm{e}^{\lambda\int_0^t\left[\mathrm{e}^{\mathrm{j}vh(u)}-1\right]\mathrm{d}u}$$

而后，利用特征函数的矩发生特性，容易证明（1）与（2）。（证毕）

在很多情况中，$h(t)$ 是有限时间响应的，比如，仅当 $0 \leqslant t \leqslant d$ 时，$h(t) \neq 0$。容易发现，过程在经过有限的初始时段以后（$\forall t \geqslant d$）有

（1）$EX(t) = \lambda \int_{-\infty}^{+\infty} h(u)\mathrm{d}u$

（2）$DX(t) = \lambda \int_{-\infty}^{+\infty} h^2(u)\mathrm{d}u$

（3）$\phi_{X(t)}(v) = \exp\left\{\lambda \int_{-\infty}^{+\infty} \left[\mathrm{e}^{\mathrm{j}vh(u)} - 1\right]\mathrm{d}u\right\}$

它们都是与 t 无关的常数。可以证明，这时的过滤泊松过程是平稳的。

例 3.8 电子二极管中，若单个电子到达阳极时产生的电流脉冲为
$$i_0(t) = I_0[u(t) - u(t-b)]$$
其中，$u(t)$ 为单位阶跃信号，I_0 与 b 为常数。电子发射到达阳极的计数服从泊松计数，电子平均发射率 $\lambda = 10^3$ 电子/秒。试求：（1）散弹噪声电流 $X(t)$ 的表达式；（2）稳态时该电流的均值与功率。

解：（1）若发射电子到达阳极的随机时刻为 S_i，而 $h(t) = i_0(t)$，则散弹噪声电流为
$$X(t) = \sum_{i=1}^{N(t)} I_0[u(t-S_i) - u(t-S_i-b)]$$

（2）稳态时，电流平均值 $EX(t) = \lambda \int_{-\infty}^{+\infty} h(u)\mathrm{d}u = 10^3 I_0 b$，电流总功率可以表示为
$$EX^2(t) = DX(t) + [EX(t)]^2 = \lambda \int_{-\infty}^{+\infty} h^2(u)\mathrm{d}u + 10^6 I_0^2 b^2 = 10^3 I_0^2 b + 10^6 I_0^2 b^2$$

例 3.9 设某系统在 $[0,t]$ 上承受冲击数是参数为 λ 的泊松过程 $\{N(t),t\geqslant 0\}$，第 i 次冲击造成的损失为随机量 D_i，各 D_i 之间彼此独立同分布（均值为 d_0）且与 $N(t)$ 独立；每次冲击造成的损失还随时间衰减，规律为 $D_i\mathrm{e}^{-\alpha t}$，$\alpha>0$。试给出 t 时刻损失的总和及其平均值。

解： 令 S_i 为第 i 次冲击的到达时刻，易见，t 时刻损失的总和可表示为

$$X(t)=\sum_{i=1}^{N(t)}D_i\mathrm{e}^{-\alpha(t-S_i)}$$

又令 U_i 与 $U_{(i)}$，$i=1,2,\cdots,n$，分别是独立同均匀分布随机变量与相应的顺序统计量。首先求条件期望值

$$E\big[X(t)\big|N(t)=n\big]=E\bigg[\sum_{i=1}^{n}D_i\mathrm{e}^{-\alpha(t-S_i)}\bigg|N(t)=n\bigg]=E\bigg[\sum_{i=1}^{n}ED_i\times\mathrm{e}^{-\alpha(t-S_i)}\bigg|N(t)=n\bigg]$$

$$=d_0\mathrm{e}^{-\alpha t}E\bigg[\sum_{i=1}^{n}\mathrm{e}^{\alpha S_i}\bigg|N(t)=n\bigg]=d_0\mathrm{e}^{-\alpha t}E\bigg[\sum_{i=1}^{n}\mathrm{e}^{\alpha U_{(i)}}\bigg]$$

$$=d_0\mathrm{e}^{-\alpha t}\sum_{i=1}^{n}E(\mathrm{e}^{\alpha U_i})=nd_0\mathrm{e}^{-\alpha t}\int_0^t\frac{\mathrm{e}^{\alpha u}}{t}\mathrm{d}u=\frac{nd_0}{\alpha t}(1-\mathrm{e}^{-\alpha t})$$

于是

$$EX(t)=E\bigg[\frac{N(t)d_0}{\alpha t}(1-\mathrm{e}^{-\alpha t})\bigg]=\frac{\lambda d_0}{\alpha}(1-\mathrm{e}^{-\alpha t})$$

3.4.2　泊松冲激序列

定义 3.5 若泊松事件发生时刻为 S_i $(i=1,2,\cdots)$，称

$$Z(t)=\sum_{i=1}^{N(t)}\delta(t-S_i)\tag{3.4.2}$$

为**泊松冲激序列**（**Poisson impulse train**）。

显然，泊松冲激序列可以用泊松过程 $N(t)$ 的微分描述：$Z(t)=\dfrac{\mathrm{d}}{\mathrm{d}t}N(t)$。而过滤泊松过程可以用泊松冲激序列 $Z(t)$ 通过冲激响应为 $h(t)$ 的线性时不变系统的输出来模拟

$$X(t)=\sum_{i=1}^{N(t)}\delta(t-S_i)*h(t)=Z(t)*h(t)\tag{3.4.3}$$

如图 3.4.1 所示。借助泊松冲激序列，可以利用后面随机过程通过线性系统的理论来讨论过滤泊松过程的均值、相关函数、协方差函数及其他特性。

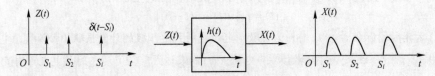

图 3.4.1　过滤泊松过程的模拟

3.5　复合泊松过程

定义 3.6 若 $\{N(t),t\geqslant 0\}$ 是泊松过程，$\{Y_i,i\geqslant 1\}$ 是彼此独立与同分布的随机序列，且

$\{N(t)\}$ 与 $\{Y_i\}$ 独立，记

$$X(t) = \sum_{i=1}^{N(t)} Y_i \tag{3.5.1}$$

称 $\{X(t), t \geqslant 0\}$ 为**复合泊松过程**（**Compound Poisson Process**）。

例 3.10 设 $[0,t]$ 上到达某机场的飞机数 $\{N(t), t \geqslant 0\}$ 是一个参数为 λ 的泊松过程，每架飞机上的乘客数 $\{Y_i, i \geqslant 1\}$ 是相互独立随机变量，服从相同的均匀分布 $U(0,150)$；并且飞机上乘客数与飞机到达数是独立的。求在 t 时刻机场进港乘客总数及其均值。

解： 对照定义易知，进港乘客总数可以用复合泊松过程描述如下：

$$X(t) = \sum_{i=1}^{N(t)} Y_i$$

利用条件平均

$$E[X(t) \mid N(t) = n] = E[\sum_{i=1}^{n} Y_i] = \sum_{i=1}^{n} E(Y_i) = n \times \frac{150}{2}$$

所以

$$EX(t) = E[N(t) \times 75] = 75\lambda t \ (\text{人})$$

复合泊松过程是诸多实际应用的数学模型。例如，描述成批到达的顾客总数；统计乘客流所携带行李的总重量（各乘客的行李重量是随机的）；计算保险公司一段时间以来总的理赔金额（各次理赔数值是随机的）；评估一系列冲击造成的总损失（各次冲击导致的损失是随机的）。这些应用中人们感兴趣的不只是事件发生的数目，还关注此基础上的总值，如总费用或总损失等。

性质 1 对于式 (3.5.1) 定义的复合泊松过程，有

（1） $E[X(t)] = \lambda t EY$

（2） $D[X(t)] = \lambda t EY^2$

（3） $\phi_{X(t)}(v) = \exp\{\lambda t[\phi_Y(v) - 1]\}$

其中，EY、EY^2 与 $\phi_Y(v)$ 为序列 $\{Y_i, i \geqslant 1\}$ 的均值、均方值与特征函数。

证明： （1）（2）证明略（可以仿前面例题的解法来证明）。

（3）首先

$$E[e^{jvX(t)} \mid N(t) = n] = E\left[\exp\left(jv\sum_{i=1}^{n} Y_i\right)\right] = \prod_{i=1}^{n} E(e^{jvY_i}) = \phi_Y^n(v)$$

因此

$$\phi_{X(t)}(v) = E[\phi_Y^{N(t)}(v)] = \sum_{n=0}^{\infty} \frac{(\lambda t)^n}{n!} e^{-\lambda t} \phi_Y^n(v) = e^{-\lambda t} \sum_{n=0}^{\infty} \frac{[\lambda t \phi_Y(v)]^n}{n!}$$

$$= e^{-\lambda t} e^{\lambda t \phi_Y(v)} = e^{\lambda t[\phi_Y(v) - 1]}$$

（证毕）

假定一般计数过程 $\{N(t), t \geqslant 0\}$ 的每一点 S_i，对应一个辅助随机变量 $Y_i, i \geqslant 1$，通常称 Y_i 为对应于点 S_i 的**标值**。把 $[0,t]$ 上所有点所对应的标值加在一起得到

$$X(t) = \sum_{i=1}^{N(t)} Y_i$$

新随机过程 $\{X(t), t \geqslant 0\}$ 常称为**标准叠加过程**。

3.6 非齐次与条件泊松过程

1. 非齐次泊松过程

前面讨论的泊松过程是齐次的，它以恒定速率的指数流为背景，实际应用中往往过于简单

理想。比如，顾客服务与车流统计情况中，顾客或车流事件具有高峰期与平淡期，这种起伏现象是实际问题的典型情况，因此，一种基本的扩展是强度参数 λ 可以随时间不同。

定义 3.7　计数过程 $\{N(t), t \geq 0\}$ 称为强度函数为 $\lambda(t) > 0$ 的**非齐次泊松过程**，若满足：

（1）$N(0) = 0$；

（2）具有独立增量；

（3）$\forall t \geq 0$，当 Δt 充分小时，有

$$P\big[N(t+\Delta t) - N(t) = 1\big] = \lambda(t)\,\Delta t + o\,(\Delta t) \tag{3.6.1}$$

和

$$P\big[N(t+\Delta t) - N(t) > 1\big] = o(\Delta t) \tag{3.6.2}$$

其中，$o\,(\Delta t)$ 为高阶无穷小。

对照定义 3.1 易见，非齐次泊松过程的核心是放宽了"强度参数 λ 为常数"的要求，因此，它的增量特性可以是时变的，即非平稳的，故称为非齐次的(或非时齐的)。定义中的正函数 $\{\lambda(t), t \geq 0\}$ 称为**强度函数**。通常令 $m(t) = \int_0^t \lambda(u)\mathrm{d}u$，于是，$\lambda(t) = \dfrac{\mathrm{d}}{\mathrm{d}t} m(t)$。显然，对于齐次泊松过程，$m(t) = \lambda t$。后面将发现 $m(t)$ 是计数过程 $N(t)$ 的**均值函数**，并且在非齐次过程的分析中，$m(t)$ 比 $\lambda(t)$ 更为便利。

仿照定理 3.1 的证明方法，可以得到下述定理。

定理 3.8　若 $\{N(t), t \geq 0\}$ 是均值函数为 $m(t)$ 的非齐次泊松过程，则 $\forall t \geq s \geq 0$ 与非负整数 k，计数的增量 $N(t) - N(s)$ 服从参数为 $m(t) - m(s)$ 的泊松分布，即

$$P\big[N(t) - N(s) = k\big] = [m(t) - m(s)]^k \,\mathrm{e}^{-[m(t)-m(s)]} / k! \tag{3.6.3}$$

显然，$m(t) - m(s) = \int_s^t \lambda(u)\mathrm{d}u$。进一步，由于 $m(0) = 0$，于是

$$P\big[N(t) = k\big] = [m(t)]^k \,\mathrm{e}^{-m(t)} / k! \tag{3.6.4}$$

例 3.11　设 $\{N(t), t \geq 0\}$ 是强度函数为 $\lambda(t)$ 的非齐次泊松过程，令 $m(t) = \int_0^t \lambda(u)\mathrm{d}u$。试证明：（1）均值 $m(t) = \int_0^t \lambda(u)\mathrm{d}u$；（2）特征函数 $\phi_{N(t)}(v) = \exp\big[m(t)(\mathrm{e}^{\mathrm{j}v} - 1)\big]$。

证明：（1）由定义　$EN(t) = \sum_{k=0}^{\infty} k \cdot \dfrac{m^k(t)\mathrm{e}^{-m(t)}}{k!} = m(t)\mathrm{e}^{-m(t)} \cdot \left[0 + \sum_{k=1}^{\infty} \dfrac{m^{k-1}(t)}{(k-1)!}\right]$

$$= m(t)\mathrm{e}^{-m(t)} \cdot \left[\sum_{n=0}^{\infty} \dfrac{m^n(t)}{n!}\right] = m(t)$$

（2）由定义　$\phi_{N(t)}(v) = E\big[\mathrm{e}^{\mathrm{j}vN(t)}\big] = \sum_{k=0}^{\infty} \mathrm{e}^{\mathrm{j}vk} \cdot \dfrac{m^k(t)\mathrm{e}^{-m(t)}}{k!} = \mathrm{e}^{-m(t)}\mathrm{e}^{m(t)\mathrm{e}^{\mathrm{j}v}} = \mathrm{e}^{m(t)(\mathrm{e}^{\mathrm{j}v}-1)}$

例 3.12　某小店上午 9:00 开门时顾客到达率为 5 人/小时，而后线性增长，12:00 时达到 20 人/小时；保持到下午 2:00 后，到达率开始线性下降，至晚上 9:00 关门时为 6 人/小时。假定各不同时段上顾客数独立。试估计：（1）9:00～10:00 无顾客的概率；（2）上午到小店的平均顾客数。

解：该小店顾客数可近似服从非齐次泊松过程。设定上午 9:00 为 $t = 0$，易知强度函数为

$$\lambda(t) = \begin{cases} 5 + 5t, & 0 \leq t < 3 \quad (9{:}00 \sim 12{:}00) \\ 20, & 3 \leq t < 5 \quad (12{:}00 \sim 14{:}00) \\ 20 - 2(t-5), & 5 \leq t \leq 12 \quad (14{:}00 \sim 21{:}00) \end{cases}$$

（1）对应于 $t \in [0,1]$，有　$P\big[N(1) - N(0) = 0\big] = \mathrm{e}^{-m(1)} = \mathrm{e}^{-\int_0^1 (5+5t)\mathrm{d}t} = \mathrm{e}^{-7.5}$

（2）对应于 $t \in [0,3]$，有　$m(3) - m(0) = \int_0^3 (5 + 5t) \mathrm{d}t = 37.5$

估计上午约有 38 人。

容易想象，变速率的泊松流可以由恒速率的泊松流经过时变的随机选择（分流）来得到。我们不加证明地给出下面的定理。

定理 3.9（泊松过程的非齐次随机选择）　假设 $\{N(t), t \geqslant 0\}$ 是速率为 λ 的齐次泊松过程，若在其每一事件到达时刻 s 以独立于 $N(t)$ 的概率 $p_i(s)$ 将每个事件归于第 i 类，$i \leqslant m$ 且 $\sum_{i=1}^m p_i(s) = 1$，记 $\{N_i(t), t \geqslant 0\}$ 为直到 t 时刻获得的第 i 类事件的总数，则 $\{N_i(t), t \geqslant 0\}$ 是相互独立的、均值函数为 $m_i(t) = \lambda \int_0^t p_i(s) \mathrm{d}s$ 的非齐次泊松过程。

基于这个定理可以给出非齐次泊松过程的一个有效模拟方法：给定 $\lambda(t)$ 后选取一个适当大的正数 λ，首先产生一组参数为 λ 的齐次泊松过程，而后再以 $\lambda(t) / \lambda$ 的概率进行随机抽取，产生的新事件流就是参数为 $\lambda(t)$ 的非齐次泊松流。这种方法也称为"削薄算法"。

2. 条件泊松过程

如果把强度参数 λ 放宽为正随机变量，即参数 λ 具有不确定性，则得到下述的条件泊松过程。

定义 3.8　给定取值为正数的随机变量 Λ。在 $\Lambda = \lambda (> 0)$ 的条件下，若计数过程 $\{N(t), t \geqslant 0\}$ 是一个参数为 λ 的泊松过程，则称它为**条件泊松过程**。

易见，条件泊松过程不是独立增量过程。而且

$$P\big[N(t) = k \mid \Lambda = \lambda \big] = (\lambda t)^k \mathrm{e}^{-\lambda t} / k! \tag{3.6.5}$$

其中，$\lambda > 0$，$t > 0$，而 k 为非负整数。假定 Λ 的概率分布函数为 $F_\Lambda(x), x \geqslant 0$，可知

$$P\big[N(t) = k \big] = \int_0^\infty \frac{(xt)^k \mathrm{e}^{-xt}}{k!} \mathrm{d}F_\Lambda(x) \tag{3.6.6}$$

一些实际应用中 Λ 表现为某种先验分布，可以用贝叶斯方法对其进行估计与统计推断。

例 3.13　设某种粒子干扰具有两种类型：参数分别为 λ_1 与 λ_2 的泊松流。假定每种类型的干扰会持续一段较长的时间，而出现的概率分别是 p 与 $q = 1 - p$。如果某段时间 t 内统计到 n 次干扰，试问：

（1）采用条件泊松过程对其进行建模，并研究参数 Λ 的估计方法；

（2）分析下一次干扰到达时间 T 的统计特性。

解：（1）我们运用条件泊松过程 $\{N(t), t \geqslant 0\}$ 对这种粒子干扰进行建模，令 Λ 为二元随机变量，它取值 λ_1 与 λ_2，概率分别为 p 与 $q = 1 - p$。不妨认为时段 $[0, t]$ 上为同类型干扰，将相关事件简记为：$A_1 = "\Lambda = \lambda_1"$，$A_2 = "\Lambda = \lambda_2"$ 与 $E = "N(t) = n"$，依据贝叶斯估计，有

$$P(\Lambda = \lambda_1 \mid N(t) = n) = P(A_1 \mid E) = \frac{P(A_1)P(E \mid A_1)}{P(A_1)P(E \mid A_1) + P(A_2)P(E \mid A_2)}$$

$$= \frac{p(\lambda_1 t)^n \mathrm{e}^{-\lambda_1 t} / n!}{p(\lambda_1 t)^n \mathrm{e}^{-\lambda_1 t} / n! + q(\lambda_2 t)^n \mathrm{e}^{-\lambda_2 t} / n!}$$

$$= \frac{p \lambda_1^n \mathrm{e}^{-\lambda_1 t}}{p \lambda_1^n \mathrm{e}^{-\lambda_1 t} + q \lambda_2^n \mathrm{e}^{-\lambda_2 t}}$$

而 $$P(\Lambda = \lambda_2 | N(t) = n) = 1 - P(\Lambda = \lambda_1 | N(t) = n)$$

（2）由于 T 是连续随机变量，我们考虑其分布函数，即

$$P(T \leqslant x | N(t) = n) = P(T \leqslant x, A_1 | E) + P(T \leqslant x, A_2 | E)$$
$$= P(T \leqslant x | A_1, E) P(A_1 | E) + P(T \leqslant x | A_2, E) P(A_2 | E)$$

其中，$x \geqslant 0$。并且，在 $\Lambda = \lambda_1$ 与 $N(t) = n$ 的条件下，T 是 λ_1 的指数分布，因此，$P(T \leqslant x | A_1, E) = 1 - e^{-\lambda_1 x}$；同理，$P(T \leqslant x | A_2, E) = 1 - e^{-\lambda_2 x}$。再结合上面的结果，可得

$$P(T \leqslant x | N(t) = n) = \frac{(1 - e^{-\lambda_1 x}) p \lambda_1^n e^{-\lambda_1 t} + (1 - e^{-\lambda_2 x}) q \lambda_2^n e^{-\lambda_2 t}}{p \lambda_1^n e^{-\lambda_1 t} + q \lambda_2^n e^{-\lambda_2 t}}$$

$$= 1 - \frac{p \lambda_1^n e^{-2\lambda_1 t} + q \lambda_2^n e^{-2\lambda_2 t}}{p \lambda_1^n e^{-\lambda_1 t} + q \lambda_2^n e^{-\lambda_2 t}}$$

3.7　更 新 过 程

3.7.1　定义与更新函数

考虑更为一般的计数过程，其事件间隔 T_1，T_2，… 不必服从指数分布，由此可得到泊松过程的又一推广形式。

定义 3.9　设计数过程 $\{N(t), t \geqslant 0\}$ 的点间隔 $\{T_n, n \geqslant 1\}$ 是独立同分布且取值非负的随机变量序列，则称 $\{N(t), t \geqslant 0\}$ 为**更新过程**，称 T_n 为**更新间隔**。

更新过程最初的物理原型是零部件的不断更换。设部件从零时刻开始使用，至 T_1 时刻失效，立即更换上一个新部件；以后再失效，再继续更换。一般而言，各个部件的寿命 T_n 是随机的，彼此独立同分布。计数 $N(t)$ 是直至 t 时刻总共更换部件的次数，第 n 次更换的时刻为 $S_n = T_1 + T_2 + \cdots + T_n$。更新过程在可靠性维护、业务管理、生物遗传、物种增长、经济学等诸多领域有着广泛的用途。

作为计数过程，更新过程中存在两个基本关系：

（1）更新时刻与间隔的关系：$S_n = \sum_{i=1}^n T_i$。因此，基于间隔 T_n 的分布可以求得时刻 S_n 的概率特性。比如，$\phi_{S_n}(v) = \phi_T^n(v)$，或 $f_{S_n}(x) = f_{T_1}(x) * f_{T_2}(x) * \cdots * f_{T_n}(x)$（$n$ 重卷积）。

（2）计数值与更新时间的事件关系：$\{N(t) \geqslant n\} = \{S_n \leqslant t\}$。即事件"$t$ 时刻的计数值不低于 n"等价于事件"第 n 次更新发生在 t 或 t 之前"。

更新过程的一个重要研究对象是该过程的均值函数，$m(t) = EN(t)$，称为**更新函数**。其物理意义是在 $[0, t]$ 上的平均更新次数，它是 t 的确定函数。在零部件维修应用中，它给出了应该储备的备件的平均数量。

定理 3.9　若 $\{N(t), t \geqslant 0\}$ 是更新函数为 $m(t)$ 的更新过程，$F_{S_n}(t)$ 为各更新时刻的分布函数，则 $\forall t \geqslant 0$，有

$$m(t) = \sum_{n=1}^{\infty} F_{S_n}(t) \tag{3.7.1}$$

证明：注意到 $P[N(t) \geqslant n] = P[S_n \leqslant t]$。于是

$$m(t) = \sum_{n=0}^{\infty} nP[N(t) = n]$$

$$= P[N(t) = 1] + 2P[N(t) = 2] + 3P[N(t) = 3] + \cdots$$

$$= \sum_{n=1}^{\infty} P[N(t) = n] + \sum_{n=2}^{\infty} P[N(t) = n] + \sum_{n=3}^{\infty} P[N(t) = n] + \cdots$$

$$= P[N(t) \geqslant 1] + P[N(t) \geqslant 2] + P[N(t) \geqslant 3] + \cdots$$

$$= \sum_{n=1}^{\infty} F_{S_n}(t)$$

（证毕）

称 $\lambda(t) = \dfrac{\mathrm{d}}{\mathrm{d}t} m(t)$ 为**更新强度**。如果 S_n 的密度函数存在并记为 $f_{S_n}(t)$，则有

$$\lambda(t) = \sum_{n=1}^{\infty} f_{S_n}(t) \tag{3.7.2}$$

下面的定理指出 $F_T(t)$ 与 $m(t)$ 之间具有一一对应关系。因此，确定一个更新过程既可以根据 $F_T(t)$，也可以根据 $m(t)$。有时根据后者更为方便。后面将说明，线性函数型的 $m(t)$ 对应的更新过程就是泊松过程。因为，其对应的 $F_T(t)$ 为指数分布。

定理 3.10 若 $\{N(t), t \geqslant 0\}$ 是更新函数为 $m(t)$ 的更新过程，$F_T(t)$ 为各更新间隔的分布函数，则 $\forall t \geqslant 0$，有下列更新方程

$$m(t) = F_T(t) + \int_0^t m(t-u)\mathrm{d}F_T(u) \tag{3.7.3}$$

证明： 由于 $S_n = S_{n-1} + T_n$，有

$$f_{S_n}(t) = f_{S_{n-1}}(t) * f_T(t) = \int_{-\infty}^{\infty} f_{S_{n-1}}(t-u) f_T(u) \mathrm{d}u$$

于是 $\quad F_{S_n}(t) = \int_0^t \left[\int_{-\infty}^{\infty} f_{S_{n-1}}(v-u) f_T(u) \mathrm{d}u \right] \mathrm{d}v = \int_{-\infty}^{\infty} F_{S_{n-1}}(t-u) f_T(u) \mathrm{d}u = \int_0^t F_{S_{n-1}}(t-u)\mathrm{d}F_T(u)$

又由式 (3.7.1) 可得 $\quad m(t) = F_{S_1}(t) + \sum_{n=2}^{\infty} F_{S_n}(t) = F_T(t) + \sum_{n=2}^{\infty} \int_0^t F_{S_{n-1}}(t-u)\mathrm{d}F_T(u)$

$$= F_T(t) + \int_0^t \sum_{n=2}^{\infty} F_{S_{n-1}}(t-u)\mathrm{d}F_T(u)$$

$$= F_T(t) + \int_0^t m(t-u)\mathrm{d}F_T(u)$$

（证毕）

考虑 $m(t)$ 与 $F_T(t)$ 的 Laplace-Stieltjes 变换，令

$$\tilde{F}_T(s) = \int_0^{\infty} \mathrm{e}^{-st} \mathrm{d}F_T(t), \quad \tilde{m}(s) = \int_0^{\infty} \mathrm{e}^{-st} \mathrm{d}m(t)$$

更新方程可写为 $\quad \tilde{m}(s) = \tilde{F}_T(s) + \tilde{m}(s)\tilde{F}_T(s)$

于是，借助 $\tilde{m}(s)$ 与 $\tilde{F}_T(s)$，$F_T(t)$ 与 $m(t)$ 可相互确定。如果更新强度函数 $\lambda(t)$ 与更新间隔的密度函数 $f_T(t)$ 存在，则

$$\lambda(t) = f_T(t) + \lambda(t) * f_T(t) \tag{3.7.4}$$

考虑 Laplace 变换，令 $\tilde{f}_T(s) = \int_0^{\infty} \mathrm{e}^{-st} f_T(t)\mathrm{d}t$，$\tilde{\lambda}(s) = \int_0^{\infty} \mathrm{e}^{-st} \lambda(t)\mathrm{d}t$，则

$$\tilde{\lambda}(s) = \tilde{f}_T(s) + \tilde{\lambda}(s)\tilde{f}_T(s) \tag{3.7.5}$$

可见，$f_T(t)$ 与 $\lambda(t)$ 也可相互确定。

例 3.14 假定更新过程的平均更新次数随时间线性增长，试说明该过程的间隔服从何种分布。

解：由题意可知，该过程的更新函数可写为 $m(t) = \lambda t$，其中 λ 为某正常数，于是，$\lambda(t) = \lambda$。考虑普通 Laplace 变换，$\tilde{\lambda}(s) = \lambda \int_0^\infty \mathrm{e}^{-st} \mathrm{d}t = \lambda / s$，由式 (3.7.5) 得

$$\tilde{f}_T(s) = \frac{\tilde{\lambda}(s)}{1 + \tilde{\lambda}(s)} = \frac{\lambda / s}{1 + \lambda / s} = \frac{\lambda}{\lambda + s}$$

求反变换可得，$f_T(t) = \lambda \mathrm{e}^{\lambda t}$，$t \geqslant 0$，即更新间隔服从指数分布。可见，该过程正是泊松过程。

3.7.2 剩余寿命与年龄

由于 $N(t)$ 是 t 时刻的更新次数，$S_{N(t)}$ 是 t 时刻之前最近一次更新的发生时刻，而 $S_{N(t)+1}$ 是 t 时刻之后首次更新的发生时刻，令

$$W_t = S_{N(t)+1} - t, \qquad V_t = t - S_{N(t)} \qquad (3.7.6)$$

分别称为**剩余寿命**（或剩余时间）与**年龄**，如图 3.7.1 所示。研究 W_t 与 V_t 是很有意义的。

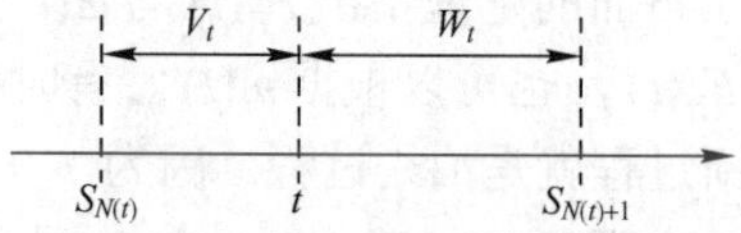

图 3.7.1 剩余寿命与年龄

例 3.15 设 $\{N(t), t \geqslant 0\}$ 是参数为 λ 的泊松过程，试证明：

（1）W_t 与间隔同分布，即参数为 λ 的指数分布；

（2）V_t 是"截尾的"的指数分布，即

$$F_V(x) = \begin{cases} 0, & x < 0 \\ 1 - \mathrm{e}^{-\lambda x} & 0 \leqslant x < t \\ 1, & x \geqslant t \end{cases} \qquad (3.7.7)$$

证明：（1）由指数分布的无记忆性可知道；

（2）易知 $\forall 0 \leqslant x < t$，且 $\{V_t > x\} = \{N(t) - N(t-x) = 0\}$，于是

$$P(V_t > x) = P[N(x) = 0] = \mathrm{e}^{-\lambda x}$$

又 $P(V_t \geqslant 0) = 1$，$P(V_t > t) = 0$，所以可得式 (3.7.7) 的结论。

一般而言，当更新间隔 T 的分布函数为 $F_T(t)$ 时，可以求得，$\forall t, x \geqslant 0$，有

$$P(W_t > x) = 1 - F_T(x+t) + \int_0^t P[W_{t-u} > x] \mathrm{d}F_T(u)$$

定理 3.11 若更新过程的剩余寿命 W_t 与更新间隔同分布，并且该分布满足 $F_T(0) = 0$，则该过程是泊松过程。

证明略。

3.7.3 若干极限定理

定理 3.12 若更新过程 $\{N(t), t \geqslant 0\}$ 的平均更新间隔为 $ET_n = \mu > 0$，则

（1）$P\left[\lim_{n \to \infty} \dfrac{S_n}{n} = \mu\right] = 1$；（2）$P\left[\lim_{n \to \infty} S_n = \infty\right] = 1$；（3）$P[N(\infty) = \infty] = 1$（其中 $N(\infty) = \lim_{t \to \infty} N(t)$）

证明：（1）由强大数定理直接可得。

（2）由于 $T_n \geqslant 0$，易见 S_n 随 n 增加而上升。又 $\mu > 0$，因此，$n \to \infty$ 时 S_n 必定趋向无穷。

（3）$N(\infty)$ 有限的唯一途径是其到达间隔是无穷大，所以

$$P\left[N(\infty) < \infty\right] = P\left\{\bigcup_{n=1}^{\infty}\{T_n = \infty\}\right\} \leqslant \sum_{n=1}^{\infty} P\left[T_n = \infty\right] = 0$$

一个基本问题是，在有限的时间内是否会发生无限多次更新？回答是不会的。因为更新次数 $N(t)$ 可写成

$$N(t) = \max\left\{n : S_n \leqslant t\right\}$$

即 $N(t)$ 是 t 之前最后一次更新的编号。由上述定理的结果可知，在任何有限 t 之前只有有限个 S_n，于是 $N(t)$ 一定是有限的。

还可以证明，$\forall t \geqslant 0$，$m(t) = EN(t) < \infty$。

已经知道，在 $t \to \infty$ 时 $N(t) \to \infty$，如果还能知道 $N(t)$ 趋于无穷大的速率就更好了。下面的定理说明了这一点。

定理 3.13 若更新过程 $\{N(t), t \geqslant 0\}$ 的平均更新间隔为 $ET_n = \mu > 0$，则

（1）$P\left[\lim_{n\to\infty} \dfrac{N(t)}{t} = 1/\mu\right] = 1$

（2）（**基本更新定理**）$P\left[\lim_{n\to\infty} \dfrac{EN(t)}{t}\right] = 1/\mu$ （若 $\mu = \infty$，则右端理解为 0）

其中，$1/\mu$ 又称为更新过程的**速率**。

证明略。

另一个重要的极限定理是更新过程的中心极限定理，它指出：

$$P\left\{\frac{N(t) - t/\mu}{\sqrt{t\sigma^2/\mu^3}} < x\right\} \approx \frac{1}{\sqrt{2\pi}} \int_{-\infty}^{x} e^{-x^2/2} dx \qquad (t \text{ 充分大})$$

其中，μ 与 σ^2 分别是更新间隔的均值与方差。即当 t 充分大时，$N(t)$ 近似服从均值为 t/μ、方差为 $t\sigma^2/\mu^3$ 的正态分布。

例 3.16 某电子设备用电池接续供电，这种电池的平均寿命服从 20～28 小时的均匀分布。试求：（1）更换电池的速率平均是多少？（2）需储备多少电池可保证 100 天的工作？

解：（1）由题意，更新间隔的均值为 $\mu = ET_n = 24$（小时），因此

$$\lim_{n\to\infty} \frac{N(t)}{t} = \frac{1}{\mu} = \frac{1}{24} \text{（次/小时）}$$

即电池的更换速率平均为每天 1 次。

（2）易知 $\sigma^2 = DT_n = 8^2/12 = 16/3$，由于 $t = 2400$ 小时，充分大，可认为，$N(t)$ 近似服从正态分布 $N(t/u, t\sigma^2/u^3)$，即 $N(100, 25/27)$。所以，若储备 $100 + 3\sqrt{25/27} \approx 103$ 个电池，以超过 99.7% 的概率可保证设备工作 100 天。

习题

3.1 设 $\{N(t), t \geqslant 0\}$ 为计数过程，$\{S_n, n = 1, 2, 3, \cdots\}$ 为事件到达时刻，试问下列事件是否等效：

（1）$\{N(t)\le n\}$ 与 $\{S_n\ge t\}$；　（2）$\{N(t)>n\}$ 与 $\{S_{n+1}<t\}$。

3.2　设顾客按每分钟平均 2 人的速率到达，顾客总人数 $\{N(t),t\ge n\}$ 服从泊松过程，求：

（1）在第 8 至第 10 分钟之间到达 3 个顾客的概率；

（2）已知 5 分钟内到来 8 个顾客，前 3 分钟到来 5 个的概率。

3.3　设 $\{N(t),t\ge 0\}$ 是参数为 λ 的泊松过程，S_i 为第 i 个事件的到达时刻。$\forall t\ge s\ge 0$ 与 $j\ge i\ge 0$，求：

（1）$E[N(s)N(t)]$；　（2）$P[N(t)=j|N(s)=i]$；　（3）$P[N(s)=i|N(t)=j]$；　（4）$P[S_i\le s|N(t)=j]$。

3.4　设 $\{N_1(t),t\ge 0\}$ 与 $\{N_2(t),t\ge 0\}$ 是参数分别为 λ_1 与 λ_2 且彼此独立的泊松过程。试证明：$\{N(t)=N_1(t)-N_2(t),t\ge 0\}$ 不是泊松过程。

3.5　设 $\{N(t),t\ge 0\}$ 是参数为 λ 的泊松分布，T 是参数为 μ 的指数分布变量，T 与 $N(t)$ 独立。试证明：$N(T)$ 服从几何分布，$P[N(T)=k]=\dfrac{\mu}{\lambda+\mu}\left(\dfrac{\lambda}{\lambda+\mu}\right)^k$，$k\ge 0$。

3.6　设 $\{N_1(t),t\ge 0\}$ 与 $\{N_2(t),t\ge 0\}$ 是参数分别为 λ_1 与 λ_2 且彼此独立的泊松过程。证明，在 $N_1(t)$ 的任意两个相邻事件的时间间隔之内，$N_2(t)$ 恰好有 $k(\ge 0)$ 个事件发生的概率为 $\dfrac{\lambda_1}{\lambda_1+\lambda_2}\left(\dfrac{\lambda_2}{\lambda_1+\lambda_2}\right)^k$。（提示：可借助习题 3.5 的结论）。

3.7　设 $\{N_1(t),t\ge 0\}$ 与 $\{N_2(t),t\ge 0\}$ 是彼此独立、参数分别为 λ_1 与 λ_2 的泊松分布，令 $p=\dfrac{\lambda_1}{\lambda_1+\lambda_2}$，$q=\dfrac{\lambda_2}{\lambda_1+\lambda_2}$。试证明：$\forall n\ge k\ge 0$，有

（1）$P[N_1(t)=k|N_1(t)+N_2(t)=n]=C_n^k p^k q^{n-k}$；　　（2）$E[N_1(t)|N_1(t)+N_2(t)=n]=np$。

3.8　若 $\{S_n^a,n\ge 0\}$ 与 $\{S_n^b,n\ge 0\}$ 分别是参数为 λ_a 与 λ_b 的独立指数流。求：

（1）$P(S_1^a<S_1^b)$；　　　　　　　（2）$P(S_2^a<S_1^b)$；

（3）$\forall n,m>0,P(S_n^a<S_m^b)$。（提示：可考虑两个的合流，并借助习题 3.7 的结论（1））

3.9　设某时段男、女顾客到达某商场的人数分别是每分钟 4 人与 1 人的泊松过程，且彼此独立。求：

（1）该时段上到达商场的总人数的概率分布；

（2）已知该时段共到达 100 人，问其中 30 人为女性的概率；

（3）在一男顾客到达后，下一位为女性的概率。

3.10　设 $\{N(t),t\ge 0\}$ 是参数为 λ 的泊松过程，$\{X_n,n=1,2,\cdots\}$ 是独立同分布的二值随机变量序列，取值 1、0 的概率分别是 p 与 q，且 X_n 与 $N(t)$ 独立。令 $\left\{N_1(t)=\sum_{k=1}^{N(t)}X_k,t\ge 0\right\}$ 与 $\{N_2(t)=N(t)-N_1(t),t\ge 0\}$，试证明：它们分别是强度为 $p\lambda$ 与 $(1-p)\lambda$ 的泊松过程。

3.11　某超市有三种类型的瓶装水，价格分别为 1 元、1.2 元与 1.4 元。购买瓶装水的顾客在 $[0,t]$ 上服从 $\lambda=2$（人 / 分钟）的泊松过程，他们独立等概地选择某种规格的瓶装水一瓶。求 t 时刻瓶装水销售收入 $X(t)$ 的均值与方差。

3.12　设 $[0,t]$ 时段上汽车通过桥梁的数量服从参数为 λ 的泊松过程，每辆汽车通过时引起桥梁震动，响应形式为 $h(t)=Ae^{-\alpha t}$，其中，α 为正常数，A 与汽车的类型有关，A 共有三种取值，概率为 $P(A=1)=0.3$，$P(A=3)=0.5$，$P(A=9)=0.2$。求 t 时刻桥梁总的震动响应 $X(t)$ 及其均值 $EX(t)$。

3.13　一份 2MB 的文件通过平均误比特率为 10^{-5} 的二进制传输。问收到的文件中连续 100KB 中没有错误的概率是多少？

3.14　假定某股票在一段时间中的交易次数为参数 λ 的泊松过程 $\{N(t),t\ge 0\}$。记第 k 次交易后股票价格相对前次的变化为 Y_k，各 Y_k 彼此独立同分布且与 $N(t)$ 独立。已知该股票的初始价格为 x_0，试问：t 时刻该股

票的交易价格 $X(t)$ 及其概率分布。

3.15 设非齐次泊松过程 $\{N(t), t \geq 0\}$ 的强度函数为 $\lambda(t) = \dfrac{1}{2}(1 + \cos \omega_0 t)$，求：

（1） $N(1)$ 的概率分布；　　　　（2） $EN(t)$ 与 $DN(t)$。（提示： $\phi_{N(t)}(v) = \exp\{m(t)(e^{jv} - 1)\}$）

3.16 某计数器对参数为 λ 的指数流中编号为偶数的事件进行计数，得到的计数过程记为 $\{N(t), t \geq 0\}$。试问：（1）该过程是否为泊松过程？（2）被计数事件时间间隔的分布函数。

3.17 设更新过程的时间间隔服从 $P(T_n = 1) = 2/3$， $P(T_n = 2) = 1/3$。试求： $P[N(1) = n]$， $P[N(2) = n]$ 与 $P[N(3) = n]$， $n \geq 0$。

3.18 设更新过程的时间间隔 T_n 服从 $f(t) = \lambda^2 t e^{-\lambda t}, t \geq 0$，求相应的更新函数 $m(t)$。

第 4 章 马尔可夫过程

马尔可夫过程是一种相依过程，它在任何时刻的结果依赖于前一时刻的结果，但与再以前的结果无关。这种过程得名于俄国数学家马尔可夫(Markov)于 1906 年的研究，马尔可夫及后来的许多著名学者建立了这套重要的数学理论，至今，马尔可夫过程已在自然科学、工程技术与经济管理等各个领域获得了广泛的应用。

4.1 马尔可夫链及举例

4.1.1 一般马尔可夫过程

大量的科学与工程问题研究动态系统。动态系统由一组状态描述，研究中关注其状态随时间的变化与演进。比如，一个物理运动系统以其位置与姿态作为状态，追踪系统的位置与姿态的变化情况；一个电路单元系统以其内部的一组特定的电压取值作为状态，分析电路的内部变化规律；某个经济活动以一组指标作为状态，研究它们的变化特点。由于动态系统的随机性，其状态既随机又沿时间演进，自然地，我们采用随机过程来建模。形如，$\{X(t), t \geqslant 0\}$，或者，若只需关注离散时刻的情况，可简化为 $\{X_n, n = 0, 1, 2, \cdots\}$。

研究动态系统的基本内容在于其状态的逐步变化情况。不妨以离散时间系统为例，我们关注其从第 n 时刻向其后时刻 $n+1$ 的变化，即研究 $X_{n+1} | X_n$ 或者增量 $X_{n+1} - X_n$ 的情况。在随机问题中，最简单的情况是所有的增量彼此独立，这时 $\{X_n\}$ 就是独立增量过程。这种理想情况不一定总能满足。然而研究发现，随机过程的前后关系中往往蕴含有一种所谓的"无后效性"特性。具有"无后效性"的随机过程称为马尔可夫过程。

定义 4.1 设随机过程 $\{X(t), t \in T\}$，若 $\forall t_0 < t_1 < \cdots < t_n < t_{n+1} \in T$，有

$$P[X(t_{n+1}) \leqslant x_{n+1} | X(t_0) = x_0, X(t_1) = x_1, \cdots, X(t_n) = x_n]$$
$$= P[X(t_{n+1}) \leqslant x_{n+1} | X(t_n) = x_n] \tag{4.1.1}$$

则称该过程是**马尔可夫过程**(**Markov process**)。

式(4.1.1)刻画的这种特性称为**无后效性**或**马尔可夫性**(简称**马氏性**)。它等价于

$$F_X(x_{n+1}; t_{n+1} | x_0, x_1, \cdots, x_n; t_0, t_1, \cdots, t_n) = F_X(x_{n+1}; t_{n+1} | x_n; t_n)$$

或 $\quad f_X(x_{n+1}; t_{n+1} | x_0, x_1, \cdots, x_n; t_0, t_1, \cdots, t_n) = f_X(x_{n+1}; t_{n+1} | x_n; t_n)$

给定任意时刻 t_n，令 A 是由过程在此时刻以前的随机变量确定的事件，B 是由过程在此时刻以后的随机变量确定的事件，则马尔可夫性等价于

$$P[B | A, X(t_n) = x_n] = P[B | X(t_n) = x_n] \tag{4.1.2}$$

也就是 $\quad P[AB | X(t_n) = x_n] = P[A | X(t_n) = x_n]P[B | X(t_n) = x_n] \tag{4.1.3}$

可见，马尔可夫性的本质是：在已知"现在"的条件下，"过去"与"将来"是独立的。或者说，"过去"对于"将来"没有直接影响，无后效性因此而得名。

按照参数(时间)集 T 与状态空间 E 的不同，马尔可夫过程分类如表 4.1.1 所示。

离散(时间)参数与离散取值的马尔可夫过程简称为马尔可夫链，它是这种过程中最基本的构成部分和经典的研究内容。下面主要对它予以详细讨论。

表 4.1.1 马尔可夫过程分类

参数取值 状态取值	离　散	连　续
离散	马尔可夫链(例如：随机游走过程)	连续参数马尔可夫链(例如：泊松过程)
连续	连续取值马尔可夫序列	连续参数马尔可夫过程(例如：布朗运动)

4.1.2　马尔可夫链

考虑离散时间集，记为 $T = N_0 = \{0,1,2,\cdots\}$，取值状态空间为有限或无限可数集，记为 $E = \{\cdots,-1,0,1,2,\cdots\}$。$X(n)$ 还常简记为 X_n，本章中两个符号是等同的。

定义 4.2　设随机序列 $\{X_n, n=0,1,2,\cdots\}$ 的状态空间 E 为可数集，若 $\forall i_0, i_1, \cdots, i_n, i_{n+1} \in E$，有

$$P(X_{n+1} = i_{n+1} | X_0 = i_0, X_1 = i_1, \cdots, X_n = i_n) = P(X_{n+1} = i_{n+1} | X_n = i_n) \tag{4.1.4}$$

则称该序列是**离散时间马尔可夫链**（**Markov chain**），简称马尔可夫链。

为了直观地理解马尔可夫性，设想一质点做一维随机运动的情形：考虑质点被约束在某条直线内且只能停留在整数格点处，以 $\{X_n = i\}$ 表示在 n 时刻质点位于 i 位置这一随机事件，如果把时刻 n 看作"现在"，时刻 0，1，2，$\cdots$，$n-1$ 表示"过去"，时刻 $n+1$ 表示将来，那么式 (4.1.4) 表明：此时位于 i 的质点将来会出现在哪里与它过去曾经在哪些位置停留过没有关系。简言之，"将来完全由现在决定，与过去无关"。

例 4.1（独立随机变量和的序列）　设 $\{Z_n, n=1,2,3,\cdots\}$ 是独立随机序列，试说明随机序列 $\{X_n = \sum_{i=1}^{n} Z_i, n=1,2,3,\cdots\}$ 是马尔可夫过程。

解： 任取正整数 n 与可能取值 $x_1, x_2, \cdots, x_n, x_{n+1}$，有

$$P(X_{n+1} = x_{n+1} | X_1 = x_1, \cdots, X_n = x_n) = P(X_n + Z_{n+1} = x_{n+1} | X_1 = x_1, \cdots, X_n = x_n)$$
$$= P(x_n + Z_{n+1} = x_{n+1} | X_1 = x_1, \cdots, X_n = x_n)$$

易见，$X_1, X_2, \cdots, X_n$ 与 Z_{n+1} 独立。因此

$$P(X_{n+1} = x_{n+1} | X_1 = x_1, \cdots, X_n = x_n) = P(x_n + Z_{n+1} = x_{n+1})$$
$$= P(X_{n+1} = x_{n+1} | X_n = x_n)$$

所以，X_n 是马尔可夫过程。若 Z_n 取值离散，则 X_n 是马尔可夫链。

可见，独立过程、独立增量过程都是马尔可夫过程。例如，随机游动过程、布朗运动与泊松过程是马尔可夫过程。

由上例还容易推广得出：设 $\{Z_n, n=1,2,3,\cdots\}$ 是取值空间为 E 的独立随机序列，给定 $f: E \times E \to E$，则 $\{X_n = f(X_{n-1}, Z_n), n=0,1,2,\cdots\}$ 是马尔可夫链。

例 4.2　考虑 Polya 罐模型，设罐中有 r 个红球与 b 个黑球，每次随机取出一个后放回，并再加入 c 个同色球。如此反复下去。针对该随机抽球模型的动态过程，记 X_n 为第 n 次放回后罐中黑球的个数。试讨论 $\{X_n, n=0,1,2,\cdots\}$ 的马尔可夫性。

解： 显然，每次放回后，罐中球会增加 c 个，而黑球可能增加，也可能不变。记 A 为时刻 n 以前的某个随机变量事件。由于

$$P[X_{n+1} = j \mid A, X_n = i] = \begin{cases} \dfrac{i}{r + b + nc}, & j = i + c \\[2mm] 1 - \dfrac{i}{r + b + nc}, & j = i \\[2mm] 0, & 其他 \end{cases}$$

与 A 无关，可见 $\{X_n, n = 0,1,2,\cdots\}$ 是马尔可夫链。

4.1.3 转移概率、C-K 方程与概率分布

研究马尔可夫链，首先关注序列随 n 推进过程中前后时刻随机变量的条件概率，称为转移概率，定义如下：

定义 4.3 $\forall i, j \in E$，条件概率

$$p_{ij}(n,m) = P(X_m = j \mid X_n = i), \quad m \geqslant n \tag{4.1.5}$$

称为从 n 时刻到 m 时刻的**转移概率**（**Transition probability**）。（无穷）矩阵

$$
\begin{aligned}
\boldsymbol{P}(n,m) &= (p_{ij}(n,m))_{i,j \in E} \\
&= \begin{bmatrix}
\cdots & \cdots & \cdots & \cdots & \cdots \\
\cdots & p_{00}(n,m) & p_{01}(n,m) & p_{02}(n,m) & \cdots \\
\cdots & p_{10}(n,m) & p_{11}(n,m) & p_{12}(n,m) & \cdots \\
\cdots & p_{20}(n,m) & p_{21}(n,m) & p_{22}(n,m) & \cdots \\
\cdots & \cdots & \cdots & \cdots & \cdots
\end{bmatrix}
\end{aligned}
\tag{4.1.6}
$$

称为 n 时刻到 m 时刻的**概率转移矩阵**（**Transition probability matrix**），简称**转移矩阵**。

定义中规定 $m \geqslant n$。当 $m = n$ 时，约定，$p_{ij}(n,n) = \begin{cases} 1, & i = j \\ 0, & i \neq j \end{cases}$，即 $\boldsymbol{P}(n,n) = \boldsymbol{I}$（无穷单位阵）。

定义 4.4 称矩阵 $\boldsymbol{A} = (a_{ij})_{E \times E}$ 是**随机矩阵**，若：（1）所有元素非负，即 $a_{ij} \geqslant 0$，$i, j \in E$；（2）每一行元素的和为 1，即 $\forall i$，$\sum\limits_{j \in E} a_{ij} = 1$。

显然，转移矩阵 $\boldsymbol{P}(n,m)$ 是随机矩阵。

定理 4.1（查普曼–柯尔莫哥洛夫方程） 对于 $\forall m \geqslant r \geqslant n$，转移矩阵满足

$$\boldsymbol{P}(n,m) = \boldsymbol{P}(n,r)\boldsymbol{P}(r,m) \tag{4.1.7}$$

或者写为分量形式

$$p_{ij}(n,m) = \sum_{k \in E} p_{ik}(n,r) p_{kj}(r,m) \tag{4.1.8}$$

证明： 利用概率乘法公式及马尔可夫性可得

$$
\begin{aligned}
P(X_m = j, X_r = k \mid X_n = i) &= P(X_m = j \mid X_r = k, X_n = i) P(X_r = k \mid X_n = i) \\
&= P(X_m = j \mid X_r = k) P(X_r = k \mid X_n = i)
\end{aligned}
$$

又由全概率公式可得

$$
\begin{aligned}
P(X_m = j \mid X_n = i) &= \sum_{k \in E} P(X_m = j, X_r = k \mid X_n = i) \\
&= \sum_{k \in E} P(X_m = j \mid X_r = k) P(X_r = k \mid X_n = i)
\end{aligned}
$$

即 $p_{ij}(n,m) = \sum_{k \in E} p_{kj}(r,m) p_{ik}(n,r)$，这正是方程的结论。（证毕）

查普曼-柯尔莫哥洛夫（Chapman-Kolmogorov）方程，简称 **C-K 方程**，其直观含义如图 4.1.1 所示。

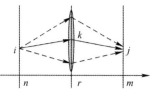

图 4.1.1　状态转移图

定义 4.5 $\forall i \in E$，$\pi_i(n) = P(X_n = i)$ 称为 Markov 链在 n 时刻（取状态 i 的）**绝对概率**，行向量 $\boldsymbol{\pi}(n) = (\cdots, \pi_1(n), \pi_2(n), \cdots)$ 称为 n 时刻的**概率分布（向量）**。当 $n = 0$ 时，称 $\boldsymbol{\pi}(0)$ 为**初始分布**。

已知 n 时刻的绝对概率后，$m \geqslant n$ 时刻的绝对概率可由全概率公式求出

$$P(X_m = j) = \sum_{i \in E} P(X_m = j | X_n = i) P(X_n = i)$$

即

$$\pi_j(m) = \sum_{i \in E} \pi_i(n) p_{ij}(n,m)$$

写成向量形式为

$$\boldsymbol{\pi}(m) = \boldsymbol{\pi}(n) \boldsymbol{P}(n,m) \tag{4.1.9}$$

4.1.4　齐次马尔可夫链

转移矩阵中，最为基本的是 $\boldsymbol{P}(n,n+1)$，称为 n 时刻的**一步（One step）转移矩阵**；相应的 $p_{ij}(n,n+1)$ 称为 n 时刻的**一步转移概率**。当它们与 n 无关时，该马尔可夫链在所有时刻上的转移特性是完全相同的，这样的随机过程是非常特殊与重要的。

定义 4.6 若概率转移矩阵 $\boldsymbol{P}(n,n+1)$ 与时刻 n 无关，称马尔可夫链是**齐次的或时齐的（Homogenous）**。相应的（一步）转移矩阵与转移概率分别简记为 $\boldsymbol{P}$ 与 p_{ij}，其中 $\boldsymbol{P} = (p_{ij})_{i,j \in E}$

比如，例题 4.1 中，如果序列 $\{Z_n, n = 1, 2, 3, \cdots\}$ 是独立同分布与离散取值的，则和序列 $\{X_n = \sum_{i=1}^{n} Z_i, n = 1, 2, 3, \cdots\}$ 是马尔可夫链，且为齐次的；而例题 4.2 的马尔可夫链显然是非齐次的。仍然以质点在某直线的整数格点上做随机运动的情形来考虑，转移概率 p_{ij} 表示位于位置 i 的质点下一步转移到 j 的可能性，而齐次特性表明在所有时刻上质点的转移特性是相同的，与时间无关。

容易想象，齐次链的 k 步转移矩阵 $\boldsymbol{P}(n,n+k)$ 也与绝对时刻无关，而只与步数有关，这点可由 C-K 方程得出

$$\boldsymbol{P}(n,n+k) = \boldsymbol{P}(n,n+1) \boldsymbol{P}(n+1,n+2) \cdots \boldsymbol{P}(n+k-1,n+k) = \boldsymbol{P}^k$$

k 步转移矩阵与转移概率分别简记为

$$\boldsymbol{P}^{(k)} = \boldsymbol{P}(n,n+k) \quad \text{与} \quad p_{ij}^{(k)} = p_{ij}(n,n+k) \tag{4.1.10}$$

显然，$\boldsymbol{P}^{(k)} = \boldsymbol{P}^k$ 是随机矩阵，而且，$\boldsymbol{P}^{(0)} = \boldsymbol{I}$ 与 $\boldsymbol{P}^{(1)} = \boldsymbol{P}$。

定理 4.2 齐次马尔可夫链满足：

（1）$\boldsymbol{P}^{(m+n)} = \boldsymbol{P}^{(m)} \boldsymbol{P}^{(n)} = \boldsymbol{P}^{m+n}$ （4.1.11）

（2）$\boldsymbol{\pi}(n) = \boldsymbol{\pi}(n-1) \boldsymbol{P} = \boldsymbol{\pi}(0) \boldsymbol{P}^n$ （4.1.12）

定理 4.3 $\forall n$ 与 $i_0, i_1, \cdots, i_n \in E$，齐次马尔可夫链的任意有限状态的联合概率为

$$P(X_0 = i_0, X_1 = i_1, \cdots, X_n = i_n) = \pi_{i_0}(0) p_{i_0 i_1} p_{i_1 i_2} \cdots p_{i_{n-1} i_n} \tag{4.1.13}$$

证明： 利用链式法则及马尔可夫性可得

$$P(X_0 = i_0, X_1 = i_1, \cdots, X_n = i_n)$$
$$= P(X_0 = i_0)P(X_1 = i_1 \mid X_0 = i_0)P(X_2 = i_2 \mid X_1 = i_1, X_0 = i_0) \times \cdots \times$$
$$\qquad P(X_n = i_n \mid X_0 = i_0, \cdots, X_{n-1} = i_{n-1})$$
$$= P(X_0 = i_0)P(X_1 = i_1 \mid X_0 = i_0)P(X_2 = i_2 \mid X_1 = i_1) \cdots P(X_n = i_n \mid X_{n-1} = i_{n-1})$$
$$= \pi_{i_0}(0) p_{i_0 i_1} p_{i_1 i_2} \cdots p_{i_{n-1} i_n}$$

(证毕)

显然，（一步）转移矩阵 $\boldsymbol{P}$ 是描述齐次马尔可夫链的基本参数，结合初始分布 $\boldsymbol{\pi}(0)$，可以完全确定该过程的全部统计特性。

除特别声明外，本书以下考虑的马尔可夫链都是齐次的。

例 4.3 设齐次马尔可夫链 $\{X_n, n \geq 0\}$ 的状态空间为 $E = \{1, 2, 3\}$，初始为等概分布，一步转移概率矩阵为

$$\boldsymbol{P} = \begin{bmatrix} 1/4 & 3/4 & 0 \\ 1/4 & 1/2 & 1/4 \\ 0 & 3/4 & 1/4 \end{bmatrix}$$

试求：（1）$p_{12}^{(2)}$ 与 $p_{31}^{(2)}$；（2）$P[X_0 = 1, X_1 = 2, X_3 = 3]$；（3）$P[X_2 = 2, X_1 \neq 2 \mid X_0 = 3]$。

解： $\boldsymbol{P}^{(2)} = \boldsymbol{P}^2 = \begin{bmatrix} 1/4 & 3/4 & 0 \\ 1/4 & 1/2 & 1/4 \\ 0 & 3/4 & 1/4 \end{bmatrix} \begin{bmatrix} 1/4 & 3/4 & 0 \\ 1/4 & 1/2 & 1/4 \\ 0 & 3/4 & 1/4 \end{bmatrix} = \begin{bmatrix} 4/16 & 9/16 & 3/16 \\ 3/16 & 10/16 & 3/16 \\ 3/16 & 9/16 & 4/16 \end{bmatrix}$

于是，$p_{12}^{(2)} = 9/16$，$p_{31}^{(2)} = 3/16$。

（2）由式（4.1.13），$P[X_0 = 1, X_1 = 2, X_3 = 3] = \pi_1(0) p_{12} p_{23} = \dfrac{1}{3} \times \dfrac{3}{4} \times \dfrac{3}{16} = \dfrac{3}{64}$

（3）$P[X_2 = 2, X_1 \neq 2 \mid X_0 = 3] = P[X_2 = 2 \mid X_0 = 3] - P[X_2 = 2, X_1 = 2 \mid X_0 = 3]$

$$= p_{32}^{(2)} - p_{32} p_{22} = \dfrac{9}{16} - \dfrac{3}{4} \times \dfrac{1}{2} = \dfrac{3}{16}$$

例 4.4（品牌动态选择） 考虑某地区市场上共有四种饮料品牌，编号为 0，1，2，3。记 X_0 为顾客最初购买饮料的品牌编号，$X_1, X_2, \cdots$ 为顾客后来购买的品牌编号，假定顾客初次购买某种饮料是等可能的，并简单认为顾客购买的行为特性长期稳定，他们购买某种饮料时主要取决于最近一次购买的感受，这样 $\{X_n, n \geq 0\}$ 可以近似为齐次马尔可夫链。若通过市场调查得到其转移概率矩阵为

$$\boldsymbol{P} = \begin{bmatrix} 0.85 & 0.05 & 0.03 & 0.07 \\ 0.10 & 0.80 & 0.07 & 0.03 \\ 0.08 & 0.12 & 0.78 & 0.02 \\ 0.10 & 0.11 & 0.11 & 0.68 \end{bmatrix}$$

试求：（1）两轮购买以后顾客对四种饮料的购买意愿概率分布；

（2）30 与 100 轮购买以后顾客对四种饮料的购买意愿概率分布。

解：（1）记第 n 轮购买时顾客对四种饮料的意愿概率分布向量为 $\boldsymbol{\pi}(n)$。由题意，$\boldsymbol{\pi}(0) = [0.25, 0.25, 0.25, 0.25]$，而第 2 轮后的购买意愿概率分布为 $\boldsymbol{\pi}(2) = \boldsymbol{\pi}(0)\boldsymbol{P}^2$，借助计算软件，容易算出，$\boldsymbol{\pi}(2) = [0.307, 0.282, 0.242, 0.169]$；

（2）仿上，第 30 轮后，$\boldsymbol{\pi}(30) = \boldsymbol{\pi}(0)\boldsymbol{P}^{30}$，可算出，$\boldsymbol{\pi}(30) = [0.383, 0.287, 0.206, 0.124]$；

以及第 100 轮后，$\pi(100)=\pi(0)P^{100}$，可算出，$\pi(100)=[0.384,0.287,0.205,0.124]$。可见 30 轮以后，购买意愿的概率分布几乎稳定不变。

上面例题讨论了某位普通顾客的饮料购买意愿情况，一般而言，它可以作为这几种饮料品牌的市场普遍认可程度。尽管比较粗略，例题探讨了市场中品牌选择的动态演化过程。其结果反映了该动态过程逐步趋于稳定的情形，这是实际问题中的典型情况。

4.1.5 举例

例 4.5（一维随机游动或随机徘徊（**1-D Random Walk**）） 设一质点在直线上做随机游动，每隔一个单位时间随机地向左、向右移动一步或原地不动，每次运动是彼此独立同分布的。质点在 k 时刻的运动用独立同分布序列 $\{Z_k, k=1,2,\cdots\}$ 表示，其取值为 $\{+1,0,-1\}$，不妨设相应的取值概率为 (p,r,q)，$p+r+q=1$。考虑质点初始时刻位于原点，则 n 时刻的位置为，$X_n=\sum_{k=1}^{n}Z_k$，$X_0=0$。

由于 X_n 是独立增量和的序列，因此，它是马尔可夫链。又因其运动特性沿时刻是独立同分布的，该过程是齐次的。易见，它的(一步)转移概率矩阵为

$$P=\begin{bmatrix} \cdots & & & & & & & & \\ \cdots & 0 & q & r & p & 0 & 0 & 0 & \cdots \\ \cdots & 0 & 0 & q & r & p & 0 & 0 & \cdots \\ \cdots & 0 & 0 & 0 & q & r & p & 0 & 0 & \cdots \\ \cdots & 0 & 0 & 0 & 0 & q & r & p & 0 & \cdots \\ \cdots & & & & & & & & \end{bmatrix}$$

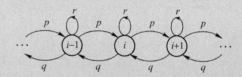

图 4.1.2 无限制（自由）随机游动的状态转移图

马尔可夫链的特性还可以用**状态转移图**简洁直观地表示出来，如图 4.1.2 所示。图中用包含状态值的圆圈表示状态，带数值的箭头弧线表示可能的转移及其概率。

随机游走是一种简单而用途广泛的数学模型。当 Z_n 只取 $\{+1,-1\}$ 时，称 X_n 为**简单随机游动**。这时，$r=P[Z_n=0]=0$。进而，当 $p=q=1/2$ 时，称 X_n 为**对称的随机游动**。

显然，X_n 的取值可能向正/负方向无限增长，这种随机游走也被称为**无限制的**或**自由的**。随机游走还有下面几种常见形式。

（1）两端为吸收壁的随机游走：转移概率矩阵为(以 5 个状态为例)

$$P=\begin{bmatrix} 1 & 0 & 0 & 0 & 0 \\ q & 0 & p & 0 & 0 \\ 0 & q & 0 & p & 0 \\ 0 & 0 & q & 0 & p \\ 0 & 0 & 0 & 0 & 1 \end{bmatrix}$$

状态转移图如图 4.1.3(a)所示。质点运动到两端的状态后，将永远留在那里，这样的状态形象地称为**吸收壁**。

两端为吸收壁的随机游走可以作为 A 与 B 赌博的简单模型：X_n 表示 A 赢钱数，初始状态为 $X_n=0$，到达右边的吸收壁则 A 赢走了 B 全部的钱，游戏结束；到达左边的吸收壁则 A 输光了自己的本钱，游戏也结束。

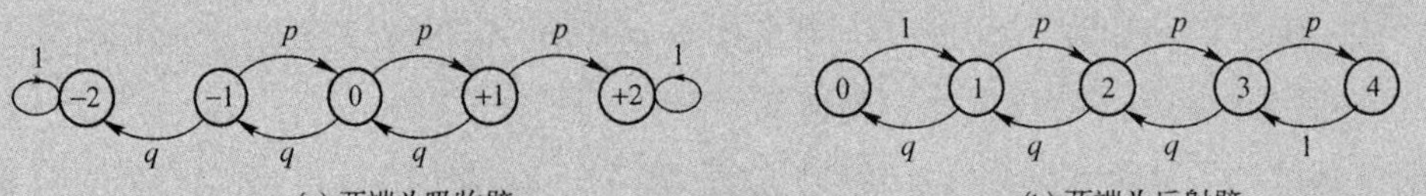

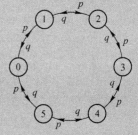

$$(a) \text{两端为吸收壁} \qquad (b) \text{两端为反射壁}$$

图 4.1.3　带吸收壁或反射壁的随机游动的状态转移图

（2）两端为反射壁的随机游走：转移概率矩阵为（以 5 个状态为例）

$$P = \begin{bmatrix} 0 & 1 & 0 & 0 & 0 \\ q & 0 & p & 0 & 0 \\ 0 & q & 0 & p & 0 \\ 0 & 0 & q & 0 & p \\ 0 & 0 & 0 & 1 & 0 \end{bmatrix}$$

状态转移图如图 4.1.3(b) 所示。质点运动到两端的状态后，将必定返回相邻状态，这样的状态形象地称为**反射壁**。

（3）两端为弹性壁的随机游走：转移概率矩阵为（以 5 个状态为例）

$$P = \begin{bmatrix} q & p & 0 & 0 & 0 \\ q & 0 & p & 0 & 0 \\ 0 & q & 0 & p & 0 \\ 0 & 0 & q & 0 & p \\ 0 & 0 & 0 & q & p \end{bmatrix}$$

质点运动到两端的状态后，将按一定的概率返回相邻状态，这样的状态形象地称为**弹性壁**。

（4）环形随机游走：转移概率矩阵为（以 6 个状态为例）

$$P = \begin{bmatrix} 0 & p & 0 & 0 & 0 & q \\ q & 0 & p & 0 & 0 & 0 \\ 0 & q & 0 & p & 0 & 0 \\ 0 & 0 & q & 0 & p & 0 \\ 0 & 0 & 0 & q & 0 & p \\ p & 0 & 0 & 0 & q & 0 \end{bmatrix}$$

图 4.1.4　环形随机游动的状态转移示意图

状态转移图如图 4.1.4 所示。质点在环线上前后运动。

例 4.6（成功逃脱）　考虑微粒沿一直线方向脱离原点位置的一维随机游动情形。其中，微粒每次以概率 p 远离原点一步；或以概率 $q=1-p$ 返回（"被捕回"）原点处。$\{X_n, n \geqslant 0\}$ 表示 n 时刻微粒的位置，它是一个齐次马尔可夫链。转移概率为

$$p_{ij} = \begin{cases} p, & j = i+1 \\ q, & j = 0 \\ 0, & \text{其他} \end{cases}$$

相应的转移概率矩阵为　$P = \begin{bmatrix} q & p & 0 & 0 & \cdots \\ q & 0 & p & 0 & \cdots \\ q & 0 & 0 & p & \cdots \\ \cdots & \cdots & \cdots & \cdots \end{bmatrix}$

状态转移图如图 4.1.5。

更一般地，可以令每位置上的"逃离"与"捕回"概率不同，即

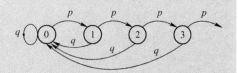

图 4.1.5　成功逃脱的状态转移图

$$p_{ij} = \begin{cases} p_i, & j = i+1 \\ q_i, & j = 0 \\ 0, & \text{其他} \end{cases}$$

例 4.7（二进制通信信道）　设基本的二进制信道如图 4.1.6(a)所示。其中，X_n 为信道输入，X_{n+1} 为信道输出，它们都是二元的(即二值的)，α 与 β 是信道的错误概率。实际的长距离信道常常是多个这样的信道的级联，如图 4.1.6(b)所示，其中各节基本信道相同且彼此独立。

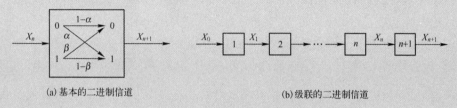

(a)基本的二进制信道　　　　　　　　　(b)级联的二进制信道

图 4.1.6　二进制通信信道

各级信道的输出只依赖于其输入与本级信道特性，而各级信道特性是独立同分布的。所以，二元数据序列 $\{X_n, n = 0, 1, 2, \cdots\}$ 是只有两个状态的齐次马尔可夫链。由图 4.1.6(a)，各转移概率为

$$p_{00} = P(X_{n+1} = 0 | X_n = 0) = 1 - \alpha, \qquad p_{01} = P(X_{n+1} = 1 | X_n = 0) = \alpha$$
$$p_{10} = P(X_{n+1} = 0 | X_n = 1) = \beta, \qquad p_{11} = P(X_{n+1} = 1 | X_n = 1) = 1 - \beta$$

即该链的转移概率矩阵

$$\boldsymbol{P} = \begin{bmatrix} p_{00} & p_{01} \\ p_{10} & p_{11} \end{bmatrix} = \begin{bmatrix} 1-\alpha & \alpha \\ \beta & 1-\beta \end{bmatrix}$$

一般而言，$0 < \alpha, \beta < 1$，这时，它可被看作只有两个弹性壁的随机游走。

例 4.8［艾伦费斯特(Ehrenfest)扩散模型(非均匀随机游动)］齐次马尔可夫链 $\{X_n, n \geq 0\}$ 有 $(2a+1)$ 个状态，$E = \{-a, -a+1, \cdots, 0, 1, \cdots, +a\}$，转移概率为

$$\begin{cases} p_{i,i+1} = \dfrac{1}{2}\left(1 - \dfrac{i}{a}\right), \ p_{i,i-1} = \dfrac{1}{2}\left(1 + \dfrac{i}{a}\right), & i \in E, \ \text{但} i \neq \pm a \\ p_{a,a-1} = 1, \ p_{-a,-a+1} = 1, & i = \pm a \\ p_{i,j} = 0, & \text{其他} \end{cases}$$

即转移概率矩阵为(以 $a = 3$ 为例，$\dfrac{1}{2a} = \dfrac{1}{6}$)

$$\boldsymbol{P} = \begin{bmatrix} 0 & 1 & & & & & \\ 1/6 & 0 & 5/6 & & \mathbf{0} & & \\ & 2/6 & 0 & 4/6 & & & \\ & & 3/6 & 0 & 3/6 & & \\ & & & 4/6 & 0 & 2/6 & \\ & \mathbf{0} & & & 5/6 & 0 & 1/6 \\ & & & & & 1 & 0 \end{bmatrix}$$

这是一个两端为反射壁的非均匀随机游动，其概率配置左右对称，并构成一种向中心游动的趋势。艾伦菲斯特模型可作为许多物理现象的数学模型，例如：

（1）容器中有 $2a$ 个粒子，中央安置薄膜(或界面)将其分为 A 与 B 两部分。每次只有一个粒子越过界面进入另一部分空间。令 X_n 为 n 时刻 A 与 B 两部分中粒子数目之差值，则常认为 X_n 是具有上面转移概率的马尔可夫链，这种概率特性保证了容器中的粒子维持动态平衡。

（2）两同等规模的城市 A 与 B 之间的人口迁移问题，迁移活动类似于容器中粒子越过中央界面的情况。用 X_n 表示两城市间人口的差异。

（3）直线上随机游动的质点，受指向中心的"弹簧力"的作用，弹力的大小与偏离中心的距离成正比，用 X_n 表示 n 时刻质点的位置。

（4）口袋中有总共 $2a$ 个红球或黑球，每次随机摸出 1 个，若摸到红球则返还 1 个黑球；摸到黑球则返还 1 个红球。用 X_n 表示 n 时刻红球与黑球数量的差值。

例 4.9（货仓存货问题）　考察容量为 N，初始为空仓的运货仓库。设每天进货数目 $\{Y_n, n \geqslant 1\}$ 是独立同分布的随机序列，Y_n 取值为 $\{1, 2, \cdots, N\}$，概率分别为 $\{a_1, a_2, \cdots, a_N\}$，其中，$\sum_{i=1}^{N} a_i = 1$。每当货物达到 N 件，则将 N 件货物打包发运。令 $\{X_n, n \geqslant 1\}$ 为第 n 天下班时货仓的存货件数。易见

$$X_n = \begin{cases} X_{n-1} + Y_n, & 0 < Y_n < N - X_{n-1} \\ X_{n-1} + Y_n - N, & N - X_{n-1} \leqslant Y_n \leqslant N \end{cases}$$

转移概率为
$$p_{ij}(n-1, n) = P[X_n = j \mid X_{n-1} = i]$$

$$= \begin{cases} P[Y_n = j - i], & 0 < j - i < N - i \\ P[Y_n = j - i + N], & N - i \leqslant j - i + N \leqslant N \end{cases}$$

$$= \begin{cases} a_{j-i}, & 0 \leqslant i < j < N \\ a_{N+j-i}, & 0 \leqslant j \leqslant i < N \end{cases}$$

该概率与时刻 n 无关，于是 $\{X_n\}$ 为齐次马尔可夫链。

类似地，考虑传输设备中长度为 N 的发送缓冲区 Txbuf。每当有 N 个数据就绪，则将它们打包发送。假设每单位时间中提交至 Txbuf 的数据量为独立同分布随机变量，特性如上面 $\{Y_n\}$，则第 n 单位时间末尾时 Txbuf 中的数据量可仿上用 $\{X_n\}$ 表示。

再考虑一种顾客排队等待服务的情形。在第 n 服务周期，达到的顾客数为 Y_n（不一定限制在 N 以内），每个周期内可以服务 1 至 N 位顾客(有 N 位服务人员)，则各周期开始时排队的长度(等待服务的顾客数)可用 $\{X_n\}$ 表示。

例 4.10（分支过程）　考虑一个具有繁衍能力的群体的衍变过程。假如每个个体可以产生 Y 个下一代，其中 Y 是取非负整数值的随机变量。记 $P(Y = k) = a_k$，$k \geqslant 0$，$\sum_k a_k = 1$。设任何一代的各个个体产生下一代的数目是独立同分布的，而且，不同代的个体产生下一代的数目也是彼此独立同分布的。

令 $\{X_n, n \geqslant 0\}$ 表示群体第 n 代的个体数目，易知

$$X_{n+1} = Y_1 + Y_2 + \cdots + Y_{X_n} = \sum_{i=1}^{X_n} Y_i$$

其中，Y_i 是第 n 代的第 i 个个体产生的下一代的数目。显然 X_{n+1} 只依赖于 X_n 的值，而与 $X_{n-1}, X_{n-2}, \cdots$ 无关，因此，$\{X_n\}$ 是马尔可夫链，其转移概率为

$$p_{ij}(n,n+1) = P[X_{n+1}=j \mid X_n=i] = P[Y_1+Y_2+\cdots Y_i]$$

它与 n 无关，所以，$\{X_n\}$ 是齐次链。

计算 p_{ij} 可以借助 Y_i 的概率母函数，$\psi_Y(z) = \sum_{k=0}^{\infty} a_k z^k$，而

$$\psi_{Y_1+Y_2+\cdots+Y_i}(z) = \prod_{k=1}^{i} \psi_{Y_k}(z) = \psi_Y^i(z)$$

因此，$p_{ij} = \dfrac{1}{j!}\left[\dfrac{\mathrm{d}^j}{\mathrm{d}z^j}\psi_Y^i(z)\right]_{z=0}$。

"$X_n=0$" 意味着群体在第 n 代不复存在。人们通过研究 $\lim_{n\to\infty} P(X_n=0)$ 的问题可以探究群体在什么情况下将会最终灭绝。1873 年，高顿(Galton)首先针对家族姓氏的演进问题对此开展了研究。在这样的简化模型下，可以得出的宏观结论是：一个群体要么灭绝，要么将无限增长。

分支过程常常应用于生物种群繁育、核链式反应、基因突变等诸多研究领域。

4.2　状态特性与分类

动态系统的发展过程是其状态之间的转换过程。从前面的基本例子我们看到，一些状态之间彼此关联互通，而另一些状态去而不返。因此，要了解马尔可夫链的特性，需要研究状态间的关系与各自的特点。

4.2.1　可达、可通与首达

显然，状态之间最为基本的关系为"是否能够到达"与"是否彼此互通"。

定义 4.7　$\forall i, j \in E$，若存在正整数 k 使 $p_{ij}^{(k)}>0$，则称自状态 i 出发**可达**状态 j，记为 $i \to j$；否则，称状态 i **不可达**状态 j，记为 $i \nrightarrow j$。若 $i \to j$ 且 $i \leftarrow j$，则称状态 i 和状态 j **互通**，记为 $i \leftrightarrow j$。

当 $i \to j$ 时，从状态 i 出发经过一定步数后能到达状态 j，而且还可能多次到达状态 j。考察例 4.5 中两端具有吸收壁的随机游走，从状态转移图 4.1.3(a) 容易直观地看出状态间可达与互通的情况。比如，$0 \leftrightarrow 1$，$-1 \leftrightarrow 1$ 等。而状态 2 是具有特殊性的吸收态，这表现为 $1 \to 2$，但 $2 \nrightarrow 1$。容易觉察到，状态 2 是独特的，且状态-2 也是独特的；然而状态-1、0 与+1 又是另外一种特性。还有，可达与互通性是有趣的，特别是，互通的状态彼此联系在一起，使它们似乎具有类似的特性。

再次考察例 4.5 两端具有吸收壁的随机游走，其状态 X_n 随 n 的演进过程可用如图 4.2.1 所示的另一种图形展开描述，这种图称为**篱笆图**。图中示出了从 $X_0 = -1$ 出发的几条前进路线，注意它们是如何途经状态 1 的。

（1）路线 1：仅在时刻 2 到达状态 1；

（2）路线 2：依次在时刻 2,4,6, …到达状态 1；

（3）路线 3：依次在时刻 4,5, …到达状态 1；

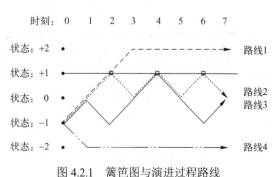

图 4.2.1　篱笆图与演进过程路线

（4）路线 4：永远不会到达状态 1。

可以发现，同样是从 $X_0 = -1$ 出发，首次到达状态 1 的时间(步数)因具体路线而不同。由于路线是随机的，因此首次到达时间也是随机的。"首次到达"与可达密切关联，并且是更为深刻与重要的数学概念。

定义 4.8 从状态 i 出发在 $n \geqslant 1$ 时刻首次到达状态 j 的时间，简称为**首达时间**，记为

$$T_{ij} = \min(n : n \geqslant 1, X_0 = i, X_n = j) \tag{4.2.1}$$

若右边为空集，则令 $T_{ij} = \infty$。当 T_{ij} 有限时，相应的概率称为**首达概率**，记为

$$f_{ij}^{(n)} = P(T_{ij} = n \mid X_0 = i) = P(X_n = j, X_k \neq j, 1 \leqslant k \leqslant n-1 \mid X_0 = i) \tag{4.2.2}$$

令 $f_{ij} = \sum\limits_{n=1}^{+\infty} f_{ij}^{(n)}$，表示从状态 i 出发后，在所有有限时间内可到达状态 j 的概率，称为**迟早到达状态 j 的概率**。又令

$$f_{ij}^{(\infty)} = P\left\{T_{ij} = +\infty \mid X_0 = i\right\} = 1 - f_{ij}$$

表示从状态 i 出发能够避开状态 j 的概率。

显然，$f_{ij}^{(1)} = p_{ij}$。而且，从物理意义上易见，"迟早到达"与"可否到达"是必然对应的，于是有以下性质。

性质 1 $\forall i, j \in E$,则

（1）$i \to j$ 的充要条件：$f_{ij} > 0$

（2）$i \leftrightarrow j$ 的充要条件：$f_{ij} > 0$ 且 $f_{ji} > 0$

例 4.11 针对例 4.5 中的两端具有吸收壁的随机游走，考察 $i = -1, j = 1$ 时的首达时间与有关概率。

解：结合图 4.1.3(a)分析从状态 -1 到状态 1 的各种路径,易见，首达时间的取值空间为 $T_{-1,1} = \{2, 4, 6, \cdots\}$，并且

$$
\begin{aligned}
&f_{-1,1}^{(1)} = 0 && f_{-1,1}^{(2)} = p \times p = p^2 \\
&f_{-1,1}^{(3)} = 0 && f_{-1,1}^{(4)} = p \times q \times p \times p = pq \times p^2 \\
&\cdots
\end{aligned}
$$

于是

$$f_{-1,1} = \sum_{n=1}^{+\infty} f_{-1,1}^{(n)} = p^2[1 + pq + (pq)^2 + \cdots] = \frac{p^2}{1 - pq}$$

$$f_{-1,1}^{(\infty)} = 1 - f_{-1,1} = \frac{1 - pq - p^2}{1 - pq} = \frac{q}{1 - pq}$$

"首达"的概念似乎比"可达"更为抽象与难以捉摸，其实，它同时兼顾到达与到达需要的具体步数，因而具有更加深刻的意义。借助首达可以对状态的转移开展深入的分析：考虑从状态 i 出发经 n 步到达状态 j 的情形，其路线可能多种多样，但总是由"途中"首先到达 j，而后再回到 j 的各种路线组成。注意，这些路线彼此不重叠，因为它们的首达时间是不同的，这样就构建了一组基于首达时间的完备划分集合。于是，运用全概率公式，便可得到下面的定理。

定理 4.4（首达分解定理） $\forall i, j \in E$，$n \geqslant 1$，有

$$p_{ij}^{(n)} = \sum_{k=1}^{n} f_{ij}^{(k)} p_{jj}^{(n-k)} \tag{4.2.3}$$

证明： 由于 $\{X_n = j \mid X_0 = i\} = \bigcup_{k=1}^{n} \{X_n = j, T_{ij} = k \mid X_0 = i\}$，而且，$\forall k_1 \neq k_2 \in [1, n]$，有

$$\{X_n = j, T_{ij} = k_1 \mid X_0 = i\} \cap \{X_n = j, T_{ij} = k_2 \mid X_0 = i\} = \varnothing$$

于是

$$p_{ij}^{(n)} = \sum_{k=1}^{n} P[X_n = j, T_{ij} = k \mid X_0 = i]$$

$$= \sum_{k=1}^{n} P[X_n = j \mid T_{ij} = k, X_0 = i] P[T_{ij} = k \mid X_0 = i]$$

$$= \sum_{k=1}^{n} P[X_n = j \mid X_k = j] f_{ij}^{(k)} = \sum_{k=1}^{n} p_{jj}^{(n-k)} f_{ij}^{(k)}$$

（证毕）

首达分解定理实质上是卷和形式，但没有包含 $n = 0$ 时刻。不妨约定：$p_{ij}^{(0)} = \delta(i - j)$ 与 $f_{ij}^{(0)} = 0$。于是，$\forall n \geq 0$（包含 $n = 0$ 情形），由式 (4.2.3) 有

$$p_{ij}^{(n)} = \begin{cases} \delta(i - j), & n = 0 \\ \sum_{k=0}^{n} f_{ij}^{(k)} p_{jj}^{(n-k)}, & n \neq 0 \end{cases} = \delta(i - j)\delta(n) + \sum_{k=0}^{n} f_{ij}^{(k)} p_{jj}^{(n-k)} \tag{4.2.4}$$

令序列 $\{p_{ij}^{(n)}, n \geq 0\}$ 与 $\{f_{ij}^{(n)}, n \geq 0\}$ 的 Z 变换为

$$P_{ij}(z) = \sum_{k=0}^{\infty} p_{ij}^{(k)} z^{-k}, \quad F_{ij}(z) = \sum_{k=0}^{\infty} f_{ij}^{(k)} z^{-k}, \quad |z| > 1 \tag{4.2.5}$$

则

$$P_{ij}(z) = \delta(i - j) + F_{ij}(z) P_{jj}(z) \tag{4.2.6}$$

4.2.2 常返态与非常返态

顾名思义，常返与非常返探讨离开某状态后能否返回与能否经常、稳定地返回的问题，这是从长时间的宏观行为上关注状态的转移特性。有一些状态，从它们离开后总能返回，再离开还能再返回，因此能经常返回；而另一些状态，从它们离开后未必会返回，而且最终一定不再返回。这两种状态显然具有不同的特性。

定义 4.9 $\forall j \in E$，$f_{jj} = 1$，称状态 j 为**常返状态**（**Recurrent state**）；否则，称状态 j 为**非常返状态、暂态或滑过态**（**Transient state**）。

下面我们探究离开状态后的返回次数情况。更为一般地，先考虑从状态 i 出发后在长时间的演进中经过状态 j 的次数，记为 N_{ij}。不妨考虑出发时刻为 0，于是

$$N_{ij} = \sum_{n=0}^{\infty} I_n(j) \mid X_0 = i \tag{4.2.7}$$

其中，$I_n(j)$ 为 n 时刻状态位于 j 的指示序列，即

$$I_n(j) = \begin{cases} 1, & X_n = j \\ 0, & X_n \neq j \end{cases} \tag{4.2.8}$$

显然，N_{ij} 是随机的，因此我们计算其均值

$$EN_{ij} = \sum_{n=0}^{\infty} E\left[I_n(j)\middle|X_0 = i\right] = \sum_{n=0}^{\infty} p_{ij}^{(n)} \tag{4.2.9}$$

下面的定理 4.5 指出：j 是常返态（"$f_{jj} = 1$"）与 "$EN_{jj} = +\infty$" 是直接对应的。可见，马尔可夫链从常返态离开后迟早以概率 1 返回，因此平均将返回无穷多次（$EN_{jj} = +\infty$）；而从暂态离开后不能以概率 1 返回，因此平均只能返回有限次（$EN_{jj} < +\infty$）。其实，由于马尔可夫性，每次返回后，马尔可夫链就"忘记了过去而重新开始"，因而若它能以概率 1 返回，那么它就必然会再次返回，进而无穷次返回。

定理 4.5 $\forall j \in E$，则：

（1）j 是常返态的充要条件是，$\displaystyle\sum_{n=0}^{\infty} p_{jj}^{(n)} = +\infty$；

（2）j 是非常返态的充要条件是，$\displaystyle\sum_{n=0}^{\infty} p_{jj}^{(n)} < +\infty$；这时必有，$\displaystyle\lim_{n\to\infty} p_{jj}^{(n)} = 0$。

证明： 对于（1）：由式(4.2.6)，令 $i = j$ 有，$P_{jj}(z) = \dfrac{1}{1 - F_{jj}(z)}$。因此

$$\sum_{n=0}^{\infty} p_{jj}^{(n)} = \lim_{z\to 1^-} P_{jj}(z) = \lim_{z\to 1^-} \frac{1}{1 - F_{jj}(z)}$$

而 $\displaystyle\lim_{z\to 1^-} F_{jj}(z) = f_{jj}$，结合定义可得定理中的两个充要条件。

对于（2）：由于 $p_{jj}^{(n)} \geqslant 0$，当 $\displaystyle\sum_{n=0}^{\infty} p_{jj}^{(n)} < +\infty$ 时，则有 $\displaystyle\lim_{n\to\infty} p_{jj}^{(n)} = 0$。（证毕）

常返态还可以细分。考虑常返态 i，由于 $f_{ii} = \displaystyle\sum_{n=1}^{+\infty} f_{ii}^{(n)} = 1$，故 $\left\{f_{ii}^{(n)}, n \geqslant 1\right\}$ 为一概率分布，于是可做以下定义。

定义 4.10 若常返态 i 的首返时间为 T_{ii}，首返概率为 $\left\{f_{ii}^{(n)}, n \geqslant 1\right\}$，称

$$\mu_i = ET_{ii} = \sum_{n=1}^{\infty} n f_{ii}^{(n)} \tag{4.2.10}$$

为平均回返时间。

定义 4.11 对于常返态 i，若 $\mu_i = \infty$，称 i 为**零常返态**（**Null recurrent state**），简称**零态**；否则称 i 为**正常返态**（**Positive recurrent state**）。

可见，常返态中有一种特殊情况，从返回花费的平均时间来看，这种状态其实还是无法返回的，应该被区分出来，故称为零常返态。其实，对于零态 j，也有 $\displaystyle\lim_{n\to\infty} p_{jj}^{(n)} = 0$，这一点类似于暂态的情况。

可以证明，互通的两个状态，必定具有相同的"返回特性"。

定理 4.6 若 $i \leftrightarrow j$，则它们同为非常返态，或同为正常返态，或同为零态。

证明略。

定理 4.7 有限状态的马尔可夫链必有正常返态，可能有暂态，但没有零常返态。

证明： 运用反证法，首先假设所有状态都是暂态，仿定理 4.5 的证明可以得到：对于任何暂态 j，$\forall i$，$\displaystyle\lim_{n\to\infty} p_{ij}^{(n)} = 0$。由此对所有状态 j 求和，则 $\displaystyle\lim_{n\to\infty} \sum_j p_{ij}^{(n)} = 0$。这导致矛盾，因为有限

状态马尔可夫链经过不断的转移后总会停留于某个状态，所以假设不能成立，即不可能都是暂态。

再假设存在某个状态是零态，后面我们将说明所有的零态构成闭集，即从零态出发后马尔可夫链将永远停留在零态之间。又对于任何零态 j，$\lim_{n\to\infty} p_{jj}^{(n)} = 0$，仿上面讨论可知这也会导致矛盾，也就是说，不可能存在零态。因此，有限状态的马尔可夫链必定有正常返态。（证毕）

常返态与暂态本是基于状态自返的特征来定义的，但可以证明，从任何可到达它们的其他状态"走向"它们的特性与其自返的特性也是类似的；即到达暂态的概率趋于 0，而到达常返态的概率为 1。于是，经过充分长的时间以后，马尔可夫链几乎不会访问它的暂态，所以，我们可以忽略它们。在实际应用中，马尔可夫链随时间的推移会集中到一组互通的常返态中，因此，人们通常只需关注它在这组状态上的运行趋势。

4.2.3 周期性

此外，我们还关注从状态 i 出发，返回 i 状态的过程是否具有周期特性，为此考察所有使 $p_{ii}^{(n)} \neq 0$ 的 n，看它们是否具有公共周期。

定义 4.12 对于状态 i，如果 $\{n : n \geqslant 1, p_{ii}^{(n)} > 0\} \neq \varnothing$，称该数集的最大公约数 d_i 为状态 i 的**周期**；如果 $d_i \neq 1$，则称状态 i 为**周期的**，否则称为**非周期的**。

非周期的正常返态在遍历性的研究中非常特别，遍历性是后面将要讨论的一个重要特性。因此，非周期的正常返态有时也具有下面的名称。

定义 4.13 非周期的正常返态称为**遍历态**。

至此，可以将马尔可夫链的状态划分为几种重要类别，如图 4.2.2 所示。

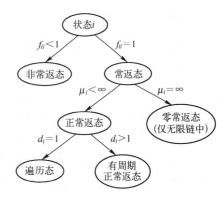

图 4.2.2　状态分类图

例 **4.12**（成功逃脱状态 0 分析）　在例 4.6 的情形中，假定 $p = q = 0.5$，试分析状态 0 的类别。

解： 首先　　$f_{00}^{(1)} = 0.5$，$f_{00}^{(2)} = 0.5^2$，$f_{00}^{(3)} = 0.5^3$，$\cdots$

于是，$f_{00} = \sum_{n=1}^{\infty} 0.5^n = 1$。又 $\mu_0 = \sum_{n=1}^{\infty} n \times 0.5^n < \infty$，因此，状态 0 是正常返态。又 $p_{00}^{(1)} = 0.5 > 0$，可见状态 0 是非周期的，所以它是遍历态。

例 **4.13**（无限制随机游动状态 0 分析）　试分析例 4.5 随机游动的状态 0 的类别。

解： 首先注意到从状态 0 出发后奇数次不能返回，即 $p_{00}^{(2n-1)} = 0$；而偶数（$2n$）次返回又必定由 n 次"进"与 n 次"退"构成，其组合形式共有 C_{2n}^n 种，于是

$$\sum_n p_{00}^{(n)} = \sum_n \frac{(2n)!}{n! n!} p^n q^n = \sum_n \frac{(2n)!}{n!(n! 2^n)} (2pq)^n = \sum_n \frac{1}{n!} \cdot \frac{1 \cdot 2 \cdot 3 \cdots 2n}{2 \cdot 4 \cdot 6 \cdots 2n} \cdot (2pq)^n$$

$$= \sum_n \frac{1}{n!} \times 1 \times 3 \times 5 \times \cdots \times (2n-1) \times (2pq)^n$$

$$= \sum_n \frac{1}{n!} \left(-\frac{1}{2} \right) \left(-\frac{3}{2} \right) \left(-\frac{5}{2} \right) \cdots \left(-\frac{2n-1}{2} \right) (-4pq)^n$$

$$= \begin{cases} (1-4pq)^{-1/2}, & p = 1-q \neq 1/2 \\ \infty, & p = q = 1/2 \end{cases}$$

于是当 $p \neq 1/2$ 时，状态 0 是非常返态；而 $p = 1/2$ 时，状态 0 是常返态，且周期为 2。

进一步推广，考虑二维平面或更高维空间中的无限制随机游动，有趣的是：二维平面上（向四个方向上）对称的随机游动的状态 0 也是周期为 2 的常返态，而非对称时是非常返态；但三维及其以上无限制随机游动的状态 0 总是非常返态。

最后，由互通性可以看出，上述随机游动中所有的状态都与状态 0 是同类别的。

4.3 状态空间分解

4.3.1 等价类

状态互通关系是一种等价关系，它满足：

（1）自反性：$i \leftrightarrow i$。因为规定，$p_{ij}^{(0)} = \delta(i-j) = \begin{cases} 1 & i = j \\ 0 & i \neq j \end{cases}$；

（2）对称性：若 $i \leftrightarrow j$，则 $j \leftrightarrow i$；

（3）传递性：若 $i \leftrightarrow j$，$j \leftrightarrow l$，则 $i \leftrightarrow l$。

自反性与对称性是明显的。关于传递性可如下证明：由于 $i \leftrightarrow j$ 与 $j \leftrightarrow l$，必然存在正整数 n 与 m，使 $p_{ij}^{(n)} > 0$ 与 $p_{jl}^{(m)} > 0$，于是由 C-K 方程可知

$$p_{il}^{(n+m)} = \sum_{r \in E} p_{ir}^{(n)} p_{rl}^{(m)} \geqslant p_{ij}^{(n)} p_{jl}^{(m)} > 0$$

可见，$i \to l$。同理可得 $l \to i$。

两个互通的状态被视为同类的，这样，互通关系把马尔可夫链的状态空间划分为若干个集合。彼此互通的所有状态构成的集合称为一个**等价类**。同一等价类中的状态相通；不同等价类的状态无法互通。当然，从一个等价类出发，可能以正的概率到达另一个类，但无法再返回。有趣的是：同一个等价类中的所有状态都具有完全相同的特性。虽然前面的定理已经说明，但为了定理的系统性，下面再次陈述。

定理 4.8 若 $i \leftrightarrow j$，则

（1）i 与 j 或同为非常返态，或同为常返态；若同为常返态，则 i 与 j 或同为正常返态，或同为零态；

（2）i 与 j 或有相同的周期，或同为非周期的。

证明略。

例如，例 4.12 的成功逃脱的全部状态是互通的，因此，它们都是遍历态；而例 4.13 的（无限制）随机游动的全部状态也是互通的，因此，它们或者都是周期为 2 的常返态（对称时），或者都是非常返态（非对称时）。

4.3.2 状态闭集与空间分解

定义 4.14 设状态子集 $C \subset E$，若 $\forall i \in C$ 与 $j \notin C$，都有 $p_{ij} = 0$，则称 C 为**闭集**。若 C 的任何真子集都不是闭集，则称 C 是**不可约的**（**Irreducible**）。

直观地讲，从闭集内部不能到达其外部，这意味着马尔可夫链一旦进入某个闭集，就将永远滞留在其中。显然，吸收态可以构成一个单点的闭集；而整个状态空间 E 是最大的闭集。

定义 4.15 如果马尔可夫链的整个状态空间 E 是不可约的，则称它为**不可约链**。

回顾例 4.12 与例 4.13 可见，成功逃脱与（无限制）随机游动都是不可约链。容易发现：不可约链中所有的状态必定居于同一个等价类中。

注意等价类与闭集是有区别的。等价类不一定是闭集，比如，两端具有吸收壁的随机游走，其中间的状态是互通的，它们是等价类，但可以转移到类的外部(吸收壁)；反过来，闭集中的每个状态也不一定等价，比如，全部状态构成闭集，但其中可以有不同类别的状态。可以发现，每个常返类必定是闭集，而且有下面的定理。

定理 4.9 若常返状态存在，则它们的全体构成的集合是闭集。

不妨记所有常返态构成的闭集为 C，若 $C \neq \varnothing$，则它可以表示为

$$C = C_1 \cup C_2 \cup \cdots$$

其中各个子集 C_i 是互不相交的闭集，各个 C_i 内的状态彼此互通。构造上述表示式的方法为：

（1）由于 $C \neq \varnothing$，$\forall i_1 \in C$，令 $C_1 = \{i : i \leftrightarrow i_1 \in C\}$，它是 i_1 的等价类；

（2）若 $C - C_1 \neq \varnothing$，则 $\forall i_2 \in C - C_1$，又令 $C_2 = \{i : i \leftrightarrow i_2 \in C - C_1\}$，它是 i_2 的等价类，且 $C_1 \cap C_2 = \varnothing$；

（3）依此类推直到取完集合 C 中所有状态，可得出所有满足要求的 C_i。

从这一分解过程不难看出，这些常返闭集 $\{C_i\}$ 是基本的(即不可约的)与唯一的，于是有下面的定理。

定理 4.10（状态空间分解定理） 状态空间 E 可唯一地分解为

$$E = T \cup C = T \cup C_1 \cup C_2 \cup \cdots \tag{4.3.1}$$

其中，$\{C_i\}$ 为基本常返闭集，T 为所有非常返态的集合。

注意 T 不一定是闭集，特别是当 E 有限时，T 就必定不是闭集。如果马尔可夫链 $\{X_n, n \geq 0\}$ 的初始状态位于 T 上，则它可能在某个时刻后离开 T 进入某个 C_i 中而不再出来，这时 C_i 就是它稳态时的状态空间；如果初始状态位于某个常返闭集 C_i 中，则它以概率 1 永远在其中运动；这时 $\{X_n, n \geq 0\}$ 可以看作状态空间仅为 C_i 的不可约马尔可夫链。

例 4.14 设马尔可夫链有五个状态 $E = \{1, 2, 3, 4, 5\}$，其状态转移矩阵为

$$P = \begin{bmatrix} 0.5 & 0.2 & 0 & 0.3 & 0 \\ 0.4 & 0 & 0.6 & 0 & 0 \\ 0 & 0 & 1 & 0 & 0 \\ 0 & 0 & 0 & 0.4 & 0.6 \\ 0 & 0 & 0 & 0.7 & 0.3 \end{bmatrix}$$

试找出等价类，判断各状态类别，并进行状态空间分解。

解： 该马尔可夫链状态有限，其状态转移图如图 4.3.1。根据状态的互通可得三个等价

类$\{1,2\}$、$\{3\}$与$\{4,5\}$。

状态 1 与 2 互通，但不构成闭集，因此，是非常返态；状态 3 为吸收态，是遍历态；状态 4 与 5 构成闭集，是正常返态。该马尔可夫链状是可约的。其状态空间可以分解为 $E = \{1,2\} \cup \{3\} \cup \{4,5\}$。

还可以调整状态编号：令新状态$\{1',2',3',4',5'\}$分别对应于原状态$\{3,5,4,1,2\}$，则状态转移矩阵可变更为更为规范的形式(常返态对应于左上角，非常返态对应于右下角)

$$P = \begin{bmatrix} 1 & 0 & 0 & 0 & 0 \\ 0 & 0.3 & 0.7 & 0 & 0 \\ 0 & 0.6 & 0.4 & 0 & 0 \\ 0 & 0 & 0.3 & 0.5 & 0.2 \\ 0.6 & 0 & 0 & 0.4 & 0.0 \end{bmatrix}$$

图 4.3.1 状态转移图

4.4 遍历性、极限分布与平稳分布

遍历性研究随机过程充分长时间后的渐近性态。其基本结论是：个体演进路线的长时间平均结果与其所有演进路线的集平均结果趋于一致，换个角度看，无论从哪个初始状态出发，随机过程的任一条演进路线在其漫长的过程中似乎都会遍历其所有的可能状态。遍历性也称为各态历经性，它起源于统计物理学，揭示了随机过程与大量实际物理现象中重要的内在规律。

4.4.1 遍历性的基本概念

首先考察一个简单的马尔可夫链的极限情况。

例 4.15(分析两状态马尔可夫链的极限情况) 假定状态为 0 与 1 的齐次马尔可夫链的转移矩阵为 $P = \begin{bmatrix} 1-\alpha & \alpha \\ \beta & 1-\beta \end{bmatrix}$，其中，$0 < \alpha, \beta < 1$。其状态转移图如图 4.4.1 所示。

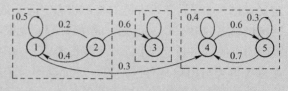

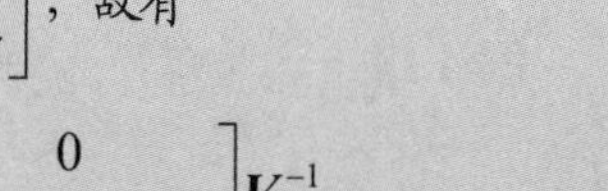

图 4.4.1 状态转移图

解：首先对 P 进行特征分解，有特征值 $\lambda_1 = 1$，$\lambda_2 = 1 - (\alpha + \beta)$。特征列向量分别为 $v_1 = [\alpha \quad \alpha]^{\mathrm{T}}$，$v_2 = [-\alpha \quad \beta]^{\mathrm{T}}$。构成的特征向量矩阵为 $V = \begin{bmatrix} \alpha & -\alpha \\ \alpha & \beta \end{bmatrix}$ 及其逆矩阵 $V^{-1} = \dfrac{1}{\alpha(\alpha+\beta)}\begin{bmatrix} \beta & \alpha \\ -\alpha & \alpha \end{bmatrix}$，故有

$$P^{(n)} = \left(V\begin{bmatrix} \lambda_1 & 0 \\ 0 & \lambda_2 \end{bmatrix}V^{-1}\right)^n = V\begin{bmatrix} \lambda_1^n & 0 \\ 0 & \lambda_2^n \end{bmatrix}V^{-1} = V\begin{bmatrix} 1 & 0 \\ 0 & (1-(\alpha+\beta))^n \end{bmatrix}V^{-1}$$

现令 $n \to \infty$，由 $0 < \alpha$，$\beta < 1$，可得

$$P^{(\infty)} = \lim_{n\to\infty}P^{(n)} = V\begin{bmatrix} 1 & 0 \\ 0 & 0 \end{bmatrix}V^{-1} = \begin{bmatrix} \dfrac{\beta}{\alpha+\beta} & \dfrac{\alpha}{\alpha+\beta} \\ \dfrac{\beta}{\alpha+\beta} & \dfrac{\alpha}{\alpha+\beta} \end{bmatrix} = \begin{bmatrix} \pi_0 & \pi_1 \\ \pi_0 & \pi_1 \end{bmatrix}$$

式中，$\pi_0 = \dfrac{\beta}{\alpha+\beta}$，$\pi_1 = \dfrac{\alpha}{\alpha+\beta}$，则 $\forall i \in E$，有 $p_{i0}^{(\infty)} = \pi_0$ 与 $p_{i1}^{(\infty)} = \pi_1$。即转移概率的极限与出发状态没有任何关系。

再考察 $n \to \infty$ 时的极限分布，记初始分布为 $\boldsymbol{\pi}(0)$，不论它取值如何，易知

$$\boldsymbol{\pi}(\infty) = \lim_{n \to \infty} \boldsymbol{\pi}(n) = \boldsymbol{\pi}(0) \boldsymbol{P}^{\infty} = [\pi_0 \quad \pi_1]$$

如果考察状态的首达概率与平均回返时间。以状态 0 为例，不难得到

$$f_{0,0}^{(1)} = 1 - \alpha, \quad f_{0,0}^{(2)} = \alpha\beta, \quad f_{0,0}^{(n)} = \alpha\beta(1-\beta)^{n-2} \quad (n > 2)$$

进而，$\mu_0 = \sum_{n=1}^{\infty} n f_{0,0}^{(n)} = \dfrac{\alpha+\beta}{\beta} = \dfrac{1}{\pi_0}$。同理，对于状态 1 也有，$\mu_1 = 1/\pi_1$。

这个例子给出了一个有趣的现象：一个状态的极限概率分布值，正是系统经历长时间后进入该状态的转移概率值，又恰好是该状态平均回返时间的倒数值。其实，这不是偶然的巧合，而是一种必然的特性。从物理上看，大量系统经过长期演进后达到稳定，系统居于一个状态的份额为常数；系统进入这个状态的机会取决于稳定时其份额的大小，而与很早的具体出发点无关；处于该状态的份额越大，则回返的平均时间就越短。

这种特性中，$p_{ij}^{(\infty)}$ 的极限存在是一个关键因素，由此引出下面的定义。

定义 4.16 称马尔可夫链具有**遍历性**，若 $\forall i, j \in E$，存在不依赖于 i 的常数 π_j，使得

$$\lim_{n \to \infty} p_{ij}^{(n)} = \pi_j \tag{4.4.1}$$

一般而言，对于任意暂态或零态 j，类似于定理 4.5 的结论，恒有 $\lim_{n \to \infty} p_{ij}^{(n)} = 0$；但对于正常返态 j，极限 $\lim_{n \to \infty} p_{ij}^{(n)}$ 并不一定存在，原因在于 $p_{ij}^{(n)}$ 有可能呈现周期性。如果我们退而求其平均的极限则可以消除这种周期性，即计算 $\dfrac{1}{n} \lim_{n \to \infty} \sum_{k=1}^{n} p_{ij}^{(k)}$，可以证明该极限一定存在且与初始状态 i 无关。由此可见马尔可夫链一般具有平均意义上的遍历性，本书不再对一般情况的平均极限展开讨论。

定义 4.17 若马尔可夫链的概率分布在 $n \to \infty$ 时收敛于 $\boldsymbol{\pi}^* = (\pi_j^*)_{j \in E}$，即

$$\lim_{n \to \infty} \boldsymbol{\pi}(n) = \boldsymbol{\pi}^* \quad \text{或} \quad \lim_{n \to \infty} \pi_j(n) = \pi_j^* \quad (j \in E)$$

则称 $\boldsymbol{\pi}^*$ 为该链的**极限分布或最终分布**。

实际上，直接计算 $p_{ij}^{(n)}$ 的极限或极限分布都不容易。因而，需要寻找其他方法来研究极限分布与遍历性问题。一种有效的途径是通过计算平稳分布来求解的。

定义 4.18 设马尔可夫链的转移矩阵为 $\boldsymbol{P}$，若存在一个概率分布 $\boldsymbol{\pi} = (\cdots, \pi_1, \pi_2, \cdots)$，使得

$$\boldsymbol{\pi} = \boldsymbol{\pi}\boldsymbol{P} \tag{4.4.2}$$

则称 $\boldsymbol{\pi}$ 为该链的**平稳分布或不变分布**。

显然，一旦马尔可夫链进入某个平稳分布，它将一直处于此分布上，不再改变。如果初始分布 $\boldsymbol{\pi}(0)$ 恰好是平稳分布，则该链自始至终都处于此分布上，这时该链表现为严格平稳过程。

由定义与式 (4.4.2) 可知，平稳分布是方程组 $\boldsymbol{\pi} = \boldsymbol{\pi}\boldsymbol{P}$，即

$$\pi_j = \sum_{i \in E} \pi_i p_{ij} \qquad (j \in E) \tag{4.4.3}$$

在满足条件 $\pi_j > 0$ 与 $\sum_{j \in E} \pi_j = 1$ 时的解。

4.4.2 有限状态链的遍历性

许多齐次马尔可夫链的状态是有限的。有限状态的马尔可夫链如果是遍历的，情况得以简化，进而得出很好的特性。首先，它的平稳分布、极限分布与极限 $p_{ij}^{(\infty)}$ 三者是一致的，如下面定理所述。

定理 4.11 若有限状态马尔可夫链具有遍历性，则

（1）存在极限分布 $\boldsymbol{\pi}^* = (\pi_j^*)_{j\in E}$，并且，$\pi_j^* = \lim\limits_{n\to\infty} p_{ij}^{(n)}$；

（2）极限分布是平稳分布。

证明：（1）记 $\pi_j = \lim\limits_{n\to\infty} p_{ij}^{(n)}, j\in E$，于是

$$\pi_j^* = \lim_{n\to\infty}\pi_j(n) = \lim_{n\to\infty}\sum_{i\in E}\pi_i(0)p_{ij}^{(n)} = \sum_{i\in E}\pi_i(0)\lim_{n\to\infty}p_{ij}^{(n)} = \sum_{i\in E}\pi_i(0)\pi_j = \pi_j$$

（2）由 $\boldsymbol{\pi}(n+1) = \boldsymbol{\pi}(n)\boldsymbol{P}$，有

$$\lim_{n\to\infty}\boldsymbol{\pi}(n+1) = \lim_{n\to\infty}\left[\boldsymbol{\pi}(n)\boldsymbol{P}\right] = \left[\lim_{n\to\infty}\boldsymbol{\pi}(n)\right]\boldsymbol{P}$$

即 $\boldsymbol{\pi}^* = \boldsymbol{\pi}^*\boldsymbol{P}$，所以 $\boldsymbol{\pi}^*$ 是平稳分布。（证毕）

下面不加证明地给出有限状态齐次马尔可夫链是否遍历的一个判断方法。

定理 4.12 对于有限状态的马尔可夫链，若存在正整数 k，使 $\forall i, j\in E$ 时，$p_{ij}^{(k)} > 0$，则该链具有遍历性。且极限分布 $\pi_j, j\in E$ 为方程组

$$\pi_j = \sum_{i\in E}\pi_i p_{ij} \qquad (j\in E) \tag{4.4.4}$$

在满足条件 $\pi_j > 0$ 与 $\sum\limits_{j\in E}\pi_j = 1$ 时的唯一解。

例 4.16（社会阶层变迁模型） 社会各阶层可以按某种标准粗略地划分为上、中、下三个层次，社会学家发现一个家庭的后代所处的阶层与其父辈原来所处的阶层密切相关，有时可以简单地假设某种社会中家庭所处阶层及其变迁过程近似为三状态齐次马尔可夫链。设转移概率矩阵为

$$\boldsymbol{P} = \begin{bmatrix} 0.4 & 0.5 & 0.1 \\ 0.1 & 0.7 & 0.2 \\ 0.1 & 0.5 & 0.4 \end{bmatrix}$$

求该模型的极限分布。

解： 显然该模型是不可约遍历链，于是，它具有平稳分布且为极限分布。应用式（4.4.3），有

$$\begin{cases} 4\pi_1 + \pi_2 + \pi_3 = 10\pi_1 \\ 5\pi_1 + 7\pi_2 + 5\pi_3 = 10\pi_2 \\ \pi_1 + 2\pi_2 + 4\pi_3 = 10\pi_3 \\ \pi_1 + \pi_2 + \pi_3 = 1 \end{cases}$$

解得极限分布为 $\quad \pi_1 = 8/56 \approx 0.143, \pi_2 = 35/56 \approx 0.625, \pi_3 = 13/56 \approx 0.232$

因此，长期来看该社会的上、中、下阶层所占比例分别是 14.3%, 62.5% 与 23.2%。

经济学家也常用这种简化模型分析问题，比如，某类产品中各种品牌的市场占有率问题。由上例引申，考虑三种香水品牌的情形，某顾客再次购买商品时主要与其上次选购的品牌相关，再加上近期广告作用和其他一些随机因素。令 $\{X_n\}$ 为顾客第 n 次购买商品时选择的品牌，它可近似为齐次马尔可夫链，这正如例 4.4 的情形，通过计算其极限分布可以估计各个品牌的市场宏观占有率。

更一般的非有限链情况中，全互通的非周期正常返链具有许多的良好性质。非周期正常返态也称为遍历态，而全互通的链是不可约的，于是，这种马尔可夫链也常称为不可约遍历链，但为了避免遍历态与遍历性之间的混乱，下面的讨论中适当回避"不可约遍历链"的术语。

定理 4.13 全互通的非周期正常返链具有遍历性，且 $\lim\limits_{n\to\infty} p_{ij}^{(n)} = 1/\mu_j$。

定理 4.14 全互通的非周期正常返链恒有唯一的平稳分布 $\{\pi_i = 1/\mu_i, i \in E\}$。

定理 4.15 非周期不可约链是正常返链的充要条件是：存在平稳分布，且该分布就是极限分布。

上面的几个定理这里不进行证明。综上所述：无论状态是否有限，全互通的非周期正常返链(不可约遍历链)具有遍历性，具有唯一的平稳分布且该分布就是极限分布；其概率值正是各状态的平均返回时间的倒数，即：

$$\pi_j = \lim_{n\to\infty} \pi_j(n) = \lim_{n\to\infty} p_{ij}^{(n)} = 1/\mu_j$$

对于周期的或可约的马尔可夫链中，有关极限分布与遍历性问题非常复杂，本书不做深入讨论。

4.5 隐马尔可夫链

在许多的实际问题中，研究对象既具有随机性，又具有一个潜在的内部结构。运用马尔可夫链对其建模时，其状态不能直接被观察到，而具有"隐藏"的特点。

4.5.1 基本概念

考虑一个有限状态空间为 E（K 个状态）的齐次马尔可夫链 $\{X_n, n \geq 1\}$，转移概率矩阵为 $\boldsymbol{P} = [p_{ij}]_{K \times K}$，初始（$n=1$ 时刻）分布为 $\boldsymbol{\pi} = [\pi_i]_{1 \times K}$。设有一个含 M 个信号的有限信号集 φ，马尔可夫链在每一时刻 n 上随机地发出 φ 中的一个信号 S_n，假定发送信号只与进入的状态 $X_n = j$ 有关，独立于以前状态与信号，而且各时刻上发送信号的概率特性相同，记 $\boldsymbol{B} = [b_{js}]_{K \times M}$，其中，$\forall j \in E$，$s \in \varphi$，有

$$b_{js} = P[S_n = s \mid X_n = j], \qquad \sum_{s \in \varphi} b_{js} = 1 \tag{4.5.1}$$

$$P[S_n = s \mid X_1, S_1, X_2, S_2, \cdots, X_n = j] = P[S_n = s \mid X_n = j] = b_{js} \tag{4.5.2}$$

这里马尔可夫链发出的信号序列 $\{S_n, n \geq 1\}$ 称为**观测序列**，是可被观测到的；而马尔可夫链本身的状态 $\{X_n, n \geq 1\}$ 称为**状态序列**，是"隐藏"的(不能直接观测的)。上述模型称为**隐马尔可夫模型**（**Hidden Markov Model**），简记为 **HMM**。模型参数组记为 $\lambda = \{\boldsymbol{\pi}, \boldsymbol{P}, \boldsymbol{B}\}$。

例 4.17 网络信道与无线信道时好时坏。比如，移动通信中，通信设备位置不停地变化，当无线电波可以直达时，信道质量好，丢失数据包的概率（简称为丢包率）低；而当无线电波被周围的建筑、树木等物体遮挡时，信道质量差，丢包率高。通信系统分析中广泛采用下面的两状态齐次马尔可夫链模型来描述这类信道，如图 4.5.1 所示。

其中，g 与 b 分别表示"好信道"与"坏信道"状态，D_g 与 D_b 分别为信道处于好与坏状态的平均停留时间，而状态转移概率矩阵为

$$P = \begin{bmatrix} p_{gg} & p_{gb} \\ p_{bg} & p_{bb} \end{bmatrix}$$

矩阵中各概率值同 D_g 与 D_b 密切相关。

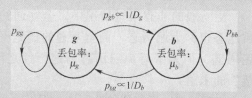

图 4.5.1 两状态马尔可夫信道模型

信道的状态是"隐藏"的，它影响到数据包通过时的丢失程度。因此，丢包与否正好可作为信号。记 g 与 b 状态下的丢包率分别为 μ_g 与 μ_b，则

$$B = \begin{bmatrix} 1-\mu_g & \mu_g \\ 1-\mu_b & \mu_b \end{bmatrix}$$

设初始时刻信道以概率 0.8 处于好状态，即 $\boldsymbol{\pi} = [0.8, 0.2]$。这样，得到了信道的 HMM 模型及相关参数。

HMM 适合于描述基本结构中具有隐藏状态的马尔可夫链，许多的实际问题属于这种情况，因此它的应用极为广泛。例如，信息检测、系统辨识、模式识别、语音与图像处理、数字通信、编解码算法等。实际应用中，HMM 的研究问题主要有：

（1）知道模型参数，要由观测序列估计状态值；

（2）知道少量模型知识，要由观测序列估计 HMM 模型参数；

（3）知道 HMM 有多种模式，要由观测序列估计它具体处于哪种模式。

下面以第一种问题为例，简单说明 HMM 的基本应用方法。

4.5.2 最大后验概率（MAP）估计方法

图 4.5.2 简单、形象地给出了 HMM 中的状态序列与信号序列。考虑各种量及其记法如下：

（1）状态序列：$\boldsymbol{X}_{1,n} = (X_1, X_2, \cdots, X_n)$，其样本值：$\boldsymbol{x}_{1,n} = (i_1, i_2, \cdots, i_n)$；

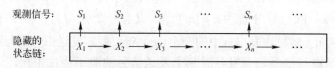

图 4.5.2 HMM 中的信号、状态及相互间的关联

（2）信号序列：$\boldsymbol{S}_{1,n} = (S_1, S_2, \cdots, S_n)$，其样本值：$\boldsymbol{s}_{1,n} = (s_1, s_2, \cdots, s_n)$。

其中下标 $(1,n)$ 表示时间范围，为了简明，有时可以省略。

由条件概率有关公式与 HMM 模型特性，可以得出下列三个基本概率公式：

（1）$P[\boldsymbol{S} = \boldsymbol{s} \mid \boldsymbol{X} = \boldsymbol{x}] = P[S_1 = s_1, \cdots, S_n = s_n \mid X_1 = i_1, \cdots, X_n = i_n] = b_{i_1 s_1} b_{i_2 s_2} \cdots b_{i_n s_n}$

（2）$P[\boldsymbol{S} = \boldsymbol{s}, \boldsymbol{X} = \boldsymbol{x}] = P[\boldsymbol{X} = \boldsymbol{x}]P[\boldsymbol{S} = \boldsymbol{s} \mid \boldsymbol{X} = \boldsymbol{x}] = (\pi_{i_1} p_{i_1 i_2} \cdots p_{i_{n-1} i_n})(b_{i_1 s_1} b_{i_2 s_2} \cdots b_{i_n s_n})$

$$= \pi_{i_1} b_{i_1 s_1} \cdot p_{i_1 i_2} b_{i_2 s_2} \cdot \cdots \cdot p_{i_{n-1} i_n} b_{i_n s_n}$$

（3）$P[\boldsymbol{S}=\boldsymbol{s}]=\sum_{\boldsymbol{x}}P[\boldsymbol{S}=\boldsymbol{s},\boldsymbol{X}=\boldsymbol{x}]=\sum_{i_1,i_2,\cdots,i_n\in E}\pi_{i_1}b_{i_1s_1}\cdot p_{i_1i_2}b_{i_2s_2}\cdot\cdots\cdot p_{i_{n-1}i_n}b_{i_ns_n}$

应用中典型的问题是：由一段观测到的信号序列 $\boldsymbol{s}_{1,n}=(s_1,s_2,\cdots,s_n)$ 去估计某个（隐藏的）状态值 X_k（$1\leqslant k\leqslant n$）。借助 Bayes 公式可得如下的后验概率：

$$P\big[X_k=j\mid \boldsymbol{S}_{1,n}=\boldsymbol{s}_{1,n}\big]=P\big[\boldsymbol{S}_{1,n}=\boldsymbol{s}_{1,n},X_k=j\big]/P\big[\boldsymbol{S}_{1,n}=\boldsymbol{s}_{1,n}\big]$$

于是，X_k 最可能的取值为 $\qquad j^*=\underset{j\in E}{\arg\max}\big\{P\big[X_k=j\mid\boldsymbol{S}_{1,n}=\boldsymbol{s}_{1,n}\big]\big\}$ （4.5.3）

其中，$\arg\max\{\cdots\}$ 是使 $\{\cdots\}$ 达到最大的自变量值。

这种估计方法是基于整个观测序列对中间某一时刻状态值的一种最佳估计，称为**最大后验概率（Maximum a posteriori）估计**，简称 **MAP 估计**。

例4.18 某数字通信系统如图 4.5.3 所示。其中二进制信源序列 $\{X_n,n\geqslant1\}$ 具有齐次马尔可夫性，转移概率矩阵 $\boldsymbol{P}=\begin{bmatrix}0.7&0.3\\0.6&0.4\end{bmatrix}$。初始值固定为 0。经过二进制信道后，接收到的

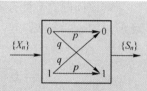

图 4.5.3 二进制数字通信系统

信号序列为 $\{S_n,n\geqslant1\}$。设信道特性见图 4.5.3，其中 $p=0.7$，$q=0.3$。试估计：在收到 (010) 条件下 X_3 的可能值。

解：该通信系统可用 HMM 描述，信源序列可视为"隐藏"的状态，接收端基于收到的信号去估计信源值。易见，该 HMM 的参数组为

$$\boldsymbol{\pi}=[1,0],\qquad \boldsymbol{P}=\begin{bmatrix}0.7&0.3\\0.6&0.4\end{bmatrix},\qquad \boldsymbol{B}=\begin{bmatrix}0.7&0.3\\0.3&0.7\end{bmatrix}$$

以下简记 (S_1,S_2,S_3) 为 S_{123}，(X_1,X_2,X_3) 为 X_{123}。后验概率公式

$$P[X_3=1\mid S_{123}=010]=P[S_{123}=010,X_3=1]/P[S_{123}=010]$$

下面借助基本概率公式分别计算右端的分母与分子部分。首先

$$\begin{aligned}
P[S_{123}=010]&=\sum_{i,j,k\in[0,1]}(\pi_ip_{ij}p_{jk})(b_{i0}b_{j1}b_{k0})\\
&=(\pi_0p_{00}p_{00})(b_{00}b_{01}b_{00})+(\pi_0p_{00}p_{01})(b_{00}b_{01}b_{10})+\cdots+(\pi_1p_{11}p_{11})(b_{10}b_{11}b_{10})\\
&=(1\times0.7\times0.7)\times(0.7\times0.3\times0.7)+(1\times0.7\times0.3)\times(0.7\times0.3\times0.3)+\\
&\quad(1\times0.3\times0.6)\times(0.7\times0.7\times0.7)+(1\times0.3\times0.4)\times(0.7\times0.7\times0.3)+0+0+0+0\\
&=0.07203+0.01323+0.06174+0.01764=0.10584
\end{aligned}$$

又 $P[S_{123}=010,X_3=1]=\sum_{i,j\in[0,1]}P[S_{123}=010,X_{123}=ij1]=\sum_{i,j\in[0,1]}(\pi_ip_{ij}p_{j1})(b_{i0}b_{j1}b_{10})$

$$\begin{aligned}
&=(\pi_0p_{00}p_{01})(b_{00}b_{01}b_{10})+(\pi_0p_{01}p_{11})(b_{00}b_{11}b_{10})+(\pi_1p_{10}p_{01})(b_{10}b_{01}b_{10})+(\pi_1p_{11}p_{11})(b_{10}b_{11}b_{10})\\
&=(1\times0.7\times0.3)\times(0.7\times0.3\times0.3)+(1\times0.3\times0.4)\times(0.7\times0.7\times0.3)+0+0\\
&=0.01323+0.01764=0.03087
\end{aligned}$$

所以 $\qquad P[X_3=1\mid S_{123}=010]=0.03087/0.10584=0.292$

而 $\qquad P[X_3=0\mid S_{123}=010]=1-0.292=0.708$

因此，在收到 (010) 的条件下 X_3 的最可能取值为 0。

例题中采用的公式计算量通常很大，实用中一般采用递推方法，这里不做详细介绍。

很多时候需要估计整段状态序列的值，我们可以基于上述方法逐个估计。但这样做忽略了状态之间存在的关联，因此，不够充分。更好的方法是把整段状态序列视为一个整体（包含各时刻状态之间的内在关联）进行估计。

考虑在时刻 1 至 N 上收到整段信号序列 $\boldsymbol{S}_{1,N} = (s_1, s_2, \cdots, s_N)$，为了估计状态序列 $\boldsymbol{X}_{1,N}$，可计算后验概率

$$P[\boldsymbol{X}_{1,N} = \boldsymbol{x}_{1,N} \,|\, \boldsymbol{S}_{1,N} = s_{1,N}] = P[\boldsymbol{X}_{1,N} = \boldsymbol{x}_{1,N}, \boldsymbol{S}_{1,N} = s_{1,N}] / P[\boldsymbol{S}_{1,N} = s_{1,N}]$$

使该式达到最大值的 $(i_1, i_2, \cdots, i_N)^*$ 就是最佳的估计，即

$$\begin{aligned}(i_1, i_2, \cdots, i_N)^* &= \arg\max_{i_1, \cdots, i_N \in E} P[\boldsymbol{X}_{1,N} = \boldsymbol{x}_{1,N} \,|\, \boldsymbol{S}_{1,N} = s_{1,N}] \\ &= \arg\max_{i_1, \cdots, i_N \in E} P[\boldsymbol{X}_{1,N} = \boldsymbol{x}_{1,N}, \boldsymbol{S}_{1,N} = s_{1,N}]\end{aligned} \tag{4.5.4}$$

求解该问题的一种有效算法是著名的**维特比算法**（**Viterbi algorithm**），简称 **VA**。它是一种广泛应用的重要方法。

4.6 连续时间马尔可夫链及其基本性质

前面重点讨论了离散时间马尔可夫链。然而，在很多的实际应用中，动态系统的状态转移是随机发生的，其变化可以出现在任何连续时刻，例如，泊松过程中随机事件可出现在任意时刻。这类随机现象不能用固定时刻的离散时间序列进行描述，而需要采用连续时间参数。我们仍然考虑状态取值是离散的，所以，这是一类连续时间的离散随机过程 $\{X(t), t \geqslant 0\}$。

4.6.1 定义

定义 4.19 连续参数随机过程 $\{X(t), t \geqslant 0\}$ 的状态空间 E 为可数集，若 $\forall\, 0 \leqslant t_0 < t_1 < \cdots < t_n < t_{n+1}$，$\forall\, i_0, i_1, \cdots, i_n, i_{n+1} \in E$，有

$$P[X(t_{n+1}) = i_{n+1} \,|\, X(t_0) = i_0, \cdots, X(t_n) = i_n] = P[X(t_{n+1}) = i_{n+1} \,|\, X(t_n) = i_n] \tag{4.6.1}$$

则称该过程是**连续参数的马尔可夫链**。

$\forall\, i, j \in E$，$s, t \geqslant 0$，记转移概率为

$$p_{ij}(s, s+t) = P\big(X(s+t) = j \,|\, X(s) = i\big) \tag{4.6.2}$$

转移概率矩阵为

$$\boldsymbol{P}(s, s+t) = \big(p_{ij}(s, s+t)\big)_{i,j \in E} \tag{4.6.3}$$

定义 4.20 如果概率转移矩阵 $\boldsymbol{P}(s, s+t)$ 与初始时刻 s 无关，称该马尔可夫链是**齐次的或时齐的**。分别简记转移概率与转移概率矩阵为

$$p_{ij}(t) = p_{ij}(s, s+t), \quad \boldsymbol{P}(t) = \boldsymbol{P}(s, s+t) \tag{4.6.4}$$

易知，转移矩阵 $\boldsymbol{P}(t)$ 满足：

（1）是随机矩阵，且规定 $\boldsymbol{P}(0) = \boldsymbol{I}$（无穷单位阵）。即，$\forall\, i, j \in E$，$t \geqslant 0$，有

$$p_{ij}(t) \geqslant 0, \quad \sum_{j \in E} p_{ij}(t) = 1, \quad p_{ij}(0) = \delta(i - j)$$

（2）满足 C-K（查普曼-柯尔莫哥洛夫）方程：$\forall\, s, t \geqslant 0$，$\boldsymbol{P}(s+t) = \boldsymbol{P}(s)\boldsymbol{P}(t)$，即

$$p_{ij}(s+t) = \sum_{k \in E} p_{ik}(s) p_{kj}(t) \quad (\forall\, i, j \in E) \tag{4.6.5}$$

记 $\pi_i(t)=P(X(t)=i)$，$\forall i \in E$，称行向量 $\pmb{\pi}(t)=(\pi_i(t))_{i \in E}$ 为 t 时刻的**概率分布**；称 $\pmb{\pi}(0)$ 为**初始分布**。显然，$\forall t \geqslant 0$，有

$$\pmb{\pi}(t)=\pmb{\pi}(0)\,\pmb{P}(t) \tag{4.6.6}$$

而且，连续参数马尔可夫链的任意 n 个时刻的联合分布由 $\pmb{\pi}(0)$ 与 $\pmb{P}(t)$ 唯一确定。

对于连续参数的马尔可夫链 $\{X(t),t \geqslant 0\}$，任取 $h>0$，可得序列 $\{X_n=X(nh),n \geqslant 0\}$，称为步长为 h 的**离散骨架**，简称 **h 骨架**。易知，h 骨架是转移概率矩阵为 $\pmb{P}(nh)$ 的离散参数马尔可夫链，通过它可以有效地研究 $X(t)$ 的特性。

4.6.2 $\pmb{Q}$ 矩阵

在离散时间齐次链的研究中，一步转移概率矩阵 $\pmb{P}$ 是其最为基础的参数，由此获得任意 n 步的转移概率矩阵，即 $\pmb{P}^{(n)}=\left(p_{ij}^{(n)}\right)=\pmb{P}^n$，进而讨论其他的各种性质。但对于连续参数齐次链，如何找到对应于 $\pmb{P}$ 的基础参数，从而开始有效的研究呢？注意到一步转移概率是离散时间链中最小时间增量的参数，于是，对于连续时间链，不妨考虑

$$\pmb{P}(t+\Delta t)-\pmb{P}(t)=\pmb{P}(t)\pmb{P}(\Delta t)-\pmb{P}(t)=\pmb{P}(t)\big[\pmb{P}(\Delta t)-\pmb{I}\big]$$

其中，$\pmb{P}(t+\Delta t)=\pmb{P}(t)\pmb{P}(\Delta t)$，$\pmb{P}(0)=\pmb{I}$。由此容易看出这样的微分形式：$\pmb{P}'(t)=\pmb{P}(t)\pmb{P}'(0)$。可见，如果 $\pmb{P}'(0)$ 存在，它就是一个合适的基础参数。

为此，首先假定连续参数齐次链 $\{X(t),t \geqslant 0\}$ 是**随机连续**的，即

$$\lim_{t \to 0^+}\pmb{P}(t)=\pmb{P}(0)=\pmb{I} \quad \text{或} \quad \lim_{t \to 0^+}p_{ij}(t)=\delta(i-j)=\begin{cases}1, & i=j \\ 0, & i \neq j\end{cases} \quad (\forall i,j \in E) \tag{4.6.7}$$

也称 $X(t)$ 满足**标准性条件**。

其实，标准性条件就是 $\pmb{P}(t)$ 在 $t=0$ 右连续，其直观意义是：在充分小的时间段内，过程的状态不会突变。实际情形中，这样的假设在绝大多数时候是合理的。另外，由于 $t \geqslant 0$，因此我们考虑 $t \to 0^+$ 的右连续与导数情况。

定义 4.21 若过程是随机连续的，记

$$\pmb{Q}=\pmb{P}'(0)=\lim_{\Delta t \to 0^+}\frac{\pmb{P}(\Delta t)-\pmb{P}(0)}{\Delta t}=(q_{ij})_{i,j \in E} \tag{4.6.8}$$

称为**转移速率矩阵**或**密度矩阵**，简称为 **$\pmb{Q}$ 矩阵**。若对所有 $i \in E$ 都有 $\sum_{j \in E}q_{ij}=0$，则称 $\pmb{Q}$ 矩阵为**保守**的。

$\pmb{Q}$ 矩阵各元素 q_{ij} 的具体计算公式如下

$$q_{ij}=\frac{\mathrm{d}}{\mathrm{d}t}p_{ij}(t)\bigg|_{t=0}=\lim_{t \to 0^+}\frac{p_{ij}(t)-p_{ij}(0)}{t}=\begin{cases}\displaystyle\lim_{t \to 0^+}\frac{p_{ii}(t)-1}{t}, & i=j \\[2mm] \displaystyle\lim_{t \to 0^+}\frac{p_{ij}(t)}{t}, & i \neq j\end{cases} \tag{4.6.9}$$

例 4.19 设 $[N(t),t \geqslant 0]$ 是参数为 λ 的泊松过程，因为它是独立增量过程，易见它是连续参数的马尔可夫链，试求 Q 矩阵。

解： $\quad p_{ij}(t)=P[N(s+t)=j|N(s)=i]=P[N(t)=j-i]=\begin{cases}\dfrac{(\lambda t)^{j-i}}{(j-i)!}\mathrm{e}^{-\lambda t}, & j \geqslant i \geqslant 0 \\[2mm] 0, & \text{其他}\end{cases}$

即
$$\boldsymbol{P}(t) = \begin{bmatrix} \mathrm{e}^{-\lambda t} & \lambda t\mathrm{e}^{-\lambda t} & \dfrac{(\lambda t)^2\mathrm{e}^{-\lambda t}}{2!} & \dfrac{(\lambda t)^3\mathrm{e}^{-\lambda t}}{3!} & \cdots \\ 0 & \mathrm{e}^{-\lambda t} & \lambda t\mathrm{e}^{-\lambda t} & \dfrac{(\lambda t)^2\mathrm{e}^{-\lambda t}}{2!} & \cdots \\ 0 & 0 & \mathrm{e}^{-\lambda t} & \lambda t\mathrm{e}^{-\lambda t} & \cdots \\ 0 & 0 & 0 & \mathrm{e}^{-\lambda t} & \ddots \\ \vdots & \vdots & \vdots & \vdots & \ddots \end{bmatrix}$$

显然，$\lim\limits_{t\to 0^+}\boldsymbol{P}(t) = \boldsymbol{P}(0) = \boldsymbol{I}$，因此，$N(t)$ 是随机连续的。而且

$$\boldsymbol{Q} = \boldsymbol{P}'(0) = \begin{bmatrix} -\lambda & \lambda & 0 & 0 & \cdots \\ 0 & -\lambda & \lambda & 0 & \cdots \\ 0 & 0 & -\lambda & \lambda & \cdots \\ 0 & 0 & 0 & -\lambda & \ddots \\ \vdots & \vdots & \vdots & \vdots & \ddots \end{bmatrix}$$

可见它是保守的。

进一步分析可知，q_{ij} 满足下面的两条：

（1）$q_{ii} \leqslant 0$ 与 $q_{ij} \geqslant 0$ $(i \neq j)$；

（2）$\sum\limits_{j\in E} q_{ij} \leqslant 0$（当状态有限时等号必定成立，这时 $\boldsymbol{Q}$ 矩阵是保守的）

这是因为：（1）由于 $p_{ij}(t) \in [0,1]$，由定义可得；（2）如果 $\sum$ 与 $\lim$ 可交换次序（比如状态有限时），由于

$$\sum_{j\in E} q_{ij} = \sum_{j\in E} \lim_{t\to 0^+} \frac{p_{ij}(t) - \delta(i-j)}{t} = \lim_{t\to 0^+}\frac{1}{t}\left[\sum_{j\in E} p_{ij}(t) - \sum_{j\in E}\delta(i-j)\right]$$

又 $\sum\limits_{j\in E} p_{ij}(t) = 1$ 与 $\sum\limits_{j\in E}\delta(i-j) = 1$，则上式为 0。严格地讲，更全面的是 $\sum\limits_{j\in E} q_{ij} \leqslant 0$。其实，当 E 为无限可数时，q_{ii} 有可能为 $-\infty$；除此以外，q_{ij} 总是有限的。

由定义可知，$q_{ij} (i \neq j)$ 的物理意义是从状态 i 转移到状态 j 的速率；而 $|q_{ii}|$ 是离开状态 i 的速率。保守条件的含义是：在某个状态 i 上，转出的速率与转入的速率是平衡的。对于有限状态的情况，这一条件是必然满足的。实际应用中，$\boldsymbol{Q}$ 矩阵一般总是保守的，如果出现了非保守的情形，则很可能是遗漏了某些可能状态。

我们研究连续时间链时不仅关心过程将转移到哪个状态，转移机率是多少，还关心它在当前状态上的逗留时间有多长。不妨考虑初始时刻为 0，即初始状态为 $X(0)$，令

$$\tau = \inf\{t : X(t) \neq X(0), t > 0\}$$

它表示首次离开初始状态的时刻（即初始状态上的逗留时间）。由过程的马尔可夫性可知，$P[\tau > t+s \mid \tau > s] = P[\tau > t]$。这正是指数分布特有的无记忆性质。可以证明，$X(t)$ 在 i 状态上的逗留时间服从参数为 $|q_{ii}|$ 的指数分布，因此，平均逗留时间为 $E\tau = |q_{ii}|^{-1}$。依据 q_{ii} 的具体值可以得出下面结论：

（1）$q_{ii} = 0$，称 i 为吸收态，$X(t)$ 以概率 1 永远停留在 i 上；

（2）$q_{ii} = -\infty$，称 i 为瞬时态，$X(t)$ 几乎不在 i 停留；

（3）$0 > q_{ii} > -\infty$，称 i 为逗留态，$X(t)$ 在 i 的停留时间服从指数分布。

泊松过程是连续时间马尔可夫链的简单范例，可以看到，其状态的逗留时间服从指数分布。

总之，Q 矩阵是转移概率矩阵 $P(t)$ 在 $t = 0$ 处的右导数，是研究连续时间马尔可夫链的重要参数。一般而言，$P(t)$ 不容易直接获得，而 Q 矩阵往往可以通过实验方法或理论分析得到。比如，我们容易分析出泊松事件的发生率 λ。从 Q 出发，利用下一小节的微分方程可以计算出 $P(t)$，这通常是研究相关实际问题的主要途径。有时，连续时间马尔可夫链也被称为 Q-过程。

4.6.3 向前向后微分方程

定理 4.16 若过程 $\{X(t), t \geqslant 0\}$ 是随机连续的且状态有限，则有

$$P'(t) = P(t)Q \qquad （向前方程） \tag{4.6.10}$$

$$P'(t) = QP(t) \qquad （向后方程） \tag{4.6.11}$$

证明：$\forall t, h > 0$，由 $C\text{-}K$ 方程

$$P(t + h) = P(t)P(h) = P(h)P(t)$$

于是

$$\frac{P(t+h) - P(t)}{h} = P(t)\left[\frac{P(h) - I}{h}\right] = \left[\frac{P(h) - I}{h}\right]P(t)$$

注意到 E 为有限状态集，可令 $h \to 0^+$，对两边求极限，即得定理结论。（证毕）

上面两式分别称为**柯尔莫格洛夫向前与向后微分方程**。向前方程中微分处理在"未来"时段；而向后方程中微分处理在"过去"时段，它们由此得名。两个方程的分量形式为

$$p'_{ij}(t) = \sum_{k \in E} p_{ik}(t) q_{kj} \qquad （向前方程） \tag{4.6.12}$$

$$p'_{ij}(t) = \sum_{k \in E} q_{ik} p_{kj}(t) \qquad （向后方程） \tag{4.6.13}$$

Q 矩阵是矩阵常数，而 $P(t)$ 是矩阵函数，故实际应用中 Q 比 $P(t)$ 容易获得。柯尔莫格洛夫方程的重要性就在于它指出了一条由 Q 矩阵求解 $P(t)$ 的途径。

一般而言，对于状态可数(无限)时，向前与向后方程不一定成立。但可以证明，只要状态可数且 Q 矩阵保守，则向后方程 $P'(t) = QP(t)$ 仍然成立。

例 4.20 设某触发器有两个状态，$E = \{0, 1\}$，$X(t)$ 表示 t 时刻该触发器的状态。假定触发器状态翻转具有马尔可夫性，且

$$\begin{cases} p_{01}(t) = \lambda t + o(t) \\ p_{10}(t) = \mu t + o(t) \end{cases} \qquad (\lambda > 0, \mu > 0)$$

其中，$o(t)$ 为高阶无穷小。试求 $P(t)$。

解：
$$P(t) = \begin{bmatrix} p_{00}(t) & p_{01}(t) \\ p_{10}(t) & p_{11}(t) \end{bmatrix} = \begin{bmatrix} 1 - \lambda t + o(t) & \lambda t + o(t) \\ \mu t + o(t) & 1 - \mu t + o(t) \end{bmatrix}$$

易见 $P(t)$ 是随机连续的，且 $Q = P'(0) = \begin{bmatrix} -\lambda & \lambda \\ \mu & -\mu \end{bmatrix}$，由向前方程有

$$P'(t) = P(t)\begin{bmatrix} -\lambda & \lambda \\ \mu & -\mu \end{bmatrix} \qquad （初始条件 \; P(0) = I）$$

于是
$$\begin{cases} p'_{00}(t) = -\lambda p_{00}(t) + \mu p_{01}(t) = -(\lambda + \mu)p_{00}(t) + \mu \\ p_{00}(0) = 1 \end{cases}$$

解该常系数微分方程，易得

$$p_{00}(t) = \mu_0 + \lambda_0 \mathrm{e}^{-(\lambda+\mu)t}$$

其中，$\lambda_0 = \dfrac{\lambda}{\lambda+\mu}$，$\mu_0 = \dfrac{\mu}{\lambda+\mu}$。

同理有

$$p_{11}(t) = \lambda_0 + \mu_0 \mathrm{e}^{-(\lambda+\mu)t}$$

并且

$$p_{01}(t) = 1 - p_{00}(t) = \lambda_0 - \lambda_0 \mathrm{e}^{-(\lambda+\mu)t}$$

$$p_{10}(t) = 1 - p_{11}(t) = \mu_0 - \mu_0 \mathrm{e}^{-(\lambda+\mu)t}$$

因此

$$\boldsymbol{P}(t) = \begin{bmatrix} \mu_0 + \lambda_0 \mathrm{e}^{-(\lambda+\mu)t} & \lambda_0 - \lambda_0 \mathrm{e}^{-(\lambda+\mu)t} \\ \mu_0 - \mu_0 \mathrm{e}^{-(\lambda+\mu)t} & \lambda_0 + \mu_0 \mathrm{e}^{-(\lambda+\mu)t} \end{bmatrix}$$

4.6.4　互通、遍历性与平稳分布

连续时间马尔可夫链的许多概念、性质与研究方法，同离散时间的非常相似，下面简要地加以说明。

定义 4.22　若存在 $t > 0$，使 $p_{ij}(t) > 0$，则称状态 i 可达状态 j，记为 $i \to j$；否则，若 $\forall t > 0$，有 $p_{ij}(t) = 0$，则称 i 不可达 j，记为 $i \nrightarrow j$；若 $i \to j$ 且 $j \to i$，则称 i 与 j 互通，记为 $i \leftrightarrow j$。

互通是一种等价关系，通过互通可以将状态空间划分为若干个**等价类**，若所有状态彼此互通，整个状态空间是一个类，则称该马尔可夫链是**不可约的**。

定义 4.23　（1）$\forall i, j \in E$，若 $\lim\limits_{t \to \infty} p_{ij}(t) = \pi_j$（只与 j 有关），则称该马尔可夫链是**遍历的**。

（2）若 $\lim\limits_{t \to \infty} \boldsymbol{\pi}(t) = \boldsymbol{\pi}^*$ 存在，则 $\boldsymbol{\pi}^*$ 称为**极限分布**。

（3）若 $\forall t \geqslant 0$，概率分布满足 $\boldsymbol{\pi} = \boldsymbol{\pi}\boldsymbol{P}(t)$，则称 $\boldsymbol{\pi}$ 为**平稳分布**。

定理 4.17　对于连续参数的有限状态齐次马尔可夫链，若存在 $s > 0$，使 $\forall i, j \in E$ 时 $p_{ij}(s) > 0$，则该链具有遍历性。且 $\{\pi_j = \lim\limits_{t \to \infty} p_{ij}(t), j \in E\}$ 是其极限分布，也是其唯一的平稳分布。

定理 4.18　若 $\boldsymbol{\pi}(t)$ 是过程在 t 时刻的概率分布，则当 E 有限时有 **Fokker-Planck** 方程

$$\boldsymbol{\pi}'(t) = \boldsymbol{\pi}(t)\boldsymbol{Q} \tag{4.6.14}$$

若 $\boldsymbol{\pi}$ 是平稳分布，则它是 $\boldsymbol{\pi}\boldsymbol{Q} = \boldsymbol{0}$ 的解。

证明：由于 $\boldsymbol{\pi}(t) = \boldsymbol{\pi}(0)\boldsymbol{P}(t)$，对其求导并代入柯尔莫哥洛夫向前方程，有

$$\boldsymbol{\pi}'(t) = \boldsymbol{\pi}(0)\boldsymbol{P}'(t) = \boldsymbol{\pi}(0)\boldsymbol{P}(t)\boldsymbol{Q} = \boldsymbol{\pi}(t)\boldsymbol{Q}$$

若 $\boldsymbol{\pi}$ 是平稳分布，则 $\boldsymbol{\pi} = \boldsymbol{\pi}\boldsymbol{P}(t)$。仿上有，$\boldsymbol{0} = \boldsymbol{\pi}\boldsymbol{P}'(t) = \boldsymbol{\pi}\boldsymbol{P}(t)\boldsymbol{Q} = \boldsymbol{\pi}\boldsymbol{Q}$。（证毕）

例 4.21　对上例中两状态触发器的状态 $X(t)$，假定初始分布为 $\boldsymbol{\pi}(0) = (a, b)$，$a + b = 1$，求 t 时刻的分布与极限分布。

解：
$$\boldsymbol{\pi}(t) = \boldsymbol{\pi}(0)\boldsymbol{P}(t) = \begin{bmatrix} a & b \end{bmatrix} \begin{bmatrix} \mu_0 + \lambda_0 \mathrm{e}^{-(\lambda+\mu)t} & \lambda_0 - \lambda_0 \mathrm{e}^{-(\lambda+\mu)t} \\ \mu_0 - \mu_0 \mathrm{e}^{-(\lambda+\mu)t} & \lambda_0 + \mu_0 \mathrm{e}^{-(\lambda+\mu)t} \end{bmatrix}$$

$$= (\mu_0 + (\lambda_0 a - \mu_0 b)\mathrm{e}^{-(\lambda+\mu)t}, \lambda_0 - (\lambda_0 a - \mu_0 b)\mathrm{e}^{-(\lambda+\mu)t})$$

极限分布为，$\boldsymbol{\pi}^* = \lim\limits_{t \to \infty} \boldsymbol{\pi}(t) = (\mu_0, \lambda_0)$。容易验证，$\boldsymbol{\pi}(t)$ 满足 Fokker-Planck 方程，$\boldsymbol{\pi}^*$ 也是平稳分布（满足 $\boldsymbol{\pi}^*\boldsymbol{Q} = \boldsymbol{0}$）。

其实，$X(t)$ 是有限状态的且互通，它是不可约遍历链。因此，其平稳分布与极限分布都存在且相等。

4.7 生 灭 过 程

生灭过程是一类特殊的连续参数马尔可夫链，它在排队系统、可靠性应用、通信、物理、生物医学、交通与经济管理等多方面有着广泛的应用。

定义 4.24 状态空间为非负整数，且转移速率矩阵为

$$
Q = \begin{bmatrix}
-\lambda_0 & \lambda_0 & 0 & 0 & \cdots & 0 & 0 & 0 & \cdots \\
\mu_1 & -(\lambda_1+\mu_1) & \lambda_1 & 0 & \cdots & 0 & 0 & 0 & \cdots \\
0 & \mu_2 & -(\lambda_2+\mu_2) & \lambda_2 & 0 & 0 & 0 & \cdots \\
\cdots & \cdots & \cdots & \cdots & \cdots & & & \cdots \\
0 & 0 & 0 & 0 & \mu_i & -(\lambda_i+\mu_i) & \lambda_i & \cdots \\
\cdots & \cdots & \cdots & \cdots & & & & \cdots
\end{bmatrix} \tag{4.7.1}
$$

的连续参数马尔可夫链称为**生灭过程**，其中 i 为非负整数，$\mu_0=0$，$\lambda_i,\mu_i \geqslant 0$ 且有界。

可见，该 Q 矩阵是保守的，其特征是，当 $|i-j|>1$ 时，$q_{ij}=0$。其实，生灭过程可以等价地由转移概率(如下式)来定义：任取充分小的 $h>0$，有

$$
\begin{cases}
p_{i,i+1}(h) = \lambda_i h + o(h) \\
p_{i,i-1}(h) = \mu_i h + o(h) \\
p_{i,i}(h) = 1 - (\lambda_i+\mu_i)h + o(h) \\
\sum\limits_{|i-j|>1} p_{ij}(h) = o(h)
\end{cases} \tag{4.7.2}
$$

其中，$o(h)$ 为高阶无穷小。

生灭过程的物理意义可以从上式中看到：设某生物群体的个数 $\{X(t),t\geqslant 0\}$ 是一个生灭过程，t 时刻的个数为 i，在 t 之后很短的时间 h 以内，状态几乎只有三种变化：

(1) 增加 1 个 $(i \to i+1)$：概率约为 $\lambda_i h$，"新生率"为 λ_i；

(2) 减少 1 个 $(i \to i-1)$：概率约为 $\mu_i h$，"死亡率"为 μ_i；

(3) 保持不变 $(i \to i)$：概率约为 $1-(\lambda_i h+\mu_i h)$。

所以，生灭过程的状态在极短的时间内只能在相邻的两个状态内变化，或"生一个"、或"灭一个"、或"不变"，故称为生灭过程。

常常用状态转移速率图简明地描述生灭过程的状态转移与速率特点，如图 4.7.1 所示。在 $\lambda_i,\mu_i \neq 0(i\geqslant 0)$ 时生灭过程状态的所有状态是互通的，这样的生灭过程是不可约链。

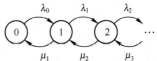

图 4.7.1 生灭过程的状态转移速率图

$\mu_i=0$ 的生灭过程称为**纯生过程**；$\lambda_i=0$ 的生灭过程称为**纯灭过程**。

例 4.22 泊松过程是最简单的纯生过程；$\lambda_i=\lambda$，$\mu_i=0$，$i\geqslant 0$。

例 4.23 线性纯生过程(Yule 过程)

线性纯生过程是泊松过程的推广。考察一种初等生物群体的繁殖过程模型：假定每一个体繁殖后代的过程独立同分布，服从参数为 λ 的泊松分布；且繁殖的后代不会死亡，并继续

繁殖。记 $\{N(t),t\geqslant 0\}$ 为 t 时刻生物群体的个数，称为 **Yule** 过程。

$\forall h>0$，在 $[t,t+h]$ 上 $N(t)$ 的转移概率可表示为

$$\begin{cases} p_{i,i+1}(h)=(i\lambda)h+o(h) \\ p_{i,i}(h)=1-(i\lambda)h+o(h) \\ p_{i,j}(h)=o(h) \qquad\qquad (j\geqslant 0;\ j\neq i,i+1) \end{cases}$$

于是，$N(t)$ 是一个"生长速率"与当时的状态值成正比的生灭过程，其 $\boldsymbol{Q}$ 矩阵为

$$\boldsymbol{Q}=\begin{bmatrix} 0 & 0 & 0 & 0 & \cdots & 0 & 0 & 0 & \cdots \\ 0 & -\lambda & \lambda & 0 & \cdots & 0 & 0 & 0 & \cdots \\ 0 & 0 & -2\lambda & 2\lambda & \cdots & 0 & 0 & 0 & \cdots \\ \cdots & \cdots & \cdots & \cdots & & \cdots & & \cdots \\ 0 & 0 & 0 & 0 & \cdots & -i\lambda & i\lambda & 0 & \cdots \\ \cdots & \cdots & \cdots & \cdots & & \cdots & & \cdots \end{bmatrix}$$

例 4.24 有迁入的线性生灭过程

考察某区域内生物再生与人口增长过程。假定每一个体独立地以指数率 λ 出生，以指数率 μ 死亡；同时，群体又因外界迁入的影响，以指数率 α 增长。t 时刻群体的个数可以描述为生灭过程 $\{X(t),t\geqslant 0\}$，转移速率图如图 4.7.2 所示。

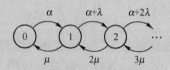

图 4.7.2　有迁入的线性生灭过程的状态转移速率图

由于 $\boldsymbol{Q}$ 矩阵的固有特点，可以证明，生灭过程满足向前与向后方程，其具体形式（分量形式）如下式所示：

$$\begin{cases} p'_{ij}(t)=-p_{ij}(t)(\lambda_j+\mu_j)+p_{i,j-1}(t)\lambda_{j-1}+p_{i,j+1}(t)\mu_{j+1} \\ p'_{ij}(t)=-(\lambda_i+\mu_i)p_{ij}(t)+\lambda_i p_{i+1,j}(t)+\mu_i p_{i-1,j}(t) \end{cases} \qquad (4.7.3)$$

并且还满足 Fokker-Planck 方程，形式如下

$$\begin{cases} \pi'_0(t)=-\pi_0(t)\lambda_0+\pi_1(t)\mu_1 \\ \pi'_j(t)=-\pi_j(t)(\lambda_j+\mu_j)+\pi_{j-1}(t)\lambda_{j-1}+\pi_{j+1}(t)\mu_{j+1} \end{cases} \qquad (j\geqslant 1) \qquad (4.7.4)$$

下面考察生灭过程的稳态分布与极限分布。由方程 $\boldsymbol{\pi}\boldsymbol{Q}=\boldsymbol{0}$，可写为

$$\begin{cases} -\pi_0\lambda_0+\pi_1\mu_1=0 \\ -\pi_j(\lambda_j+\mu_j)+\pi_{j-1}\lambda_{j-1}+\pi_{j+1}\mu_{j+1}=0 \end{cases} \qquad (j\geqslant 1) \qquad (4.7.5)$$

通过递归方法可得

$$\begin{cases} \pi_1=\dfrac{\lambda_0}{\mu_1}\pi_0 \\[2mm] \pi_2=\dfrac{\lambda_1}{\mu_2}\pi_1=\dfrac{\lambda_0\lambda_1}{\mu_1\mu_2}\pi_0 \\ \cdots \\ \pi_j=\dfrac{\lambda_0\lambda_1\cdots\lambda_{j-1}}{\mu_1\mu_2\cdots\mu_j}\pi_0 \\ \cdots \end{cases} \qquad (4.7.6)$$

而由 $\displaystyle\sum_{j\in E}\pi_j=1$ 可得，$\pi_0=\left(1+\displaystyle\sum_{j=1}^{\infty}\dfrac{\lambda_0\lambda_1\cdots\lambda_{j-1}}{\mu_1\mu_2\cdots\mu_j}\right)^{-1}$。容易发现，如果

$$\sum_{j=1}^{\infty} \frac{\lambda_0 \lambda_1 \cdots \lambda_{j-1}}{\mu_1 \mu_2 \cdots \mu_j} < \infty \qquad (4.7.7)$$

则 $0 < \pi_0 < 1$，进而可解出 $0 < \pi_j < 1 (j \geqslant 1)$，于是，生灭过程有唯一的平稳分布，也等于其极限分布。

特别是，（1）纯生过程没有平稳分布（因为 $\mu_i = 0$）；（2）如果状态数无限，且 $\lambda_i = \lambda$，$\mu_i = \mu$，当 $\lambda / \mu < 1$ 时，可解出平稳分布为，$\pi_j = (1 - \lambda / \mu)(\lambda / \mu)^j, j \geqslant 0$。

例 4.25 两状态触发器的状态过程如例 4.20。易知，它是只有两个状态 $\{0,1\}$ 的生灭过程，$\lambda_i = \lambda$，$\mu_i = \mu$，且 $\boldsymbol{Q} = \begin{bmatrix} -\lambda & \lambda \\ \mu & -\mu \end{bmatrix}$。

该过程的转移速率状态图如图 4.7.3 所示。由于状态数有限，平稳分布可由方程 $\boldsymbol{\pi Q} = \boldsymbol{0}$ 直接求解（或如例 4.21 求解），而不再用式 (4.7.7) 的条件来判断。即

$$\begin{cases} -\lambda \pi_1 + \mu \pi_2 = 0 \\ \lambda \pi_1 - \mu \pi_2 = 0 \\ \pi_1 + \pi_2 = 1 \end{cases} \quad \text{解得,} \quad \begin{cases} \pi_1 = \dfrac{\mu}{\lambda + \mu} \\ \pi_2 = \dfrac{\lambda}{\lambda + \mu} \end{cases}$$

图 4.7.3　两状态生灭过程

4.8　排队论及其应用简介

许多应用涉及到服务与排队过程，其中包含各式各样的随机问题。针对这些问题的数学研究逐步形成了排队论这一数学分支。排队论最早的研究可以追溯到丹麦工程师爱尔朗关于电话业务的研究。后来，这一理论被广泛地应用到各个领域，诸如，电信业务、通信网络、顾客服务、物流组织、交通管理、维护服务、生物学与天文学等。本节简要地介绍排队论及其应用的一些基本知识。

4.8.1　排队系统

首先考察一个简单的服务与排队的情况：某超市出口处有一收银台为完成购物的顾客提供结账服务。若收银台空闲，则顾客可马上获得服务；若收银台有人正在结账，则顾客只能等待；当等候的顾客不止 1 人时，大家依次排队。整个服务系统如图 4.8.1 所示。

在系统中，顾客随机到来，形成输入流；结账服务花去的时间是随机的，离开的顾客形成输出流。系统的状态

图 4.8.1　随机服务系统示例

可由其内部所包含的顾客数目描述，记为 $\{X(t), t \geqslant 0\}$，它是动态的与随机的。这类系统称为**随机服务系统**（**Stochastic service system**）或**排队系统**（**Queuing system**），简称队列。

显然，上述队列的特性取决于输入流与服务时间的特性。在一般情况下，需要考虑下面几个方面的特性：

（1）输入过程：指输入流的统计特性。输入流可以具有任意分布，最基本的是指数流（即泊松过程）。

（2）服务时间：指服务各顾客所用时间的统计特性。它们可以为任意分布，有时或许为某确定值。最基本的是独立同分布的指数序列。另外，一般可以认为：输入流与服务时间是彼此

独立的。

（3）排队规则：指形成队列与等候服务的规则。通常为"顺序服务"，也称为"FIFO（先到先服务）"。但也可以有其他规则，比如"随机选择服务"、"优先级服务"和"后到先服务"等。除此之外，还有一些重要特性：首先，当无法立即获得服务时，新来的顾客是否放弃服务（不加入队列）；其次，已进入队列的顾客可否在等候一段时间后失去耐心而离去。

（4）系统能力：首先，同时工作的服务台（或称为通道）的数目；再者，等候队列的容量，是无限的还是有限的。

坎道尔（Kandle，1951）提出了一种描述队列及其特性的简明方法，其基本形式如，"输入过程/服务时间/通道数目"。其中，前两部分常用的符号有：（1）M——泊松过程（或指数分布）；（2）D——某确定值；（3）E_n——n阶爱尔朗分布；（4）G——某任意分布。第三部分的通道数目用数字直接表示。此外，还可以有第四部分，表示系统（即等候队列）的容量或特性。

> **例 4.26** 解释下列队列的基本特性：（1）M/M/1；（2）M/G/n；（3）M/M/n/m，$m \geqslant n$；（4）M/M/1/1。
>
> **解**：（1）M/M/1——输入流为泊松过程，服务时间为独立同分布的指数分布，有 1 个服务台，队列长度无限制。
>
> （2）M/G/n——输入流为泊松过程，服务时间为某种特定分布（非指数分布），有 n 个服务台，队列长度无限制。
>
> （3）M/M/n/m——输入流为泊松过程，服务时间为独立同分布的指数分布，有 n 个服务台，系统最多容纳 m 位顾客（$m \geqslant n$），因此，等候队列最大长度为 $m-n$。这种情况也称为"有限等待制"。
>
> （4）M/M/1/1——输入流为泊松过程，服务时间为独立同分布的指数分布，有 1 个服务台，系统繁忙时顾客离去（没有等候位置）。这种情况也称为"损失制"。

4.8.2 马尔可夫队列及其举例

输入流与服务时间最为基本与常见的特性是同为"M"，即：（1）输入过程为泊松过程，一般记参数为λ，其含义是顾客的平均到达率；（2）服务时间为独立同分布的指数分布，一般记参数为μ，指平均服务时间为$1/\mu$。并且，输入流与服务时间的特性是相互独立的。根据泊松过程与指数分布的特性，不难发现，在任何一个很短的h时段上，本服务系统具有如下特征：

（1）新到 1 位顾客的概率为$\lambda h + o(h)$，即系统人数的"增加率"为λ；

（2）离开 1 位顾客的概率为$\mu h + o(h)$，即系统人数的"减少率"为μ；

（3）系统内人数变化大于 1 人的概率为$o(h)$；

（4）系统内人数保持不变的概率为$1 - (\lambda h + \mu h) + o(h)$。

显然，系统内的人数$\{X(t), t \geqslant 0\}$为一个基本的生灭过程。这样的队列是马尔可夫队列。

要准确分析排队系统的时变过程是非常困难的。实际上，我们通常只需关注队列在长时间以后的稳态情况。对此，可以借助生灭过程的相关知识研究其极限分布，进而求解队列的各种稳态性能指标。下面以 M/M/1、M/M/n 与 M/M/n/n 队列为例进行说明。

1. M/M/1 队列

M/M/1 队列见图 4.8.1，这种队列中只有 1 个服务台，顾客到达流是参数这λ的泊松过程，每个顾客的服务时间独立同分布，服从参数为 μ 的指数分布，并且两者相互独立。由上面的讨论，队列中的顾客数目 $\{X(t), t \geq 0\}$ 是取值为非负整数的生灭过程。定义队列的**业务强度**为

$$\rho = \frac{\lambda}{\mu} = \frac{\text{平均达到速率}}{\text{平均服务速率}} \tag{4.8.1}$$

由生灭过程的性质可知，只要 $\rho < 1$，则式 (4.7.7) 成立，于是，$X(t)$ 具有唯一的平稳分布与极限分布，即

$$\begin{cases} \pi_0 = \left(1 + \sum_{j=1}^{\infty} \rho^j\right)^{-1} = 1 - \rho \\ \pi_k = \pi_0 \rho^k = (1-\rho)\rho^k \quad (k > 0) \end{cases} \tag{4.8.2}$$

由此，可以获得该队列的基本稳态指标：

（1）**平均队列长度**——系统中的平均人数（包括正在接受服务的顾客）

$$L_s = EX(\infty) = \sum_{k=1}^{\infty} k\pi_k = (1-\rho)\sum_{k=1}^{\infty} k\rho^k = \frac{\rho}{1-\rho} = \frac{\lambda}{\mu-\lambda} \tag{4.8.3}$$

（2）**平均等待人数**——等候服务的平均人数

$$L_q = \sum_{k=1}^{\infty} (k-1)\pi_k = \sum_{k=1}^{\infty} k\pi_k - \sum_{k=1}^{\infty} \pi_k = L_s - (1-\pi_0) = \frac{\rho^2}{1-\rho} = \rho L_s \tag{4.8.4}$$

（3）顾客（在系统中）的**平均停留时间与等候时间**。由于系统中队列的平均长度为 L，顾客以 λ 的速率持续进入，"流经" L 个位置花费的时间为 L/λ，因此，顾客在系统中平均停留的时间为

$$W_s = L_s/\lambda = 1/(\mu-\lambda) \tag{4.8.5}$$

同理，顾客在获得服务前等候的平均时间为

$$W_q = L_q/\lambda = \rho W_s \tag{4.8.6}$$

而每位顾客接受服务的平均时间为

$$W_s - W_q = (1-\rho)W_s = \left(1 - \frac{\lambda}{\mu}\right)\left(\frac{1}{\mu-\lambda}\right) = \frac{1}{\mu}$$

这正是服务时间的平均值。

（4）**系统繁忙的概率**。系统（即收银员）空闲的概率为 $P(X(\infty) = 0) = \pi_0 = 1 - \rho$。而系统繁忙的概率为 $\pi_{\text{busy}} = 1 - \pi_0 = \rho$。

例 4.27 某银行窗口可视为 M/M/1 队列。顾客平均到达率为 20 人/小时，每人的平均处理时间为 2.5 分钟/人。试分析该窗口的基本稳态指标。

解：首先，$\rho = \lambda \cdot \frac{1}{\mu} = 20$ 人/小时 × 2.5 分钟/人 = 20 × 2.5/60 = 5/6，于是，由上面的相应公式可以得到：

（1）平均队列长度：$L_s = \frac{\rho}{1-\rho} = \frac{5/6}{1-5/6} = 5$（人）

（2）平均等待人数：$L_q = \rho L_s = \frac{5}{6} \times 5 = 4\frac{1}{6}$（人）

（3）平均停留时间：$W_s = \dfrac{L_s}{\lambda} = \dfrac{5}{20/60} = 15$（分钟）

（4）平均等候时间：$W_q = \rho W_s = \dfrac{5}{6} \times 15 = 12.5$（分钟）

（5）系统（收银员）繁忙概率：$\pi_{\text{busy}} = 5/6 = 0.833$

还可以对 M/M/1 队列做更为深入的分析：例如

（1）队列长度的方差：

$$\sigma_L^2 = EX^2(\infty) - \left[EX(\infty)\right]^2 = \sum_{k=1}^{\infty} k^2 \pi_k - L_s^2 = \frac{\rho}{(1-\rho)^2}$$

可见，当 ρ 接近 1 时，σ_L^2 非常大，这时，队列的长度将剧烈波动，很不稳定。

（2）**等待时间的概率分布**：考虑队列中已有 $n\,(>0)$ 个顾客，这时的等待时间为

$$w_q = T_1' + T_2 + \ldots + T_n$$

其中，T_1' 为正在接受服务的顾客还需要占用的时间，T_2 至 T_n 为等待队列中各顾客将占用的时间。由服务时间的特性与指数分布的无记忆性可知，它们彼此独立且为同样的指数分布，于是，w_q 似泊松过程的第 n 个达到时刻，它具有 n 阶爱尔朗分布。而当 $n=0$ 时，$w_q=0$。所以，$\forall t \geqslant 0$，有

$$P(w_q \leqslant t) = \sum_{k=0}^{\infty} P[w_q \leqslant t \mid X(\infty) = k] P[X(\infty) = k]$$

$$= \pi_0 \times 1 + \sum_{k=1}^{\infty} \pi_0 \rho^k \int_0^t \frac{\mu^k \tau^{k-1}}{(k-1)!} e^{-\mu\tau} d\tau = \pi_0 \left[1 + \rho\mu \int_0^t \sum_{k=1}^{\infty} \frac{(\rho\mu\tau)^{k-1}}{(k-1)!} e^{-\mu\tau} d\tau \right]$$

$$= \pi_0 \left[1 + \rho\mu \int_0^t e^{-\mu(1-\rho)\tau} d\tau \right] = 1 - \rho e^{-\mu(1-\rho)t}$$

进而 $\quad f_{w_q}(t) = dP(w_q \leqslant t)/dt = (1-\rho)\delta(t) + \lambda(1-\rho)e^{-\mu(1-\rho)t} \qquad (t \geqslant 0)$

类似地，还可以计算停留时间的概率分布等。（略）

2. M/M/n 队列

M/M/n 队列如图 4.8.2 所示。这种队列中共有 n 个并行的服务台，其他特性与 M/M/1 队列相同。类似地，队列中的顾客人数 $\{X(t), t \geqslant 0\}$ 是取值为非负整数的生灭过程。当人数为 $1 \leqslant k \leqslant n$ 时，系统 k 个服务台工作；当人数超过 n 时，系统 n 个服务台全部工作。因此，它的状态转移速率图如图 4.8.3 所示。

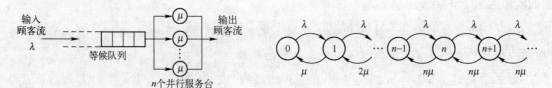

图 4.8.2　M/M/n 队列系统　　　　　图 4.8.3　M/M/n 队列的状态转移速率图

对于 n 个通道的情形，$\rho = \lambda/(n\mu)$。同样，根据生灭过程的平稳分布条件式(4.7.7)可知，只要 $\rho<1$，则 $X(t)$ 具有唯一的平稳分布与极限分布。进而，由式(4.7.6)可具体计算出其极限分布，并仿照 M/M/1 的讨论，来分析队列的各种稳态指标。这里不做更多的讨论。

3. M/M/n/n 队列(爱尔朗模型)

M/M/n/n 队列的各种特性与 M/M/n 队列相同，只是系统不设置等候队列，因此，顾客在不能立即获得服务时将离开队列，有时也称该队列为 **M/M/n**(损失制)。爱尔朗在研究电话系统中繁忙通道的分布时首先提出了这种模型，因此，该队列也称为**爱尔朗模式**。

容易看到，这种队列中的顾客人数 $\{X(t), t \geq 0\}$ 是取值为 $E = \{0,1,2,\cdots,n\}$ 的生灭过程，它的状态转移速率图类似于图 4.8.3，但只有前面 n 级。求解方程组 $\boldsymbol{\pi Q} = \mathbf{0}$，可以得出类似于式 (4.7.6) 的递归结果

$$\pi_j = \frac{(\lambda/\mu)^j}{j!}\pi_0 \qquad j=1,2,\cdots n \tag{4.8.7}$$

再由归一化条件 $\sum_{j\in E}\pi_j = 1$，可得

$$\pi_0 = \left(1 + \sum_{j=1}^{n}\frac{(\lambda/\mu)^j}{j!}\right)^{-1} \tag{4.8.8}$$

显然，对于任意参数 λ 与 μ，该队列均具有唯一的平稳分布与极限分布，如式 (4.8.7) 与式 (4.8.8)，也称为**爱尔朗第一公式**。而 $\pi_j (j=0,1,\cdots,n)$ 的含义是系统中 j 个通道繁忙的概率。容易得到系统繁忙通道的平均数目为

$$N_s = \sum_{j=1}^{n} j\pi_j = \rho(1-\pi_n) \tag{4.8.9}$$

其中，$\rho = \lambda/\mu$。

这种系统的服务质量的一个关键指标是丢失(或拒绝)顾客的概率，在电信业务中又称为**呼叫阻塞(或损失)概率**。它是所有通道都忙的概率，即

$$P[X(t)=n] = \pi_n = \frac{(\lambda/\mu)^n}{n!}\left(\sum_{j=0}^{n}\frac{(\lambda/\mu)^j}{j!}\right)^{-1} \tag{4.8.10}$$

可以证明，即使服务时间为其他任意分布，这一结论仍然成立。

> **例 4.28** 由 4 条外线(即中继线)提供 M/M/4(损失制)的电话服务。呼叫平均到达率为 1 人/分钟，每次的平均通话时间为 2 分钟。试分析该系统的基本稳态指标。
>
> **解：** 首先，$\rho = \lambda/\mu = 1 \times 2 = 2$。由式 (4.8.8) 得，$\pi_0 = 1/7$，以及整个稳态分布为
>
> $$(\pi_0, \pi_1, \pi_2, \pi_3, \pi_4) = (1/7, 2/7, 2/7, 4/21, 2/21)$$
>
> 可见，呼叫损失概率为，$\pi_4 = 0.0952$，或者，顾客呼叫时可接通的概率为，$1 - \pi_4 = 0.9048$。平均在用线路为，$N_s = \rho(1-\pi_4) = 1.81$。

稍加推广，可以得到 M/M/n/m(有限等待)队列与其他形式的队列，它们的分析原理与上面的类似，这里不再做讨论。

习题

4.1 假定 $\{Z_n, n=0,1,\cdots\}$ 是独立非负整数随机变量序列，令 $X_0 = Z_0^2$，$\forall n > 0$，$X_n = (Z_0 + \cdots + Z_n)^2$。试说明：$\{X_n, n=0,1,2,\ldots\}$ 是一个齐次马尔可夫链。

4.2 试说明下列 $\{X_n, n=0,1,2,\cdots\}$ 是一个齐次马尔可夫链并写出转移概率矩阵。

(1) 独立地接连掷一枚均匀硬币，令 $X_0 = 0$，$X_n(n>0)$ 表示前 n 次掷出的正面次数。

(2) X_0 为整数 1 到 6 中的某随机数，$X_n(n>0)$ 独立地在整数 $1,2,\cdots,X_{n-1}$ 中随机选取；

（3）独立地连续投掷一枚均匀骰子，令 $X_0 = 0$，$X_n (n > 0)$ 表示前 n 次掷出点数的记录值（即 X_n 是所有前 n 次掷出点数中的最大值）；

4.3　四个人（球衣号为 1, 2, 3, 4）进行传球训练，每次持球人等可能地把球传递给其他三个人之一，令 X_0 表示最初持球人的球衣号，X_n 表示 n 次传递后持球人的球衣号。$\{X_n, n = 0, 1, 2, \cdots\}$ 是一个齐次马尔可夫链。

（1）写出转移概率矩阵；　　　　　　　　（2）计算 3 步转移矩阵；

（3）假定 X_0 的取值等概，求经过 3 次传递后球回到原来持球人手中的概率。

4.4　设 $\{X(n), n = 0, 1, 2, \cdots\}$ 是马尔可夫链，证明该链的逆序也构成一个马尔可夫链。即

$$P\{X(1) = x_1 \mid X(2) = x_2, \cdots, X(n) = x_n\} = P\{X(1) = x_1 \mid X(2) = x_2\}$$

4.5　设齐次马尔可夫链 $\{X_n, n = 0, 1, 2, \cdots\}$ 的状态空间 E 有限，转移概率矩阵为 $\boldsymbol{P}$，令 $P_{ij}(z) = \sum_{k=0}^{\infty} p_{ij}^{(k)} z^k$，$|z| < 1$，$i, j \in E$；$\boldsymbol{M}(z) = \left(P_{ij}(z)\right)_{i, j \in E}$。证明：

$$\boldsymbol{M}(z) = (\boldsymbol{I} - z\boldsymbol{P})^{-1} = \boldsymbol{I} + z\boldsymbol{P} + z^2 \boldsymbol{P}^2 + \cdots + z^n \boldsymbol{P}^n + \cdots$$

4.6　A、B 两人进行比赛，设每局比赛 A 胜的概率为 a，负的概率为 b，和局的概率为 c，$a + b + c = 1$，胜一局记"1"分，负一局记"-1"分，和局记"0"分。当两个人中有一个人净胜 2 分时，比赛结束。以 X_n 表示比赛到第 n 局时，A 获得的净胜分数。$\{X_n, n = 0, 1, 2, \cdots\}$ 是一个齐次马尔可夫链。

（1）写出此马尔可夫链的状态空间；　　　　　　　　（2）写出转移概率矩阵；

（3）问 A 在获得 1 分的情况下，3 局以内（含 3 局）比赛结束的概率；　（4）A 胜 B 的概率。

4.7　设齐次马尔可夫链 $\{X_n, n = 0, 1, 2, \cdots\}$ 的状态空间为 $E = \{1, 2, 3\}$，转移概率矩阵为

$$\boldsymbol{P} = \begin{bmatrix} 0.2 & 0.3 & 0.5 \\ 0.3 & 0.4 & 0.3 \\ 0.5 & 0.4 & 0.1 \end{bmatrix}$$

（1）求平稳分布；　　　（2）问初始分布 $\boldsymbol{\pi}(0)$ 如何时，该过程是平稳过程，并求此时的 EX_n 与 DX_n。

4.8　设齐次马尔可夫链 $\{X_n, n = 0, 1, 2, \cdots\}$ 的状态空间为 $E = \{1, 2, 3\}$，转移概率矩阵为

$$\boldsymbol{P} = \begin{bmatrix} 0.5 & 0.25 & 0.25 \\ 0 & 0.75 & 0.25 \\ 0 & 0 & 1 \end{bmatrix}$$

计算：（1）$f_{13}^{(n)} (n = 1, 2, 3, \cdots)$ 与 ET_{13}；（2）f_{ii}，$i = 1, 2, 3$；（3）$\lim_{n \to \infty} \boldsymbol{P}^n$。

4.9　假设一个生长与灾害模型服从齐次马尔可夫链。状态空间为 $E = \{0, 1, 2, \cdots\}$，转移矩阵为

$$\boldsymbol{P} = \begin{bmatrix} 0 & 1 & 0 & 0 & \cdots \\ 1 - p_1 & 0 & p_1 & 0 & \cdots \\ 1 - p_2 & 0 & 0 & p_2 & \cdots \\ \cdots & \cdots & \cdots & \cdots & \cdots \end{bmatrix}$$

当过程处于状态 i 时，它可以概率 p_i "生长"到状态 $i+1$；也可能遭遇"灾害"，以概率 $1 - p_i$ 回到状态 0。

（1）试证明所有状态为常返态的条件是，$\lim_{n \to \infty}(p_1 p_2 \cdots p_n) = 0$；

（2）如果该链是常返的，求其为零常返的条件。

4.10　设齐次马尔可夫链的状态空间为 E，$\forall i, j \in E$，$n \geqslant 2$，试证明：$f_{ij}^{(n)} = \sum_{\substack{m \neq j \\ m \in E}} p_{im} f_{mj}^{(n-1)}$。

4.11　设齐次马尔可夫链 $\{X_n, n = 0, 1, 2, \cdots\}$ 的状态空间为 $E = \{1, 2, 3, 4\}$，转移概率矩阵为

$$P = \begin{bmatrix} 1/4 & 3/4 & 0 & 0 \\ 1/3 & 0 & 2/3 & 0 \\ 0 & 0 & 0 & 1 \\ 0 & 0 & 1/2 & 1/2 \end{bmatrix}$$

（1）画出状态转移图；（2）讨论各状态分类；（3）分解状态空间。

4.12 若明日是否降雨仅与今日是否有雨有关，并设今日有雨而明日有雨的概率为 0.7；今日无雨明日有雨的概率为 0.2。设 X_0 表示今日的天气状态，X_n 表示第 n 日的天气状态，"$X_n = 1$" 表示第 n 日有雨；"$X_n = 0$" 表示第 n 日无雨。

（1）写出 X_n 的状态转移概率矩阵；（2）求今日有雨且后日仍有雨的概率；（3）求有雨的平稳概率。

4.13 某区域出口的宏观状况可粗略地分为 3 类：−1=下滑超过 5%；+1=增长超过 5%；0=基本持平（5%以内）。该区域的长期统计数据归纳为表题 4.13。在稳定条件下，试求：

（1）出现下滑的平均间隔（即 μ_{-1}）；（2）三种状态的概率。

4.14 某城市的 A、B、C 三个自行车出租点实行联营业务。旅客可从 A、B、C 三处的任何一处租车，用完后还到任何一处。据统计，旅客的租车与还车习惯如表题 4.14 所示。试问：维修点安排在 A、B、C 中的哪一点最合算？

表 题 4.13

本期状况	下期状况		
	−1	0	+1
−1	0.8	0.2	0
0	0.4	0.2	0.4
+1	0.1	0.3	0.6

表 题 4.14

租车处	还车处		
	A	B	C
A	30%	70%	0
B	70%	0	30%
C	10%	40%	50%

4.15 设两个齐次马尔可夫链 $\{X_n, n = 0,1,2,\cdots\}$ 的状态空间为 $E = \{1,2,3\}$，转移概率矩阵分别为

$$P = \begin{bmatrix} 1/2 & 1/2 & 0 \\ 1/2 & 1/4 & 1/4 \\ 0 & 1/3 & 2/3 \end{bmatrix} \quad 与 \quad P = \begin{bmatrix} 1/2 & 1/3 & 1/6 \\ 1/3 & 1/3 & 1/3 \\ 1/3 & 1/2 & 1/6 \end{bmatrix}$$

（1）计算 2 步转移矩阵；　　　（2）已知初始分布 $\pi(0) = (0.4, 0.4, 0.2)$，求 $n = 2$ 时的概率分布；

（3）讨论其遍历性；　　　　　（4）求平稳分布与 $\lim\limits_{n \to \infty} P^n$。

4.16 设齐次马尔可夫链 $\{X_n, n = 0,1,2,\cdots\}$ 的状态空间为 $E = \{1,2,3,4\}$，转移概率矩阵为

$$P = \begin{bmatrix} 1/3 & 2/3 & 0 & 0 \\ 1/2 & 0 & 1/2 & 0 \\ 0 & 0 & 3/4 & 1/4 \\ 0 & 1/2 & 0 & 1/2 \end{bmatrix}$$

（1）讨论其遍历性；　　　　　　（2）求平稳分布与 $\lim\limits_{n \to \infty} P^n$；

（3）计算概率：$P\{X_4 = 3 \mid X_1 = 1, X_2 = 1\}$，$P\{X_4 = 3 \mid X_1 = 4, X_2 = 3\}$，$P\{X_2 = 1, X_3 = 2 \mid X_1 = 1\}$。

4.17 对于例 4.18 的数字通信系统，设接收序列为 (010)，试估计 X_2 的可能取值。

4.18 对例 4.17 的无线信道模型，分别记 g 与 b 为 0 与 1，正确与丢包为 0 与 1。假定

$$\pi = (0,1), \quad P = \begin{bmatrix} 0.9 & 0.1 \\ 0.1 & 0.9 \end{bmatrix}, \quad B = \begin{bmatrix} 0.99 & 0.01 \\ 0.85 & 0.15 \end{bmatrix}$$

在前 3 次数据包接收结果为 (010) 条件下，试求：（1）第 3 次传送时好信道的概率；（2）第 4 次传送时

好信道的概率；（3）第 4 次正确接收的概率。

4.19　设 $\{N(t),t \geqslant 0\}$ 是参数为 λ 的泊松过程，令 $X(t)=\begin{cases}1, & N(t)\text{为偶数}\\0, & N(t)\text{为奇数}\end{cases}$。试说明，$\{X(t),t \geqslant 0\}$ 为马尔可夫链，并计算 $\boldsymbol{P}(t)$ 与 $\boldsymbol{Q}$。

4.20　设 $\{N(t),t \geqslant 0\}$ 是参数为 λ 的泊松过程，$\{Y_i,i \geqslant 1\}$ 是彼此独立与同分布的离散随机序列。若 $\{Y_i\}$ 服从 $(n=3,\ p=0.5)$ 的二项式分布，且它与 $\{N(t)\}$ 独立，而 $\{X(t),t \geqslant 0\}$ 为它们的复合泊松过程。试说明，$\{X(t),t \geqslant 0\}$ 为马尔可夫链，并计算 $\boldsymbol{P}(t)$ 与 $\boldsymbol{Q}$。

4.21　设 $\{X(t),t \geqslant 0\}$ 为满足标准条件的连续时间马尔可夫链，$E=\{0,1\}$，$\boldsymbol{Q}=\begin{bmatrix}-\lambda & \lambda\\ \mu & -\mu\end{bmatrix}$，初始分布为 $(\pi_0,\pi_1)=(1,0)$。令 $\tau=\inf\{t:X(t)\neq X(0),t>0\}$。求：$E\{\tau|X(0)=0\}$，$EX(t)$，$E\{X(s+t)|X(s)=1\}$ 与 $\mathrm{Cov}\{X(s),\ X(t)\}$。

4.22　设 $\{X(t),t \geqslant 0\}$ 为纯生 Yule 过程，$\{\lambda_n=n\lambda>0,\ \mu_n=0,\ n=1,2,3,...\}$，试证明：

（1）$p_{ij}(t)=C_{j-1}^{j-i}p^i q^{j-i}$，$j \geqslant i>0$，$p=\mathrm{e}^{-\lambda t}$，$q=1-p$；

（2）$EX(t)=\mathrm{e}^{\lambda t}$ 与 $DX(t)=\mathrm{e}^{2\lambda t}(1-\mathrm{e}^{-\lambda t})$。

4.23　设 $\{X(t),t \geqslant 0\}$ 为纯灭过程，$\{\lambda_n=0,\ \mu_n=n\mu>0,\ n=1,2,3,...\}$，$X(0)=N$。试证明：

（1）$\pi_i(t)=P[X(t)=i]=C_i^N p^i q^{N-i}$，$i>0$，$p=\mathrm{e}^{-\mu t}$，$q=1-p$；

（2）$EX(t)=N\mathrm{e}^{-\mu t}$ 与 $DX(t)=N\mathrm{e}^{-\mu t}(1-\mathrm{e}^{-\mu t})$。

4.24　某加油站有一个加油泵，设汽车到达间隔和加油时间相互独立，都服从指数分布，平均每 5 分钟到达一辆汽车，每 3 分钟加完一辆汽车，等候加油的汽车数不受限制。试求：

（1）汽车到达加油站时能立即加油的概率；　　　　　（2）汽车到达加油站时可排队加油的概率；

（3）汽车加油需要逗留的平均时间。

4.25　某电话总机有 2 条中继线，设电话呼叫按平均率为 $\lambda=2$（次/分钟）的泊松过程到达，通话时间服从参数为 $\mu=3$（分钟/次）的指数分布，呼叫和通话相互独立。若顾客遇忙挂机（不等待）。设 $\{X(t),t \geqslant 0\}$ 表示时刻 t 时的通话线路数。

（1）画出 $X(t)$ 的状态转移速度图；（2）求 $X(t)$ 的平稳分布；（3）计算稳态时总机的呼叫损失概率。

4.26　某医务室有 2 位医生。病人以泊松过程到达，平均每 10 分钟 1 人；看病时间服从指数分布，平均每人 5 分钟。医务室还有 1 个候诊座位。若病人都不站立等候。设 $\{X(t),t \geqslant 0\}$ 表示时刻 t 在医务室的病人数目。

（1）画出 $X(t)$ 的状态转移速度图；（2）求 $X(t)$ 的平稳分布。（3）计算稳态时医生忙的概率与医务室的平均病人数目。

4.27　假定有 3 台机器配有一位维修技师。每台机器出故障是独立的，故障时间服从指数分布，平均时间为 $1/\lambda$；故障发生后技师立即维修（如果正在修理先前的故障机器，则随后立即维修），修理时间也服从指数分布，平均时间为 $1/\mu$。设 $\{X(t),t \geqslant 0\}$ 表示时刻 t 出故障的机器数。

（1）画出 $X(t)$ 的状态转移速度图；（2）求 $X(t)$ 的平稳分布；（3）计算稳态时等候修理的平均机器数目。

第5章　二阶矩过程及其均方分析

实函数的极限与微积分是数学中最为成熟的基础内容之一，它们是解决实际问题时极其有力的数学工具。本章讨论二阶矩过程的极限与微积分，包括它们的极限、连续性、导数、积分与微分方程等问题。

5.1　二阶矩随机变量空间与均方极限

一、二阶矩是随机变量最基本的特征。二阶矩过程是具有一、二阶矩的随机过程，它们是实际应用中最为广泛与普遍的随机过程，比如，各种平稳过程、高斯过程、布朗运动、泊松过程与马尔可夫过程，以及其他的各种独立增量过程与正交增量过程等。

5.1.1　二阶矩随机变量空间

普通微积分是在实数域上对实值函数的分析，而均方微积分是在二阶矩随机变量空间上对随机过程的分析。

定义 5.1　具有均方值的随机变量称为**二阶矩(随机)变量**。这种随机变量的全体构成的集合称为**二阶矩(随机)变量空间**，记为 H。

由于均方值存在，二阶矩变量的均值必定存在。下面详细考察一下二阶矩变量空间 H 的基本性质。首先，它是复数域 C(或实数域 R)上的线性空间，可以从下面几点来理解：

（1）H 中元的相等定义为，$E|X-Y|^2 = 0\ (\forall X,Y \in H)$，记为 $X = Y$。

（2）H 上具有常规意义的"＋"运算，它是封闭的：$\forall X,Y \in H$，则 $X+Y \in H$。因为柯西-许瓦兹不等式

$$\left|E[XY^*]\right| \leqslant \sqrt{E|X|^2 E|Y|^2} < +\infty$$

所以　　　　　$E|X+Y|^2 = E|X|^2 + E(XY^*) + E(X^*Y) + E|Y|^2 < +\infty$

而且，加法运算满足交换律与结合律，H 中存在零元与逆元。

（3）H 上具有常规意义的数乘运算，它也是封闭的。并有：$\forall a,b \in C$(本章中，我们一般化考虑复数域)，则

$$a(bX) = (ab)X,\ \ (a+b)X = aX + bX,\ \ 1 \cdot X = X,\ \ a(X+Y) = aX + aY \tag{5.1.1}$$

可见，H 与人们熟知的欧氏空间(或酉空间)类似。受此启发，在 H 上引入内积、正交、范数与距离如下：

（1）若 $X,Y \in H$，定义 X 与 Y 的**内积**：$(X,Y) = E[XY^*]$。容易证明，对于 $X,Y,Z \in H$，有

$$\begin{cases} (X+Y,Z) = (X,Z) + (Y,Z) \\ (aX,Y) = a(X,Y),\ (X,aY) = a^*(X,Y),\ (a\text{为复数}) \\ (X,Y) = (Y,X)^* \\ (X,X) \geqslant 0;\ (X,X) = 0,\ \text{当且仅当} X = 0 \text{时} \end{cases} \tag{5.1.2}$$

（2）定义 X 与 Y 的**正交**：$(X,Y)=E[XY^*]=0$。

（3）定义**范数**：$\|X\|=\sqrt{(X,X)}=\sqrt{E|X|^2}$。可以证明下面的不等式：

$$0 \leqslant |EX| \leqslant E|X| \leqslant \|X\| \tag{5.1.3}$$

$$|(X,Y)| \leqslant \|X\|\|Y\| \tag{5.1.4}$$

$$\|X+Y\| \leqslant \|X\|+\|Y\| \quad （三角不等式） \tag{5.1.5}$$

（4）若 $X,Y \in H$，定义 X 与 Y 的**距离**：$d(X,Y)=\|X-Y\|$。距离的平方正是均方误差。对于距离，有下面几点：

$$d(X,Y) \geqslant 0$$
$$d(X,Y)=0，即 X=Y$$
$$d(X,Z) \leqslant d(X,Y)+d(Y,Z) \tag{5.1.6}$$

例 5.1 试证明：（1）$|(X,Y)|=|E(XY^*)| \leqslant \|X\|\|Y\|$；（2）$\|X+Y\| \leqslant \|X\|+\|Y\|$。

证明：（1）由柯西－许瓦兹不等式立即得到。

（2）一般而言，对于所有内积运算，有

$$\|X+Y\|^2 = (X+Y,X+Y) = (X,X)+(X,Y)+(Y,X)+(Y,Y)$$

$$\leqslant \|X\|^2 + \|X\|\|Y\| + \|X\|\|Y\| + \|Y\|^2 = (\|X\|+\|Y\|)^2$$

因此得到结果。

综上所述，二阶矩随机变量空间 H 是一个完备的赋范线性空间，是研讨随机变量的便利平台。

5.1.2 二阶矩过程

定义 5.2 若随机过程 $\{X(t),t\in T\}$ 在任意时刻 $t\in T$，均有 $E|X(t)|^2 < +\infty$，则称它为**二阶矩过程**。

由于 $E|X(t)|^2$ 存在，可知，$m(t)=EX(t)<+\infty$；又由柯西-许瓦兹不等式，有

$$|R(s,t)| = |E\{X(s)X^*(t)\}| \leqslant \sqrt{E|X(s)|^2 E|X(t)|^2} < +\infty$$

以及

$$C(s,t)=R(s,t)-m(s)m^*(t) < +\infty$$

可见，二阶矩过程就是具有全部一、二阶统计特性的随机过程。虽然仅凭这些参数往往无法确定随机过程的全部特性，但是，基于一、二阶矩参数已经可以进行大量很有价值的分析与处理。特别是，这种过程的自相关函数显得尤为重要，第 2 章中已经给出了它们的基本性质。此外还有下面的性质。

性质 1 自相关函数 $R(s,t)$ 是**半正定**（或非负定）函数，即，对于任意时间序列 $\{t_i\}$ 与复数序列 $\{v_i\}$，恒有，$\sum_{i,j} v_i v_j^* R(t_i,t_j) \geqslant 0$。

证明： $\sum_{i,j} v_i v_j^* R(t_i,t_j) = \sum_{i,j} E\left[v_i X(t_i) v_j^* X^*(t_j)\right] = E\left|\sum_i v_i X(t_i)\right|^2 \geqslant 0$

（证毕）

该性质等价于：自相关矩阵 R 是半正定矩阵。自相关函数的半正定性在数学上具有重要意

义。可以证明：任何一个半正定函数 $R(s,t)$ 总可以作为某个过程的自相关函数，如果 $R(s,t)$ 是实数，则过程也是实过程。

二阶矩过程 $\{X(t),t\in T\}$ 在任意时刻的 $X(t)$ 是一个二阶矩随机变量，它可以几何解释为 H 空间中的一个点（元素），而整个过程 $\{X(t),t\in T\}$ 是 H 空间中的一条曲线。

5.1.3 随机序列的均方极限

有了距离后，可以引入极限的定义。

定义 5.3 若随机序列 $\{X_n, n=1,2,\cdots\}$ 是二阶矩序列，对于 $X\in H$，如果

$$\lim_{n\to\infty} d(X_n, X) = \lim_{n\to\infty} \|X_n - X\| = 0 \tag{5.1.7}$$

则称 $\{X_n, n=1,2,\cdots\}$（均方）收敛于 X，或 X 为序列 $\{X_n, n=1,2,\cdots\}$ 的（**均方**）**极限**。记作：$\lim_{n\to\infty} X_n = X$。

显然，式(5.1.7)等价于 $\lim_{n\to\infty} E|X_n - X|^2 = 0$，它与 1.7 节中均方收敛的概念是一致的。有时为了突出均方收敛的意义，特别地记作：

$$\lim_{n\to\infty} X_n \overset{\text{m.s.}}{=} X, \quad \text{或} \quad X_n \overset{\text{m.s.}}{\to} X \ (n\to\infty), \quad \text{或} \quad \text{l.i.m.}_{n\to\infty} X_n = X$$

（其中，m.s. 指 mean square，l.i.m. 指 limit in mean square）。

均方极限遵从一般极限理论，它具有普通极限的所有基本性质。以下假设 $X, Y, X_n, Y_n \in H$ 与 $\alpha, \beta \in C$，C 为复数域。

性质 2 若 $\lim_{n\to\infty} X_n = X$ 与 $\lim_{n\to\infty} X_n = Y$，则

（1）唯一性 $\qquad\qquad\qquad\qquad X = Y$

（2）线性 $\qquad\qquad\qquad \lim_{n\to\infty}(\alpha X_n + \beta Y_n) = \alpha X + \beta Y \tag{5.1.8}$

作为随机变量，我们往往特别关注它们的均值与矩，对此，有下述性质。

性质 3（均值与极限可以交换顺序） 若 $\lim_{n\to\infty} X_n = X$ 与 $\lim_{n\to\infty} Y_n = Y$，则：

$$\lim_{n\to\infty} EX_n = E\lim_{n\to\infty} X_n = EX \tag{5.1.9}$$

$$\lim_{\substack{n\to\infty\\m\to\infty}} E[X_n Y_m^*] = E\left[\left(\lim_{n\to\infty} X_n\right)\left(\lim_{m\to\infty} Y_m^*\right)\right] = E[XY^*] \tag{5.1.10}$$

$$\lim_{n\to\infty} \|X_n\| = \|X\| \tag{5.1.11}$$

证明： 首先，由 $|EX| \leqslant \|X\|$，有 $|EX_n - EX| = |E[X_n - X]| \leqslant \|X_n - X\| \to 0$。于是，得到式 (5.1.9)。

而后注意到 $E[X_n Y_m^*] - E[XY^*] = (X_n, Y_m) - (X, Y) = (X_n, Y_m - Y) + (X_n, Y) - (X, Y)$

$$= (X_n - X, Y_m - Y) + (X, Y_m - Y) + (X_n - X, Y)$$

根据 $|(X,Y)| \leqslant \|X\|\|Y\|$，有 $\quad |E[X_n Y_m^*] - E[XY^*]| \leqslant \|X_n - X\|\|Y_m - Y\| + \|X\|\|Y_m - Y\| + \|X_n - X\|\|Y\|$

由于 $n\to\infty$ 时，$\|X_n - X\| \to 0$ 与 $\|Y_n - Y\| \to 0$，上式右边各项都趋于 0，得到式(5.1.10)。

最后，利用式(5.1.10)的结论，有

$$\lim_{n \to \infty} \|X_n\|^2 = \lim_{n \to \infty} E[X_n X_n^*] = E[XX^*] = \|X\|^2$$

由于范数是非负数，因此得到式(5.1.11)。（证毕）

定理 5.1 随机序列 $\{X_n, n=1,2,\cdots\}$ 的均方极限存在的充要条件是：

（1）**收敛准则 1：** $\qquad \lim_{m,n \to \infty} d(X_n, X_m) = 0 \qquad\qquad\qquad$ (5.1.12)

（2）**收敛准则 2：** $\qquad \lim_{n,m \to \infty} (X_n, X_m)$ 存在。

证明：（1）准则 1 也称为柯西准则，需要用到测度论的有关知识，证明从略。

（2）充分性：设 $\lim_{n,m \to \infty} (X_n, X_m)$ 存在，并等于 a，由于

$$\|X_n - X_m\|^2 = (X_n - X_m, X_n - X_m) = (X_n, X_n) - (X_n, X_m) - (X_m, X_n) + (X_m, X_m)$$

可见，$n \to \infty$ 时上式右边各项都趋于 a，即 $\lim_{m,n \to \infty} d(X_n, X_m) = 0$。根据收敛准则 1 可知，均方极限 $\lim_{n \to \infty} X_n$ 存在。

必要性：设 $\lim_{n \to \infty} X_n$ 存在，并等于 X，由式(5.1.10)有

$$\lim_{n,m \to \infty} (X_n, X_m) = \lim_{n,m \to \infty} E[X_n X_m^*] = E[XX^*] = E|X|^2$$

该极限存在。（证毕）

注意到，上述定理中的收敛准则 2 等价于：$\lim_{n,m \to \infty} E[X_n X_m^*]$ 存在。很多时候，采用这个形式更方便对随机过程的讨论。

例 5.2 若 $\lim_{n \to \infty} X_n = X$，试证明：

（1）$\lim_{n \to \infty} \cos X_n = \cos X$，$\lim_{n \to \infty} \sin X_n = \sin X$；（2）$\lim_{n \to \infty} e^{jX_n} = e^{jX}$。

证明：（1）由于 $\qquad \|\cos X_n - \cos X\| = 2\|\sin[(X_n + X)/2] \sin[(X_n - X)/2]\|$

$$\leqslant 2 \times 1 \times \|(X_n - X)/2\| \to 0 \qquad (n \to \infty)$$

因此，$\lim_{n \to \infty} \cos X_n = \cos X$；同理，$\lim_{n \to \infty} \sin X_n = \sin X$。

（2）由于 $\qquad \|e^{jX_n} - e^{jX}\| = \|(\cos X_n - \cos X) + j(\sin X_n - \sin X)\|$

$$\leqslant \|\cos X_n - \cos X\| + \|\sin X_n - \sin X\| \to 0 \qquad (n \to \infty)$$

因此，$\lim_{n \to \infty} e^{jX_n} = e^{jX}$。

例 5.3 设 $X_1, X_2, \cdots, X_n$ 为独立同分布的随机变量，$E[X_i] = m$，$\text{Var}[X_i] = \sigma^2$，$i = 1,2,\ldots,n$。试分析 $Y_n = \dfrac{1}{n} \sum_{i=1}^{n} X_i$ 的均方极限。

解： 首先 $X_1, X_2, \cdots, X_n$ 与 Y_n 均属于 H，又利用独立性，有

$$\|Y_n - m\|^2 = E\left|\frac{1}{n} \sum_{i=1}^{n} (X_i - m)\right|^2 = \frac{1}{n^2} E\left|\sum_{i=1}^{n} (X_i - m)\right|^2$$

$$\leqslant \frac{1}{n^2} \sum_{i=1}^{n} E|X_i - m|^2 = \frac{1}{n} \sigma^2 \to 0 \qquad (n \to \infty)$$

因此，$\lim_{n \to \infty} \|Y_n - m\| = 0$，即 Y_n 的均方极限为 m。

5.1.4 随机过程的均方极限

定义了随机变量序列的极限后，下面定义随机过程的均方极限。

定义 5.4　若 $\{X(t), t \in T\}$ 是二阶矩过程，对于 $A \in H$，如果

$$\lim_{t \to t_0} \|X(t) - A\| = 0 \quad \text{或} \quad \lim_{t \to t_0} E|X(t) - A|^2 = 0 \qquad (5.1.13)$$

则称 $t \to t_0$ 时 $X(t)$ 均方收敛于 A，或 A 为过程 $X(t)$ 在 t_0 的**均方极限**，记作：$\lim_{t \to t_0} X(t) \overset{m.s.}{=} A$，或 $l.i.m.\underset{t \to t_0}{} X(t) = A$。简记为 $\lim_{t \to t_0} X(t) = A$。

与随机序列类似，随机过程的均方极限也具有唯一性、线性性、求均值与求极限可以交换顺序等性质。

5.2　均 方 连 续

在数学分析中，函数连续性是指当自变量趋于某一点时，函数趋于它在该点处的取值。类似地，随机过程的连续性是指当其参数趋于某一点时，随机过程依均方意义趋于它在该点处的随机变量。严格的数学定义可以表述为：

定义 5.5　若 $\{X(t), t \in T\}$ 是二阶矩过程，如果对于 $t_0 \in T$，有

$$\lim_{t \to t_0} X(t) = X(t_0) \qquad (5.2.1)$$

则称 $X(t)$ 在 t_0 处**均方连续**。

若对于所有 $t \in T$，$X(t)$ 处处均方连续，则称随机过程在 T 上均方连续。

下面的均方连续准则指出，随机过程是否均方连续可以由它的自相关函数的连续性来判断。自相关函数是普通的二元函数，使用它比直接使用定义更为方便。

定理 5.2（均方连续准则）　二阶矩过程 $\{X(t), t \in T\}$ 在 t_0 处均方连续的充分必要条件是，其自相关函数 $R(s,t)$ 在 (t_0, t_0) 处连续。

证明：

充分性：设 $R(s,t)$ 在 (t_0, t_0) 处连续，由

$$E|X(t) - X(t_0)|^2 = E|X(t)|^2 - E[X(t)X^*(t_0)] - E[X(t_0)X^*(t)] + E|X(t_0)|^2$$
$$= R(t,t) - R(t,t_0) - R(t_0,t) + R(t_0,t_0)$$

可见，$\lim_{t \to t_0} E|X(t) - X(t_0)|^2 = 0$。因此，$X(t)$ 在 t_0 处均方连续。

必要性：设 $X(t)$ 在 t_0 处均方连续，由求均值与求极限可以交换顺序的性质，得

$$\lim_{\substack{s \to t_0 \\ t \to t_0}} R(s,t) = \lim_{\substack{s \to t_0 \\ t \to t_0}} E[X(s)X^*(t)] = E[X(t_0)X^*(t_0)] = R(t_0, t_0)$$

故 $R(s,t)$ 在 (t_0, t_0) 处连续。（证毕）

对于均方连续及其判断准则，应该注意下面几点：

（1）均方连续的判断准则指出：随机过程 $\{X(t), t \in T\}$ 的均方连续性等价于 $R(s,t)$ 这个普通二元函数的连续性。这使得问题简化。

（2）若 $R(s,t)$ 在 $(t,t), t \in T$（对角线）上连续，则 $X(t)$ 在 T 上均方连续，进而可证明 $R(s,t)$ 在 $(s,t), s,t \in T$（整个 $T \times T$ 区域）上也连续。取值区域如图 5.2.1 所示。

图 5.2.1　$T \times T$ 区域与对角线

（3）若 $X(t)$ 均方连续，那么其均值函数 $m(t)$ 也连续。

（4）$X(t)$ 在 t_0 处均方连续的含义是，它在均方意义下保持连续，因此，其样本函数在 t_0 处间断的概率是 0。但这并不保证 $X(t)$ 的样本函数一定不发生间断。例如，随机二进制传输过程与泊松计数过程都是均方连续的，但它们的样本函数几乎一定是间断的。

例 5.4 讨论平稳独立增量过程 $\{X(t), t \geqslant 0\}$ 与泊松过程 $\{N(t), t \geqslant 0\}$ 的均方连续性。

解： 平稳独立增量过程的均值与方差存在，因此它是二阶矩过程。其自相关函数为

$$R(s,t) = C(s,t) + m(s)m(t) = \sigma^2 \min(s,t) + m^2 st$$

其中，σ^2 与 m 为确定常量。显然，自相关函数在 $(t,t), t \in T$ 连续，因此，平稳独立增量过程是均方连续的。

显然，泊松过程是一种平稳独立增量过程，因此是均方连续的。然而，作为计数过程其样本函数几乎必定含有间断点。

5.3 均方导数

导数是函数在某处的瞬时变化率。对于随机过程而言，其导数的概念是类似的，但它是一个随机变量，即随机过程的变化率是随机的。

5.3.1 定义与可导准则

定义 5.6 若 $\{X(t), t \in T\}$ 是二阶矩过程，对于 $t_0 \in T$，如果

$$\lim_{\Delta t \to 0} \frac{X(t_0 + \Delta t) - X(t_0)}{\Delta t} \tag{5.3.1}$$

存在，则称 $X(t)$ 在 t_0 处**均方可导**或**可微**。此极限记作 $X'(t_0)$ 或 $\mathrm{d}X(t_0)/\mathrm{d}t$，称为 $X(t)$ 在 t_0 处的**均方导数**或**微商**。

若对于所有 $t \in T$，$X(t)$ 处处均方可导，则称随机过程在 T 上均方可导。这时，由 $X(t)$ 得到一个新的随机过程 $\{X'(t), t \in T\}$，称为它的**导（数）过程**。在导过程上还可以进一步定义二阶导过程与高阶导过程。

相似地，判断随机过程是否均方可导可以根据其自相关函数的可导性来进行。为此，我们先定义普通二元函数的广义二阶可导性：对于二元函数 $R(s,t)$，如果

$$\lim_{h,k \to 0} \frac{R(s+h, t+k) - R(s+h, t) - R(s, t+k) + R(s,t)}{hk} \tag{5.3.2}$$

存在，则称 $R(s,t)$ 在 (s,t) 处**广义二阶可导**，并称此极限为**广义二阶导数**。

定理 5.3（均方可导准则） 二阶矩过程 $\{X(t), t \in T\}$ 在 $t_0 \in T$ 处均方可导的充分必要条件是，其自相关函数 $R(s,t)$：

（1）在 (t_0, t_0) 处广义二阶可导；

（2）偏导数 $\dfrac{\partial^2}{\partial s \partial t} R(s,t)$ 存在且连续。

证明：（1）根据均方极限的收敛准则 2，$\lim\limits_{\Delta t \to 0} \dfrac{X(t_0 + \Delta t) - X(t_0)}{\Delta t}$ 存在的充要条件为下面的极限存在

$$\lim_{h,k \to 0} E\left[\frac{X(t_0+h)-X(t_0)}{h} \frac{X^*(t_0+k)-X^*(t_0)}{k} \right]$$

$$= \lim_{h,k \to 0} \frac{R(t_0+h,t_0+k)-R(t_0+h,t_0)-R(t_0,t_0+k)+R(t_0,t_0)}{hk}$$

这便是式(5.3.2)，于是得到第（1）条充要条件。

（2）可以证明本条件与条件（1）等价，这里不做赘述。（证毕）

一般而言，上面的两个充要条件中，计算广义二阶导数较为麻烦，而条件（2）非常容易判断，因此，条件（2）的应用更为广泛。

5.3.2 基本性质

下面讨论均方可导的一些基本性质，它们与普通函数的类似，因此，这里不做详细的证明。

性质 1 若 $X(t)$ 均方可导，则有：

（1） $X(t)$ 必均方连续；

（2）**唯一性**：均方导数是唯一的；

（3）**线性**：若 $Y(t)$ 也均方可导，α, β 为任意常数，则 $\alpha X(t) + \beta Y(t)$ 均方可导，并且

$$\left[\alpha X(t) + \beta Y(t)\right]' = \alpha X'(t) + \beta Y'(t) \tag{5.3.3}$$

（4）若 A 为一随机变量(与 t 无关)，则

$$\left[X(t)+A\right]' = X'(t) \tag{5.3.4}$$

（5）若 $f(t)$ 是普通可导函数，则 $f(t)X(t)$ 均方可导，并且

$$\left[f(t)X(t)\right]' = f'(t)X(t) + f(t)X'(t) \tag{5.3.5}$$

特别地，关于导过程的均值与相关函数有下面的性质：

性质 2 均值和求导运算可以交换顺序：若 $X(t)$ 在 T 上均方可导，则其导过程 $X'(t)$ 的均值、相关函数与互相关函数存在，并且：

（1） $EX'(t) = \dfrac{\mathrm{d}}{\mathrm{d}t} EX(t)$

（2） $R_{XX'}(s,t) = E\left[X(s)\left(X'(t)\right)^*\right] = \dfrac{\partial}{\partial t} R_X(s,t)$

（3） $R_{X'X}(s,t) = E\left[X'(s)X^*(t)\right] = \dfrac{\partial}{\partial s} R_X(s,t)$

（4） $R_{X'}(s,t) = E\left[X'(s)\left(X'(t)\right)^*\right] = \dfrac{\partial^2}{\partial s \partial t} R_X(s,t)$

证明：这里只证明（2），其余的可以仿照证明。根据 $X(t)$ 在 T 上均方可导，有

$$E\left[X(s)(X'(t))^*\right] = \lim_{\Delta t \to 0} E\left[X(s)\frac{X^*(t+\Delta t)-X^*(t)}{\Delta t}\right]$$

$$= \lim_{\Delta t \to 0} \frac{R_X(s,t+\Delta t)-R_X(s,t)}{\Delta t} = \frac{\partial}{\partial t}R_X(s,t)$$

（证毕）

进一步，我们还可以得到各种高阶导过程及其均值与相关函数的相应结果。一般而言，导过程的准确形式可能无法或无须获得，但根据上面的定理我们可以很方便地计算它们的基本统计特性。

例 5.5 随机过程 $\{X(t)=a\cos(\omega t+\Theta),-\infty<t<\infty\}$，其中 a,ω 是正常数，Θ 在 $[-\pi,\pi]$ 上均匀分布。试说明它是均方可导的，并给出其导过程的均值与自相关函数。

解： 首先，$X(t)$ 的自相关函数为

$$R_X(s,t)=E\left[X(s)X(t)\right]=E\left[a\cos(\omega s+\Theta)\cdot a\cos(\omega t+\Theta)\right]=\frac{a^2}{2}\cos\left(\omega(s-t)\right)$$

于是有

$$\frac{\partial^2}{\partial s\partial t}R_X(s,t)=\frac{\partial^2}{\partial s\partial t}\left[\frac{a^2}{2}\cos(\omega(s-t))\right]=\frac{\partial}{\partial s}\left[-\frac{a^2}{2}\sin\left(\omega(s-t)\right)\times(-\omega)\right]$$

$$=\frac{1}{2}a^2\omega^2\cos(\omega(s-t))$$

易见，对于所有的 s 与 t 它都存在且连续，所以该过程在整个时间区域上都是均方可导的。

进而，导过程 $X'(t)$ 的均值为 $m_{X'}(t)=m'_X(t)=0$。自相关函数为

$$R_{X'}(s,t)=\frac{\partial^2}{\partial s\partial t}\left[\frac{a^2}{2}\cos(\omega(s-t))\right]=\frac{1}{2}a^2\omega^2\cos(\omega(s-t))$$

例 5.6 讨论平稳独立增量过程 $\{X(t),t\geq0\}$ 的均方可导性。

解： 自相关函数为 $\quad R(s,t)=\sigma^2\min(s,t)+m^2st=\begin{cases}\sigma^2t+m^2st, & s\geq t\geq0\\ \sigma^2s+m^2st, & t>s\geq0\end{cases}$

其中，σ^2,m 为确定常量。计算 $\frac{\partial^2}{\partial s\partial t}R_X(s,t)$，容易发现它不存在，因此，该过程不可导。或者，我们分析 $R(s,t)$ 在 (t_0,t_0) 处的广义二阶可导性（不妨令 $h>0,k>0,h>k$ 的情形），有

$$\lim_{h,k\to0}\frac{R(t_0+h,t_0+k)-R(t_0+h,t_0)-R(t_0,t_0+k)+R(t_0,t_0)}{hk}$$

$$=\lim_{h,k\to0}\frac{\sigma^2(t_0+k-t_0-t_0+t_0)+m^2[(t_0+h)(t_0+k)-(t_0+h)t_0-(t_0+k)t_0+t_0t_0]}{hk}$$

$$=\lim_{h,k\to0}\left(\frac{\sigma^2}{h}+m^2\right)=\infty$$

可见，广义二阶导数也不存在，所以平稳独立增量过程不是均方可导的。

在实际应用中，引入广义函数 $\delta(t)$，使平稳独立增量过程 $\{X(t),t\geq0\}$（在形式上）**广义均方可导**。记其导过程为 $\{X'(t),t\geq0\}$，且有：

（1）均值函数 $E\left[X'(t)\right]=m$；

（2）自相关函数 $R_{X'}(s,t)=\sigma^2\delta(s-t)+m^2$。

容易看出，平稳独立增量过程的导过程是独立过程。

例 5.7 讨论参数为 σ^2 的布朗运动 $\{W(t),t\geq0\}$ 的导过程。

解： 布朗运动是平稳独立增量过程，利用上述结论，它具有广义导过程，记为 $\{W'(t),t\geq0\}$。并且，$m_{W'}(t)=0$，$R_{W'}(s,t)=\sigma^2\delta(s-t)$。可见，该导过程是平稳白噪声。

5.4 均方积分

随机过程积分的基本形式是黎曼均方积分，它与实函数的相应概念非常类似，但是其结果是随机变量。此外，随机过程的积分还具有黎曼-斯蒂阶均方积分、伊藤积分等不同的定义形式。下面，首先介绍最基本的黎曼均方积分。

5.4.1 定义与可积准则

定义 5.7 若 $\{X(t), t \in [a,b]\}$ 是二阶矩过程，$f(t), t \in [a,b]$ 是某个普通函数，在 $[a,b]$ 中任取分点 $a = t_0 < t_1 < t_2 < \cdots < t_n = b$，并在每个小区间 $[t_{i-1}, t_i]$ 中任取点 u_i，$i = 1, 2, \cdots, n$。做和式：

$$S_n = \sum_{i=1}^{n} f(u_i) X(u_i)(t_i - t_{i-1}) \tag{5.4.1}$$

记 $\Delta_n = \max\limits_{1 \leqslant i \leqslant n}(t_i - t_{i-1})$。若 $n \to \infty$ 使 $\Delta_n \to 0$ 时，上面和式均方收敛，即均方极限 $\lim\limits_{\Delta_n \to 0} S_n$ 存在，并且与区间 $[a,b]$ 的分法和 u_i 在区间 $[t_{i-1}, t_i]$ 中的取法无关，则称此极限为 $f(t)X(t)$ 在区间 $[a,b]$ 上的**黎曼（Riemann）均方积分**，简称**均方积分**，记为 $\int_a^b f(t)X(t)\mathrm{d}t$，并称 $f(t)X(t)$ 在区间 $[a,b]$ 上**均方可积**。

如果 $\lim\limits_{b \to +\infty} \int_a^b f(t)X(t)\mathrm{d}t$ 存在，则称它为 $f(t)X(t)$ 在区间 $[a, +\infty)$ 上的（广义黎曼）均方积分，记为 $\int_a^{+\infty} f(t)X(t)\mathrm{d}t$。同理有 $\int_{-\infty}^b f(t)X(t)\mathrm{d}t$ 与 $\int_{-\infty}^{+\infty} f(t)X(t)\mathrm{d}t$ 的概念。

可以看到，随机过程的黎曼均方积分无论在形式与概念上都同实函数的类似。同时，我们还注意到定义中特别地加入了一个普通的确定函数项 $f(t)$，其目的是使结论更为广泛适用。例如，它可以方便地用于我们后面将要讨论的卷积积分 $\int_{-\infty}^{+\infty} h(t-u)X(u)\mathrm{d}u$。其实，只要令 $f(t) = 1$，就能得到均方积分的常规或简明形式 $\int_a^b X(t)\mathrm{d}t$。

判断随机过程是否均方可积也是根据其自相关函数的可积性来进行的。

定理 5.4（均方可积准则）二阶矩过程 $\{X(t), t \in [a,b]\}$ 在区间 $[a,b]$ 上均方可积的充分必要条件是二重积分

$$\int_a^b \int_a^b f(s) f^*(t) R(s,t) \mathrm{d}s \mathrm{d}t$$

存在，其中 $R(s,t)$ 为 $X(t)$ 的自相关函数。

证明：根据均方极限的收敛准则 2，$\lim\limits_{\Delta_n \to 0} \sum\limits_{i=1}^{n} f(u_i) X(u_i)(t_i - t_{i-1})$ 存在的充要条件为下面极的限存在

$$\lim_{\Delta_n, \Delta_m \to 0} E\left[\left(\sum_{i=1}^{n} f(u_i) X(u_i)(t_i - t_{i-1}) \right) \left(\sum_{j=1}^{m} f(u_j) X(u_j)(t_j - t_{j-1}) \right)^* \right]$$

$$= \lim_{\Delta_n, \Delta_m \to 0} \sum_{i=1}^{n} \sum_{j=1}^{m} f(u_i) f^*(u_j) E\left[X(u_i) X^*(u_j) \right] (t_i - t_{i-1})(t_j - t_{j-1})$$

$$= \lim_{\Delta_n, \Delta_m \to 0} \sum_{i=1}^{n} \sum_{j=1}^{m} f(u_i) f^*(u_j) R(u_i, u_j)(t_i - t_{i-1})(t_j - t_{j-1})$$

也就是二重积分 $\int_a^b \int_a^b f(s) f^*(t) R(s,t) \mathrm{d}s \mathrm{d}t$ 存在。因此定理得证。（证毕）。

5.4.2 基本性质

下面讨论均方可积的一些基本性质。许多性质及其证明也与普通实函数的类似，因此，基

本性质的证明没有给出，留作练习。

性质 1 若 $X(t)$ 在 $[a,b]$ 上均方连续，则必在 $[a,b]$ 上均方可积。

性质 2 若 $X(t)$ 在 $[a,b]$ 上均方连续，则：

（1）**唯一性**：均方积分是唯一的；

（2）**线性**：若 $Y(t)$ 在 $[a,b]$ 上也均方可积，α,β 为任意常数，则

$$\int_a^b [\alpha X(t) + \beta Y(t)]\mathrm{d}t = \alpha \int_a^b X(t)\mathrm{d}t + \beta \int_a^b Y(t)\mathrm{d}t \qquad (5.4.2)$$

（3）**可加性**：$\forall c \in [a,b]$，则

$$\int_a^b X(t)\mathrm{d}t = \int_a^c X(t)\mathrm{d}t + \int_c^b X(t)\mathrm{d}t \qquad (5.4.3)$$

（4）$\left\| \int_a^b X(t)\mathrm{d}t \right\| \leqslant \int_a^b \|X(t)\|\mathrm{d}t$

性质 3 若 $Y(t)$ 在 $[a,b]$ 上均方可导，且导过程 $Y'(t) = X(t)$ 在 $[a,b]$ 上均方连续，则

$$\int_a^b X(t)\mathrm{d}t = Y(b) - Y(a) \qquad (5.4.4)$$

由于均方积分的结果是一个随机变量，其均值与均方值值得特别关注。其实，随机过程均方积分的准确结果通常无法或无须刻意求解，但它的基本统计特性可以借助下面的定理方便地求出。

性质 4 均值和积分运算可以交换顺序：若 $f(t)X(t)$ 在 $[a,b]$ 上均方可积，则：

（1）
$$E\left[\int_a^b f(t)X(t)\mathrm{d}t \right] = \int_a^b f(t)EX(t)\mathrm{d}t = \int_a^b f(t)m_X(t)\mathrm{d}t \qquad (5.4.5)$$

（2）
$$E\left| \int_a^b f(t)X(t)\mathrm{d}t \right|^2 = \int_a^b \int_a^b f(s)f^*(t)R_X(s,t)\mathrm{d}s\mathrm{d}t \qquad (5.4.6)$$

其中，$m_X(t), R_X(s,t)$ 为 $X(t)$ 的均值函数与自相关函数。

类似于实函数的变上限积分为一个新的实函数，随机过程的变上限均方积分也为一个新的随机过程。

性质 5 若 $X(t)$ 在 $[a,b]$ 上均方连续，定义均方积分过程为

$$Y(t) = \int_a^t X(u)\mathrm{d}u , \qquad a \leqslant t \leqslant b \qquad (5.4.7)$$

它满足：（1）$m_Y(t) = EY(t) = \int_a^t m_X(u)\mathrm{d}u$

（2）$R_Y(s,t) = \int_a^s \int_a^t R_X(u,v)\mathrm{d}u\mathrm{d}v$

（3）在 $[a,b]$ 上均方连续与可导，并且，$Y'(t) = X(t)$。

例 5.8 随机过程 $\{X(t) = A\cos(\omega t + \Theta), -\infty < t < \infty\}$，其中 A, ω 是正常数，Θ 在 $[-\pi, \pi)$ 上均匀分布。（1）试说明它是均方可积的；（2）给出其积分过程 $Y(t) = \int_0^t X(u)\mathrm{d}u$ 的均值与自相关函数。

解：首先，$X(t)$ 的均值为零，自相关函数 $R_X(u,v) = \dfrac{A^2}{2}\cos(\omega(u-v))$。由 $R_X(u,v)$ 在 $[0,t] \times [0,t]$ 上连续，可知 $X(t)$ 均方连续且可积。再根据均方积分过程的性质有

$$EY(t) = \int_0^t m_X(t)\mathrm{d}t = 0$$

以及

$$R_Y(s,t) = \int_0^t \left[\int_0^s R_X(u,v)\mathrm{d}u \right] \mathrm{d}v = \frac{A^2}{2} \int_0^t \left[\int_0^s \cos(\omega(u-v))\mathrm{d}u \right] \mathrm{d}v$$

$$= \frac{2A^2}{\omega^2} \sin\left(\frac{\omega s}{2}\right) \sin\left(\frac{\omega t}{2}\right) \cos\left(\frac{\omega(s-t)}{2}\right)$$

例 5.9 给定参数为 σ^2 的布朗运动 $\{W(t), t \geqslant 0\}$。其积分过程 $Y(t) = \int_0^t W(u)\mathrm{d}u$ 称为**积分布朗运动**。试讨论它的均值与自相关函数。

解: 首先,作为平稳独立增量过程,布朗运动的自相关函数为

$$R(s,t) = C(s,t) + m(s)m(t) = \sigma^2 \min(s,t) + m^2 st$$

易知,布朗运动 $\{W(t), t \geqslant 0\}$ 是均方连续的与可积的。进而,$Y(t)$ 的均值函数为

$$m_Y(t) = \int_0^t m_W(u)\mathrm{d}u = 0$$

其自相关函数为
$$R_Y(s,t) = \int_0^t \mathrm{d}v \int_0^s R_W(u,v)\mathrm{d}u = \int_0^t \mathrm{d}v \int_0^s \sigma^2 \min(u,v)\mathrm{d}u$$

当 $s \geqslant t$ 时
$$R_Y(s,t) = \sigma^2 \int_0^t \mathrm{d}v \int_0^s \min(u,v)\mathrm{d}u = \sigma^2 \int_0^t \mathrm{d}v \int_0^v u\mathrm{d}u + \sigma^2 \int_0^t \mathrm{d}v \int_v^s v\mathrm{d}u$$

$$= \sigma^2 \left(\frac{1}{2}st^2 - \frac{1}{6}t^3 \right)$$

综合考虑 s,t 的一般情况,由 $R_Y(s,t)$ 的对称性,最后可以得到

$$R_Y(s,t) = \begin{cases} \sigma^2 \left(\dfrac{1}{2}s^2 t - \dfrac{1}{6}s^3 \right), & s < t \\[2mm] \sigma^2 \left(\dfrac{1}{2}st^2 - \dfrac{1}{6}t^3 \right), & s \geqslant t \end{cases}$$

商业应用中,常常假定价格的变化率遵循布朗运动,比如,令 $Y(t)$ 为 t 时刻的价格,则 $\dfrac{\mathrm{d}}{\mathrm{d}t}Y(t) = W(t)$,于是,$Y(t) = Y(0) + \int_0^t W(u)\mathrm{d}u$。这时需要研究积分布朗运动。

5.4.3 黎曼-斯蒂阶均方积分与伊藤积分

下面简要介绍随机过程的另外两种重要的积分,即 $\int_a^b f(t)\mathrm{d}X(t)$ 与 $\int_a^b X(t)\mathrm{d}B(t)$ 形式的积分。

定义 5.8 若 $\{X(t), t \in [a,b]\}$ 是二阶矩过程,$f(t), t \in [a,b]$ 是某个普通函数,在 $[a,b]$ 中任取分点 $a = t_0 < t_1 < t_2 < \cdots < t_n = b$,并在每个小区间 $[t_{i-1}, t_i]$ 中任取点 u_i,$i = 1,2,\cdots,n$。做和式:

$$S_n = \sum_{i=1}^n f(u_i)\left[X(t_i) - X(t_{i-1}) \right] \tag{5.4.8}$$

记 $\Delta_n = \max\limits_{1 \leqslant i \leqslant n}(t_i - t_{i-1})$。若 $n \to \infty$ 使 $\Delta_n \to 0$ 时,上面和式均方收敛,即均方极限 $\lim\limits_{\Delta_n \to 0} S_n$ 存在,并且与区间 $[a,b]$ 的分法和 u_i 在区间 $[t_{i-1}, t_i]$ 中的取法无关,则称此极限为 $f(t)$ 对于 $X(t)$ 在区间 $[a,b]$ 上的**黎曼-斯蒂阶(Riemann-Stieltjes)**均方积分,记为 $\int_a^b f(t)\mathrm{d}X(t)$。

上面定义中的和式涉及随机过程的增量,实际上,当 $X(t)$ 是正交增量或独立增量过程时,分析中常用到黎曼-斯蒂阶均方积分,显然,此时的 $\mathrm{d}X(t)$ 具有正交性或独立性。

定义 5.9 若 $\{X(t), t \in [a,b], 0 \leqslant a < b\}$ 是实二阶矩过程,$\{B(t), t \geqslant 0\}$ 是标准布朗运动,在

$[a,b]$ 中任取分点 $a = t_0 < t_1 < t_2 < \cdots < t_n = b$。做和式：

$$S_n = \sum_{i=1}^{n} X(t_{i-1})\left[B(t_i) - B(t_{i-1})\right] \tag{5.4.9}$$

记 $\Delta_n = \max\limits_{1 \le i \le n}(t_i - t_{i-1})$，$i = 1, 2, \cdots, n$。若 $n \to \infty$ 使 $\Delta_n \to 0$ 时，上面和式均方收敛，即均方极限 $\lim\limits_{\Delta_n \to 0} S_n$ 存在，并且与区间 $[a,b]$ 的分法无关，则称此极限为 $X(t)$ 关于 $B(t)$ 在区间 $[a,b]$ 上的**伊藤**（**Ito**）**积分**，记为

$$(I)\int_a^b X(t)\mathrm{d}B(t)$$

显然，伊藤积分是结合布朗运动的一种特殊的积分形式。还需要特别注意，在伊藤积分定义中，不能像通常那样在子区间上任意取 u_i 做和式

$$\sum_{i=1}^{n} X(u_i)\left[B(t_i) - B(t_{i-1})\right]$$

因为当 u_i 任意时，该和式一般不能均方收敛。所以，定义中固定取子区间左端。事实上，取其他点（如区间中点）将得到其他的积分定义。这里不再做详细讨论。

5.5 平稳过程的均方导数与积分

广义平稳过程简称平稳过程，是一类极为普遍与重要的二阶矩过程。其均值为常数，相关函数仅与观察时刻之差有关，若令 $\tau = s - t$，则 $R(s,t) = R(\tau)$。前面讨论的均方微积分的性质，全部适用于平稳过程。并且，由于平稳性的原因，许多性质变得非常简明与重要，下面予以说明。

性质 1 设 $\{X(t), t \in T\}$ 是平稳过程，则：

（1）均方连续的充要条件是：$R(\tau)$ 在原点连续；

（2）p 次均方可导的充要条件是，$R(\tau)$ 在原点处 $2p$ 次可导。并且，其导过程的互相关函数为

$$E\left\{X^{(n)}(s)\left[X^{(m)}(t)\right]^*\right\} = (-1)^m R^{(n+m)}(\tau) \tag{5.5.1}$$

证明：（1）由平稳过程相关函数的性质容易得到。

（2）根据可导准则的条件（2）可以得到，过程均方可导的充要条件是 $R(\tau)$ 在原点处二阶可导。反复运用可得，过程 p 次均方可导的充要条件是 $R(\tau)$ 在原点处 $2p$ 次可导。进而，由于均值和求导运算可以交换顺序，于是

$$E\left[X^{(n)}(s)\left(X^{(m)}(t)\right)^*\right] = \frac{\partial^{n+m}}{\partial s^n \partial t^m} R(s-t) = \frac{\partial^m}{\partial t^m} R^{(n)}(s-t)$$
$$= (-1)^m R^{(n+m)}(s-t) = (-1)^m R^{(n+m)}(\tau)$$

（证毕）

类似于均方连续中的情形，随机过程的 $R(s,t)$ 在对角线连续则在整个区域处处连续，我们可以发现，如果平稳过程的 $R(\tau)$ 在原点连续则它处处连续；如果其 $R(\tau)$ 在原点处 $2p$ 次可导，则它处处 p 次可导。

性质 2 均方可导的平稳过程 $\{X(t), t \in T\}$，其导过程也是平稳的，并且

（1）均值 $\qquad m_{X'}(t)=0 \qquad$ (5.5.2)

（2）自相关函数 $\qquad R_{X'}(\tau)=-R_X''(\tau) \qquad$ (5.5.3)

（3）互相关函数 $\qquad R_{XX'}(\tau)=R_X'(\tau)=-R_{X'X}(\tau) \qquad$ (5.5.4)

注意到互相关函数总是满足 $R_{XY}(\tau)=R_{YX}^*(-\tau)$，结合上面的第（3）条结论易见，$R_{XX'}^*(-\tau)=-R_{XX'}(\tau)$。由此可知，实过程的 $R_{XX'}(\tau)$ 是奇函数，于是，实平稳过程与它的导过程在同一时刻是正交的与无关的，因为 $R_{XX'}(0)=0$ 与 $m_{X'}(t)=0$。

性质 3 若平稳过程 $\{X(t),t\in T\}$ 均方连续，则 $I=\int_a^b X(t)\mathrm{d}t$ 存在，并且：

（1）均值 $\qquad E[I]=m_X(b-a) \qquad$ (5.5.5)

（2）均方值 $\qquad E|I|^2=\int_{a-b}^{b-a}\left(b-a-|\tau|\right)R(\tau)\mathrm{d}\tau \qquad$ (5.5.6)

证明：这里只证明（2）。利用均方积分性质有

$$E|I|^2=\int_a^b\int_a^b R(u-v)\mathrm{d}u\mathrm{d}v$$

做变换 $\begin{cases} t=v \\ \tau=u-v \end{cases}$，$\begin{cases} v=t \\ u=t+\tau \end{cases}$，于是 $|J|=\begin{vmatrix} 1 & 0 \\ 1 & 1 \end{vmatrix}=1$。积分区域的变化如图 5.5.1 所示，因此

$$E|I|^2=\int_{a-b}^0\left(\int_{a-\tau}^b R(\tau)\mathrm{d}t\right)\mathrm{d}\tau+\int_0^{b-a}\left(\int_a^{b-\tau}R(\tau)\mathrm{d}t\right)\mathrm{d}\tau$$

$$=\int_{a-b}^0\left(b-a+\tau\right)R(\tau)\mathrm{d}\tau+\int_0^{b-a}\left(b-a-\tau\right)R(\tau)\mathrm{d}\tau$$

$$=\int_{a-b}^{b-a}\left(b-a-|\tau|\right)R(\tau)\mathrm{d}\tau$$

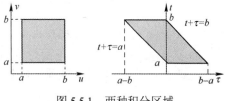

图 5.5.1　两种积分区域

（证毕）

> **例 5.10** 随机电报过程 $\{X(t),t\geqslant 0\}$，如例 2.7 所述。假定其均值与相关函数为 $m_X(t)=0$，$R_Y(\tau)=\mathrm{e}^{-2\lambda|\tau|}$。求其积分过程 $Y(t)=\int_0^t X(u)\mathrm{d}u$ 的均值、均方值。
>
> **解：**首先，$X(t)$ 是平稳过程。其相关函数在原点连续，因此它均方连续且可积。由式（5.5.5），$Y(t)$ 均值为零。再利用式（5.5.6）求 $Y(t)$ 的均方值，并注意 $a=0$ 与 $b=t\geqslant 0$，于是
>
> $$E|Y(t)|^2=\int_{-t}^t\left(t-|\tau|\right)\mathrm{e}^{-2\lambda|\tau|}\mathrm{d}\tau=2\int_0^t(t-\tau)\mathrm{e}^{-2\lambda\tau}\mathrm{d}\tau$$
>
> $$=-\frac{1}{\lambda}\left[(t-\tau)\mathrm{e}^{-2\lambda\tau}\Big|_0^t+\int_0^t\mathrm{e}^{-2\lambda\tau}\mathrm{d}\tau\right]$$
>
> $$=-\frac{1}{\lambda}\left(-t-\frac{\mathrm{e}^{-2\lambda\tau}\Big|_0^t}{2\lambda}\right)=\frac{2\lambda t-1+\mathrm{e}^{-2\lambda t}}{2\lambda^2}$$

5.6　高斯过程的导过程与积分过程

高斯过程是一类极为重要与常见的二阶矩过程。并且，它具有明确的概率特性。本节讨论高斯过程的导过程与积分过程，特别是，说明它们仍然是高斯的。

首先，我们给出下面的定理作为后面讨论的基础。它的结论可以简单地表述为：高斯变量的极限仍然是高斯的。更为一般地，定理考虑高斯随机向量的情形。

定理 5.5 设 n 维高斯随机向量序列 $\left\{ \boldsymbol{X}_m = \left[X_m^{(1)}, \cdots, X_m^{(n)} \right]^{\mathrm{T}}, \ m = 1, 2, \cdots \right\}$ 均方收敛于 $\boldsymbol{X} = \left[X^{(1)}, \cdots, X^{(n)} \right]^{\mathrm{T}}$，即 $\lim\limits_{m \to \infty} X_m^{(i)} = X^{(i)}$（$1 \leqslant i \leqslant n$）。则 $\boldsymbol{X}$ 是 n 维高斯向量。

证明： 对于高斯随机向量，我们考虑它们的均值、协方差阵与特征函数。分别记为

$$\boldsymbol{\mu}_m = E(\boldsymbol{X}_m), \quad \boldsymbol{C}_m = E\left[(\boldsymbol{X}_m - \boldsymbol{\mu}_m)(\boldsymbol{X}_m - \boldsymbol{\mu}_m)^{\mathrm{T}} \right], \quad \phi_m(\boldsymbol{v}) = E\left(\mathrm{e}^{\mathrm{j} \boldsymbol{v}^{\mathrm{T}} \boldsymbol{X}_m} \right)$$

$$\boldsymbol{\mu} = E(\boldsymbol{X}), \quad \boldsymbol{C} = E[(\boldsymbol{X} - \boldsymbol{\mu})(\boldsymbol{X} - \boldsymbol{\mu})^{\mathrm{T}}], \quad \phi(\boldsymbol{v}) = E\left(\mathrm{e}^{\mathrm{j} \boldsymbol{v}^{\mathrm{T}} \boldsymbol{X}} \right)$$

由均方极限性质，易知

$$\lim_{m \to \infty} \boldsymbol{\mu}_m = \lim_{m \to \infty} E(\boldsymbol{X}_m) = E(\boldsymbol{X}) = \boldsymbol{\mu}$$

$$\lim_{m \to \infty} \boldsymbol{C}_m = \lim_{m \to \infty} E\left[(\boldsymbol{X}_m - \boldsymbol{\mu}_m)(\boldsymbol{X}_m - \boldsymbol{\mu}_m)^{\mathrm{T}} \right] = E\left[(\boldsymbol{X} - \boldsymbol{\mu})(\boldsymbol{X} - \boldsymbol{\mu})^{\mathrm{T}} \right] = \boldsymbol{C}$$

$$\lim_{m \to \infty} \phi_m(\boldsymbol{v}) = \lim_{m \to \infty} E\left(\mathrm{e}^{\mathrm{j} \boldsymbol{v}^{\mathrm{T}} \boldsymbol{X}_m} \right) = E\left(\mathrm{e}^{\mathrm{j} \boldsymbol{v}^{\mathrm{T}} \lim\limits_{m \to \infty} \boldsymbol{X}_m} \right) = E\left(\mathrm{e}^{\mathrm{j} \boldsymbol{v}^{\mathrm{T}} \boldsymbol{X}} \right) = \phi(\boldsymbol{v})$$

又由于 $\boldsymbol{X}_m$ 是高斯的，它们的特征函数具有特定的形式，于是

$$\lim_{m \to \infty} \phi_m(\boldsymbol{v}) = \lim_{m \to \infty} \left[\exp\left(\mathrm{j} \boldsymbol{\mu}_m^{\mathrm{T}} \boldsymbol{v} - \frac{1}{2} \boldsymbol{v}^{\mathrm{T}} \boldsymbol{C}_m \boldsymbol{v} \right) \right] = \exp\left[\mathrm{j} \left(\lim_{m \to \infty} \boldsymbol{\mu}_m \right)^{\mathrm{T}} \boldsymbol{v} - \frac{1}{2} \boldsymbol{v}^{\mathrm{T}} \left(\lim_{m \to \infty} \boldsymbol{C}_m \right) \boldsymbol{v} \right]$$

$$= \exp\left(\mathrm{j} \boldsymbol{\mu}^{\mathrm{T}} \boldsymbol{v} - \frac{1}{2} \boldsymbol{v}^{\mathrm{T}} \boldsymbol{C} \boldsymbol{v} \right)$$

可见，$\boldsymbol{X}$ 是高斯向量。（证毕）

有了上述的基本定理，下面讨论高斯过程的导过程与积分过程问题。

定理 5.6 设 $\{X(t), t \in T\}$ 是高斯过程，均值函数为 $m(t)$，协方差函数为 $C(s, t)$。

（1）若 $X(t)$ 均方可导，则其导数过程 $\left\{ X'(t) = \dfrac{\mathrm{d}X(t)}{\mathrm{d}t}, t \in T \right\}$ 也是高斯的，并且，均值函数为 $m'(t)$，协方差函数为 $\dfrac{\partial^2}{\partial s \partial t} C(s, t)$；

（2）若 $X(t)$ 均方可积，则其积分过程 $\left\{ Y(t) = \displaystyle\int_a^t X(u) \mathrm{d}u, a \in T, t \in T \right\}$，也是高斯的，并且，均值函数为 $\displaystyle\int_a^t m(u) \mathrm{d}u$，协方差函数为 $\displaystyle\int_a^t \mathrm{d}v \int_a^s C(u, v) \mathrm{d}u$。

证明：（1）若 $X(t)$ 均方可导，由均方导数性质，$X'(t)$ 的均值函数为 $m'(t)$，协方差函数为 $\dfrac{\partial^2}{\partial s \partial t} C(s, t)$。

对于任意有限的正整数 n，$\forall t_1, \cdots, t_n \in T$ 与 Δt，使 $t_1 + \Delta t, \cdots, t_n + \Delta t \in T$。任取 $1 \leqslant i \leqslant n$，令 $Z_i = \dfrac{X(t_i + \Delta t) - X(t_i)}{\Delta t}$，易见随机向量 $\boldsymbol{Z} = (Z_1, Z_2, \cdots, Z_n)^{\mathrm{T}}$ 是 n 维高斯的。因 $X(t)$ 均方可导，于是

$$\lim_{\Delta t \to 0} \boldsymbol{Z} \to \left[X'(t_1), X'(t_2), \cdots, X'(t_n) \right]^{\mathrm{T}}$$

根据前一定理，$X'(t_1), X'(t_2), \cdots, X'(t_n)$ 是 n 维高斯的。所以，$X'(t)$ 是高斯过程。

（2）若 $X(t)$ 均方可积，由均方积分性质，$Y(t) = \displaystyle\int_a^t X(u) \mathrm{d}u$ 的均值函数为 $\displaystyle\int_a^t m(u) \mathrm{d}u$，协方差函数为 $\displaystyle\int_a^t \mathrm{d}v \int_a^s C(u, v) \mathrm{d}u$。

对于任意有限的正整数 n，$\forall t_1, \cdots, t_n \in T$，由均方积分定义，$Y(t_i) = \displaystyle\int_a^{t_i} X(u) \mathrm{d}u = \lim_{\Delta_i \to 0} S_i$，

$1 \leqslant i \leqslant n$。其中，令 $S_i = \sum\limits_{k=1}^{n_i} f(u_k^{(i)}) X(u_k^{(i)})(t_k^{(i)} - t_{k-1}^{(i)})$，$\Delta_i = \max(t_k^{(i)} - t_{k-1}^{(i)})$，这里 $t_k^{(i)}$ 为区间 $[a, t_i]$ 上的分点，$u_k^{(i)}$ 为相应小区间的取点。易见随机向量 $\boldsymbol{S} = (S_1, S_2, \cdots, S_n)^T$ 是 n 维高斯的。因 $X(t)$ 均方可积，于是

$$\lim_{\Delta_1, \cdots, \Delta_n \to 0} \boldsymbol{S} \to \left[Y(t_1), Y(t_2), \cdots, Y(t_n) \right]^T$$

根据前一定理，$Y(t_1), Y(t_2), \cdots, Y(t_n)$ 是 n 维高斯的。所以，$Y(t)$ 是高斯过程。（证毕）

例 5.11 给出布朗运动 $\{W(t), t \geqslant 0\}$ 对应的积分布朗运动 $Y(t) = \int_a^t W(u) \mathrm{d}u$ 的一维特征函数与密度函数。

解： 利用前面例 5.9 的结果，积分布朗运动的均值为零，自相关函数为

$$R_Y(s,t) = C_Y(s,t) = \begin{cases} \sigma^2 \left(\dfrac{1}{2} s^2 t - \dfrac{1}{6} s^3 \right), & s < t \\[2mm] \sigma^2 \left(\dfrac{1}{2} s t^2 - \dfrac{1}{6} t^3 \right), & s \geqslant t \end{cases}$$

由此可得，其方差为 $C_Y(t,t) = \dfrac{1}{3} \sigma^2 t^3$。又由于布朗运动是高斯过程，因此其积分过程也是高斯过程。于是，积分布朗运动的一维特征函数为

$$\phi_Y(v; t) = \exp \left\{ -\frac{1}{6} v^2 \sigma^2 t^3 \right\}$$

并且，一维概率密度函数为

$$f_Y(y; t) = \frac{1}{\sigma \sqrt{2\pi t^3 / 3}} \exp \left\{ -\frac{3y^2}{2\sigma^2 t^3} \right\}$$

5.7 随机常微分方程

常系数微分方程可以用来描述范围广泛的物理系统和现象，是科学与工程技术中最常用的数学方法之一。随机信号通过线性系统时，系统的输入输出关系可以用线性常微分方程来描述。这种微分方程含有随机过程，因此被称为**随机微分方程**。

5.7.1 基本概念

以信号与系统分析的应用为例，设 $X(t)$ 和 $Y(t)$ 分别为输入和输出，它们之间的关系可由下面的微分方程来描述：

$$a_n \frac{\mathrm{d}^n Y(t)}{\mathrm{d}t} + a_{n-1} \frac{\mathrm{d}^{n-1} Y(t)}{\mathrm{d}t} + \cdots + a_1 \frac{\mathrm{d}Y(t)}{\mathrm{d}t} + a_0 Y(t)$$
$$= b_m \frac{\mathrm{d}^m X(t)}{\mathrm{d}t} + b_{m-1} \frac{\mathrm{d}^{m-1} X(t)}{\mathrm{d}t} + \cdots + b_1 \frac{\mathrm{d}X(t)}{\mathrm{d}t} + b_0 X(t)$$

几乎所有的实际信号都是随机的，即 $X(t)$ 和 $Y(t)$ 是随机过程，于是，上式是随机微分方程。下面是一些简单的例子。

例 5.12 如图 5.7.1 所示，光滑平面上一个质量为 m 的滑块在水平力 $F(t)$ 的作用下运动。如果 $F(t)$ 是一个随机作用力，那么，滑块的位置 $X(t)$ 是一个随机过程。又设滑块最初是静止

的，即 $X'(0)=0$ ，并且初始位置为 $X(0)=0$ ，则 $F(t)$ 和 $X(t)$ 的
关系可以由微分方程表示:

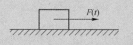

$$\begin{cases} m\dfrac{\mathrm{d}^2X(t)}{\mathrm{d}t^2}=F(t) \\ X(0)=0, X'(0)=0 \end{cases}$$

图 5.7.1　随机外力作用于滑块

例 5.13　如图 5.7.2 所示，高斯白噪声源 $X(t)$ 施加到 RC 电路上，输出噪声电压 $Y(t)$ 是随机的。假定系统具有初始松弛条件，则 $X(t)$ 和 $Y(t)$ 的关系可以由微分方程表示为

$$\begin{cases} RC\dfrac{\mathrm{d}Y(t)}{\mathrm{d}t}+Y(t)=X(t) \\ Y(0)=0,\ \ Y'(0)=0 \end{cases}$$

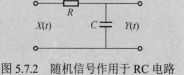

图 5.7.2　随机信号作用于 RC 电路

从例子可以看出，随机微分方程与普通微分方程在形式上是相似的，只是用随机过程代替了普通函数。所有的运算都是在均方意义下的，即在二阶矩随机变量空间上进行，因此，方程式的解也称为**均方解**，解过程是二阶矩过程。可以证明，如果随机微分方程的均方解存在，那么，它一般与相应的普通微分方程的解具有相同的表达形式。

5.7.2　简单线性常微分方程的解

下面的讨论中假定 $X(t)$ 和 $Y(t)$ 是二阶矩过程。

1. 最简单的随机微分方程

形如

$$\begin{cases} Y'(t)=X(t) \\ Y(t_0)=Y_0 \end{cases} \tag{5.7.1}$$

其中，Y_0 为二阶矩随机变量。

由均方积分性质可知

$$Y(t)=Y_0+\int_{t_0}^{t}X(u)\mathrm{d}u \tag{5.7.2}$$

这个解是唯一的。进而

$$EY(t)=EY_0+\int_{t_0}^{t}E[X(u)]\mathrm{d}u$$

$$R_Y(s,t)=E\left\{\left[Y_0+\int_{t_0}^{s}X(u)\mathrm{d}u\right]\left[Y_0^*+\int_{t_0}^{t}X^*(u)\mathrm{d}u\right]\right\}$$

通常可以假定 Y_0 与 $X(t)$ 无关，如果 $X(t)$ 均值为零，则两者正交，这时

$$R_Y(s,t)=E\left|Y_0\right|^2+\int_{t_0}^{t}\mathrm{d}v\int_{t_0}^{s}R_X(u,v)\mathrm{d}u$$

如果 $t_0=0$ 与 $Y(t_0)=0$ ，那么，结果还可以简化。

2. 一阶线性随机微分方程

形如

$$\begin{cases} Y'(t)+aY(t)=X(t) \\ Y(t_0)=Y_0 \end{cases} \tag{5.7.3}$$

其中，a 为确定常数，Y_0 为二阶矩随机变量。因为相应形式的普通一阶微分方程的解为

$$y(t)=y_0\mathrm{e}^{-a(t-t_0)}+\mathrm{e}^{-at}\int_{t_0}^{t}\mathrm{e}^{au}x(u)\mathrm{d}u \tag{5.7.4}$$

而随机微分方程的均方解与同形式的普通微分方程的解具有同样的形式，所以，该解过程为

$$Y(t) = Y_0 e^{-a(t-t_0)} + e^{-at} \int_{t_0}^{t} e^{au} X(u) \mathrm{d}u \tag{5.7.5}$$

进而，可以求出解过程 $Y(t)$ 的均值与自相关函数。

推广到更一般形式的一阶线性随机微分方程，形如

$$\begin{cases} Y'(t) + a(t)Y(t) = X(t) \\ Y(t_0) = Y_0 \end{cases} \tag{5.7.6}$$

其中，$a(t)$ 为普通确定函数，Y_0 为二阶矩随机变量。其均方解过程为

$$Y(t) = Y_0 e^{-\int_{t_0}^{t} a(v) \mathrm{d}v} + \int_{t_0}^{t} e^{-\int_{u}^{t} a(v) \mathrm{d}v} X(u) \mathrm{d}u \tag{5.7.7}$$

注意，均方解过程可以参考普通微分方程的相应结果，它们具有完全相同的形式。

5.7.3　计算解的均值与相关函数

虽然有了求解简单随机微分方程的基本思路，但是对于较为复杂的情形，实际求解是非常困难的，甚至是不可能的。其实，在大量的应用问题中，我们只需要求出输出的均值和相关函数等统计特性，而并不需要解过程的显式表达式。这时，问题可以简化。

首先，考虑含有系数 $a_n, a_{n-1}, \cdots, a_0$ 的 n 阶复合求导算子 L_t，有

$$L_t = a_n \frac{\mathrm{d}^n}{\mathrm{d}t} + a_{n-1} \frac{\mathrm{d}^{n-1}}{\mathrm{d}t} + \cdots + a_1 \frac{\mathrm{d}}{\mathrm{d}t} + a_0$$

其中，下标表示对 t 求导。于是

$$L_t\left[Y(t)\right] = a_n \frac{\mathrm{d}^n Y(t)}{\mathrm{d}t} + a_{n-1} \frac{\mathrm{d}^{n-1} Y(t)}{\mathrm{d}t} + \cdots + a_1 \frac{\mathrm{d}Y(t)}{\mathrm{d}t} + a_0 Y(t) \tag{5.7.8}$$

根据均方求导与均值运算可以交换顺序的性质，有

$$E\left[L_t\left[Y(t)\right]\right] = L_t\left[E\left[Y(t)\right]\right] = L_t\left[m_Y(t)\right]$$

进而，可以构造各种相关函数，比如

$$E\left[X(s)L_t\left[Y^*(t)\right]\right] = L_t\left[E\left[X(s)Y^*(t)\right]\right] = L_t\left[R_{XY}(s,t)\right] \tag{5.7.9}$$

$$E\left[L_s\left[Y(s)\right]Y^*(t)\right] = L_s\left[E\left[Y(s)Y^*(t)\right]\right] = L_s\left[R_Y(s,t)\right] \tag{5.7.10}$$

采用这种方法，可以由联系 $Y(t)$ 与 $X(t)$ 的随机微分方程导出联系 $m_Y(t)$ 与 $m_X(t)$、$R_{YX}(s,t)$ 与 $R_X(s,t)$、$R_Y(s,t)$ 与 $R_X(s,t)$ 的普通微分方程，进而解出它们。下面的例题说明了这一方法。

例 5.14　已知输入、输出满足一阶随机微分方程

$$\begin{cases} Y'(t) + aY(t) = X(t) \\ Y(0) = 0 \end{cases}$$

系统具有零初始条件。输入为随机电报过程 $\{X(t), t \geqslant 0\}$，在 $t=0$ 时刻施加。其均值函数与自相关函数分别为 $m_X(t) = 0$，$R_X(s,t) = e^{-2\lambda|s-t|}$。求输出过程的均值与自相关函数。

解：对方程式两端求均值，有

$$\begin{cases} m_Y'(t) + am_Y(t) = m_X(t) \\ m_Y(0) = 0 \end{cases}$$

代入输入的均值 $m_X(t) = 0$，解得输出过程的均值为 $m_Y(t) = 0$。

仿照式（5.7.9），对方程式两端求共轭后再乘以 $X(s)$，求均值有

$$\begin{cases} \dfrac{\partial R_{XY}(s,t)}{\partial t} + aR_{XY}(s,t) = R_X(s,t) \\ R_{XY}(s,0) = 0 \end{cases}$$

代入输入的自相关函数 $R_X(s,t) = e^{-2\lambda|s-t|}$。当 $t \leqslant s$ 时，可解得

$$R_{XY}(s,t) = \frac{e^{-at-2\lambda s}\left(e^{(a+2\lambda)t} - 1\right)}{a+2\lambda} = \frac{e^{-2\lambda s}\left(e^{2\lambda t} - e^{-at}\right)}{a+2\lambda}$$

当 $t > s$ 时，同理解得 $R_{XY}(s,t) = \dfrac{e^{-at+2\lambda s}\left(e^{(a-2\lambda)t} - 1\right)}{a-2\lambda} = \dfrac{e^{2\lambda s}\left(e^{-2\lambda t} - e^{-at}\right)}{a-2\lambda}$

再仿照式（5.7.10）对方程两端乘以 $Y^*(t)$ 后，求均值有

$$\begin{cases} \dfrac{\partial R_Y(s,t)}{\partial s} + aR_Y(s,t) = R_{XY}(s,t) \\ R_Y(0,t) = 0 \end{cases}$$

代入刚才得到的互相关函数 $R_{XY}(s,t)$，当 $t \leqslant s$ 时，可解出

$$R_Y(s,t) = \frac{\left(e^{2\lambda t} - e^{-at}\right)\left(e^{-2\lambda s} - e^{-as}\right)}{(a+2\lambda)(a-2\lambda)}$$

当 $t > s$ 时，同理解出 $\quad R_Y(s,t) = \dfrac{\left(e^{-2\lambda t} - e^{-at}\right)\left(e^{2\lambda s} - e^{-as}\right)}{(a+2\lambda)(a-2\lambda)}$

最终，得到了输出过程的自相关函数 $R_Y(s,t)$。另外，上面两次求解微分方程时，也可以借用拉普拉斯变换。

习题

5.1 求：（1）$[a,b]$ 上均匀分布随机变量 X 的范数；（2）$X \sim N(0,\sigma^2)$ 的范数。

5.2 试证明：$E|X| \leqslant \|X\|$。

5.3 利用极限性质证明：若 $\underset{n \to \infty}{l.i.m.}X_n = X$，$\underset{n \to \infty}{\lim}\mathrm{Var}[X_n] = \mathrm{Var}\left[\underset{n \to \infty}{l.i.m.}X_n\right] = \mathrm{Var}[X]$。

5.4 设 $\{X_n\}$ 是一随机变量序列，X 是随机变量。证明：$l.i.m.X_n = X$，则 $X_n \xrightarrow{P} X$。

5.5 设有二阶矩过程 $\{X(t), t \in T\}$，$R_X(s,t)$ 是其相关函数。试证明：若 $R_X(s,t)$ 在 $(t,t), t \in T$ 上连续，则它在 $T \times T$ 上连续。

5.6 试证明：若 $X(t)$ 均方连续，那么其均值函数 $m_X(t)$ 也连续。

5.7 半随机二进制传输过程 $X(t)$ 与随机二进制传输过程 $Y(t) = X(t-D)$，如第 2 章例 2.6 所述。试分析其均方连续性，说明其样本函数的连续性。

5.8 说明 $\{X(t) = At, t \in T\}$ 均方可导（其中，A 是二阶矩随机变量），并证明 $X'(t) = A$。

5.9 平稳随机过程 $\{X(t), t \in T\}$，其相关函数为 $R_X(\tau) = e^{-\tau^2}$，求其导过程 $X'(t) = \mathrm{d}X(t)/\mathrm{d}t$ 的自相关函数 $R_{X'}(\tau)$，以及 $X(t)$ 与 $X'(t)$ 的互相关函数 $R_{XX'}(\tau)$。

5.10 设实平稳过程 $X(t)$ 均方可微，其导过程为 $X'(t)$。试证明：对任何 t，随机变量 $X(t)$ 和 $X'(t)$ 是正

交的，也是不相关的。

5.11 讨论下列随机过程的均方连续性、可导性与可积性：

（1）$X(t)=At^2+Bt+C$，其中，A,B,C 独立同分布，服从 $N(0,\sigma^2)$；

（2）$X(t)$ 的均值为零，相关函数 $R_X(s,t)=1/[(s-t)^2+a^2]$，$a\neq 0$。

5.12 讨论平稳独立增量过程 $\{X(t),t\geqslant 0\}$ 的积分过程 $Y(t)=\int_0^t X(u)\mathrm{d}u$ 的均值 $E[Y(t)]$ 与自相关函数 $R_Y(s,t)$。

5.13 设 $\{X(t),t\geqslant 0\}$ 是强度为 λ 的泊松过程，$Y(T)=\dfrac{1}{T}\int_0^T X(t)\mathrm{d}t$，求 $E[Y(T)]$ 和 $\mathrm{Var}[Y(T)]$。

5.14 说明平稳高斯白噪声的积分过程 $\left\{Y(t)=\int_0^t X(u)\mathrm{d}u,\ t\geqslant 0\right\}$ 是维纳过程，并计算其均值与自相关函数。

5.15 设 $(A,B)\sim N(0,\sigma_1^2,0,\sigma_2^2,\rho)$，$X(t)=A+tB$，$Y(t)=\int_0^t X(u)\mathrm{d}u$。试求：（1）$X(t)$ 与 $Y(t)$ 的均值与相关函数；（2）$X(t)$ 与 $Y(t)$ 的均方连续性、可导性与可积性；（3）$X(t)$ 与 $Y(t)$ 的一维概率密度函数。

5.16 计算下面一阶线性随机微分方程

$$\begin{cases} Y'(t)=X(t), & t\geqslant t_0 \\ Y(t_0)=Y_0 \end{cases}$$

的均方解。其中，Y_0 为二阶矩随机变量。若 $X(t)$ 是零均值的二阶矩随机过程，且 $X(t)$ 与 Y_0 独立，求输出 $Y(t)$ 的均值和方差。

5.17 RL 电路如图题 5.17 所示，其中电路输入 $X(t)$ 为平稳随机过程，$m_X(t)=m$，$Y(t)$ 为输出随机过程，并且 $Y(0)=0$。试求 $t\geqslant 0$ 时 $Y(t)$ 的均值函数 $m_Y(t)$。

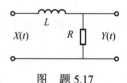

图 题 5.17

5.18 已知输入、输出满足一阶随机微分方程

$$\begin{cases} Y'(t)+aY(t)=X(t) \\ Y(0)=0 \end{cases}$$

在 $t=0$ 时刻输入随机过程 $X(t)=a\cos(\omega t+\Theta)$，其中 a，ω 是正常数，Θ 在 $[-\pi,\pi]$ 上均匀分布。求输出过程的均值 $m_Y(t)$ 与互相关函数 $R_{XY}(s,t)$。

第 6 章 平 稳 过 程

平稳过程中最为基本与普遍的是广义(或宽)平稳过程,它只要求一、二阶矩存在,并具有"平移不变性",即均值为常数、相关函数只与两时刻的差值有关。实际应用中大量的随机过程都近似具有这种特点。在研究信号的理论中,随机过程又称为随机信号,很多信号分析技术就是要探究平稳过程的特性。

前面第 2 章已给出了平稳性与平稳过程的定义与概念、相关函数的基本性质等,第 5 章又讨论了平稳过程的均方导数与积分问题。本章将进一步讨论平稳过程的基本理论、典型研究方法与一些重要的应用。为了书写简洁,本章的讨论中,大、小写字母都用于表示随机过程,请注意识别。

6.1 各态历经性(遍历性)

在实际应用中,随机过程的均值与相关函数等参数通常是未知的。如何通过实验数据计算出这些参数是开展深入研究的前提。平稳过程的各态历经性是对其参数进行有效计算的重要理论基础。

6.1.1 基本概念

根据大数定理的理论,求取各类统计参数的基本方法是获取充分的样本数据,而后计算平均值。对于随机过程,这种方法需要进行全时段的反复试验,因而是很繁复的,有时甚至是无法完成的。现代概率论的奠基者之一,原苏联数学家辛钦(Khinchine)提出并证明了:在很多情况下,平稳过程的任何一个样本函数的时间平均,从概率意义上等于它的统计平均。这种特性称为**各态历经性(Ergodicity)**、或**埃尔哥德性**、或**遍历性**。由此就可能基于单次而非反复的试验结果来计算随机过程的统计参数了。

随机过程本质上是二元函数 $X(t, \xi)$。按样本空间的平均是其统计平均;而按时间(参数集)的平均称为时间平均。

定义 6.1 若随机过程 $X(t)$ 的均方极限

$$\overline{X(t)} = \lim_{T \to \infty} \frac{1}{2T} \int_{-T}^{T} X(t) \mathrm{d}t \tag{6.1.1}$$

存在,则称它为 $X(t)$ 在 $(-\infty, \infty)$ 上的(**全局**)**时间平均**(**Time or arithmetic average**)。若均方极限

$$\overline{R(\tau)} = \lim_{T \to \infty} \frac{1}{2T} \int_{-T}^{T} X(t + \tau) X(t) \mathrm{d}t \tag{6.1.2}$$

存在,则称它为 $X(t)$ 在 $(-\infty, \infty)$ 上的**时间自相关函数**(**Time or arithmetic auto-correlation function**)。

在实际计算中,时间平均与时间自相关函数由某次样本数据沿时间运算,它们因样本的不同而不同,本质上是随机的。平稳过程的特性不随时间推移而改变,其均值为常数,自相关函数仅与 τ 有关,因此,人们期望平稳过程的时间平均及时间自相关函数与相应的统计平均相一致。

定义 6.2　称平稳过程 $X(t)$ 具有**均值各态历经性**，若满足：

$$P\{\overline{X(t)} = EX(t)\} = 1 \tag{6.1.3}$$

称过程具有**相关函数各态历经性**，若满足：

$$P\{\overline{R(\tau)} = R(\tau)\} = 1 \tag{6.1.4}$$

各态历经性的物理含义可以这样理解：充分长时间的样本数据中包含了过程的某种参数的全部状态，因而能够给出该参数的统计平均值。直观地讲，该过程的每一样本函数都"遍历了"其全部状态。

例 6.1　若随机过程 $X(t) = a\cos(\omega_0 t + \Phi)$，其中，$a$ 与 ω_0 为正常数，Φ 在 $[0, 2\pi)$ 上均匀分布。讨论其各态历经性。

解：首先该过程是平稳的。因为

$$EX(t) = \int_0^{2\pi} a\cos(\omega_0 t + \varphi)\frac{1}{2\pi}\mathrm{d}\varphi = 0$$

$$R(\tau) = \int_0^{2\pi} a^2 \cos(\omega_0 t + \omega_0 \tau + \varphi)\cos(\omega_0 t + \varphi)\frac{1}{2\pi}\mathrm{d}\varphi = \frac{1}{2}a^2\cos\omega_0\tau$$

再计算其时间平均

$$\begin{aligned}
\overline{X(t)} &= \lim_{T\to\infty}\frac{1}{2T}\int_{-T}^{T} a\cos(\omega_0 t + \Phi)\mathrm{d}t \\
&= \lim_{T\to\infty}\frac{a}{2T}\int_{-T}^{T}(\cos\omega_0 t\cos\Phi - \sin\omega_0 t\sin\Phi)\mathrm{d}t \\
&= \lim_{T\to\infty}\frac{a}{2T}\left[\left(\int_{-T}^{T}\cos\omega_0 t\mathrm{d}t\right)\cos\Phi - \left(\int_{-T}^{T}\sin\omega_0 t\mathrm{d}t\right)\sin\Phi\right] \\
&= 0 = EX(t)
\end{aligned}$$

以及时间自相关函数

$$\begin{aligned}
\overline{R(\tau)} &= \lim_{T\to\infty}\frac{1}{2T}\int_{-T}^{T} a^2\cos(\omega_0 t + \omega_0\tau + \Phi)\cos(\omega_0 t + \Phi)\mathrm{d}t \\
&= \lim_{T\to\infty}\frac{a^2}{4T}\int_{-T}^{T}[\cos(2\omega_0 t + \omega_0\tau + 2\Phi) + \cos\omega_0\tau]\mathrm{d}t \\
&= 0 + \frac{a^2}{2}\cos\omega_0\tau = R(\tau)
\end{aligned}$$

可见，$X(t)$ 既是均值各态历经的，又是相关函数各态历经的。

一般而言，假定 $s(t)$ 是周期为 T 的函数，比如例题中的 $\cos\omega_0 t$，它经过随机滑动后的结果是 $X(t) = s(t + \Phi)$，若 Φ 在 $[0, T)$ 上均匀分布，那么，$X(t)$ 的均值与相关函数都是各态历经的。更进一步，（统计特性）具有周期性的随机过程在经历其周期上的均匀随机滑动后，它们的均值与相关函数均是各态历经的。

6.1.2　各态历经性定理

下面的定理说明了什么样的平稳过程具有各态历经性。

定理 6.1（均值各态历经性定理）　若平稳过程 $X(t)$ 的协方差函数为 $C(\tau)$，则该过程具有均值各态历经性的充要条件为

$$\lim_{T\to\infty}\frac{1}{T}\int_0^{2T}\left(1-\frac{\tau}{2T}\right)C(\tau)\mathrm{d}\tau=0 \tag{6.1.5}$$

证明： 首先，注意到 $EX(t)$ 为常数，于是

$$E\overline{X(t)}=\lim_{T\to\infty}\frac{1}{2T}\int_{-T}^{T}EX(t)\mathrm{d}t=EX(t)$$

进而

$$E[\overline{X(t)}-EX(t)]^2=E\left\{\lim_{T\to\infty}\frac{1}{2T}\int_{-T}^{T}[X(t)-EX(t)]\mathrm{d}t\right\}^2$$

$$=\lim_{T\to\infty}\frac{1}{4T^2}\int_{-T}^{T}\int_{-T}^{T}C(u-v)\mathrm{d}u\mathrm{d}v$$

做变换 $\begin{cases} t=v \\ \tau=u-v \end{cases}$，$\begin{cases} v=t \\ u=t+\tau \end{cases}$，于是 $|J|=\begin{vmatrix} 1 & 0 \\ 1 & 1 \end{vmatrix}=1$。变换积分区域可得

$$\int_{-T}^{T}\int_{-T}^{T}C(u-v)\mathrm{d}u\mathrm{d}v=\int_{-2T}^{0}\left[\int_{-T-\tau}^{T}C(\tau)\mathrm{d}t\right]\mathrm{d}\tau+\int_0^{2T}\left[\int_{-T}^{T-\tau}C(\tau)\mathrm{d}t\right]\mathrm{d}\tau$$

$$=\int_{-2T}^{0}(2T+\tau)C(\tau)\mathrm{d}\tau+\int_0^{2T}(2T-\tau)C(\tau)\mathrm{d}\tau$$

$$=\int_{-2T}^{2T}(2T-|\tau|)C(\tau)\mathrm{d}\tau=2\int_0^{2T}(2T-\tau)C(\tau)\mathrm{d}\tau$$

于是

$$E[\overline{X(t)}-EX(t)]^2=\lim_{T\to\infty}\frac{1}{T}\int_0^{2T}\left(1-\frac{\tau}{2T}\right)C(\tau)\mathrm{d}\tau$$

由 $P\{\overline{X(t)}=EX(t)\}=1$ 的充要条件为 $E\left[\overline{X(t)}-EX(t)\right]^2=0$，得到定理结论。（证毕）

推论： 平稳过程 $X(t)$ 具有均值各态历经性，若其协方差函数 $C(\tau)$ 满足下面任一条：

（1）
$$\int_{-\infty}^{\infty}|C(\tau)|\mathrm{d}\tau<\infty \tag{6.1.6}$$

（2）
$$\lim_{\tau\to\infty}C(\tau)=0，\text{且}\ C(0)<\infty \tag{6.1.7}$$

证明：（1）$\int_0^{2T}\left(1-\frac{\tau}{2T}\right)C(\tau)\mathrm{d}\tau\leqslant\int_0^{2T}|C(\tau)|\mathrm{d}\tau\leqslant\int_{-\infty}^{\infty}|C(\tau)|\mathrm{d}\tau<\infty$

于是
$$\lim_{T\to\infty}\frac{1}{T}\int_0^{2T}\left(1-\frac{\tau}{2T}\right)C(\tau)\mathrm{d}\tau=0$$

（2）由极限定义，$\forall\varepsilon>0$，$\exists T_1>0$，当 $\tau>T_1$ 时，$|C(\tau)|<\varepsilon$。故

$$\frac{1}{T}\int_0^{2T}\left(1-\frac{\tau}{2T}\right)C(\tau)\mathrm{d}\tau\leqslant\frac{1}{T}\int_0^{2T}|C(\tau)|\mathrm{d}\tau\leqslant\frac{1}{T}\left[\int_0^{T_1}|C(0)|\mathrm{d}\tau+\int_{T_1}^{2T}\varepsilon\mathrm{d}\tau\right]$$

$$=\frac{T_1C(0)}{T}+\frac{(2T-T_1)\varepsilon}{T}=\frac{T_1[C(0)-\varepsilon]}{T}+2\varepsilon$$

取 $T>\frac{T_1C(0)}{\varepsilon}\geqslant\frac{T_1[C(0)-\varepsilon]}{\varepsilon}$，则 $\frac{1}{T}\int_0^{2T}\left(1-\frac{\tau}{2T}\right)C(\tau)\mathrm{d}\tau<3\varepsilon$。因此

$$\lim_{T\to\infty}\frac{1}{T}\int_0^{2T}\left(1-\frac{\tau}{2T}\right)C(\tau)\mathrm{d}\tau=0$$

我们知道在很多实际应用中，随着 τ 值的增大，随机变量 $X(t+\tau)$ 和 $X(t)$ 几乎不相关，即当 $\tau\to\infty$ 时，$C(\tau)\to0$。因而，许多平稳过程都具有均值各态历经性。

定理 6.2（相关函数各态历经性定理） 若平稳过程 $X(t)$ 的相关函数为 $R_X(\tau)$，且 $\{Z_\tau(t)=X(t+\tau)X(t)\}$ 是平稳过程，则 $X(t)$ 具有相关函数各态历经性的充要条件为

$$\lim_{T\to\infty}\frac{1}{T}\int_0^{2T}\left(1-\frac{u}{2T}\right)\left[R_{Z_\tau}(u)-R_X^2(\tau)\right]\mathrm{d}u=0 \tag{6.1.8}$$

证明： 观察平稳过程 $Z_\tau(t)$，其均值为 $EZ_\tau(t) = E[X(t+\tau)X(t)] = R_X(\tau)$，协方差函数为

$$C_{Z_\tau}(u) = E[Z_\tau(t+u)Z_\tau(t)] - [EZ_\tau(t)]^2 = R_{Z_\tau}(u) - R_X^2(\tau)$$

容易看出，$Z_\tau(t)$ 的均值各态历经性就是 $X(t)$ 的相关函数各态历经性。于是，由均值各态历经性定理可得结论。（证毕）

注意，定理要求 $\{Z_\tau(t) = X(t+\tau)X(t)\}$ 是平稳过程，这是因为 $X(t)$ 为宽平稳过程通常并不能保证这点。另外，相关函数各态历经性定理涉及过程的四阶矩，一般不容易验证。但是，对于零均值的高斯过程，则条件可以简单很多，如下面的定理。

定理 6.3 若 $X(t)$ 是零均值高斯平稳过程，则它具有相关函数各态历经性的充要条件为：

$$\int_{-\infty}^{\infty} |R_X(\tau)| \, \mathrm{d}\tau < \infty \tag{6.1.9}$$

证明略。

对于离散随机序列 $\{X_n, \ n = 0, 1, 2, \cdots\}$，时间平均与时间相关函数分别指

$$\overline{X_n} = \lim_{N \to \infty} \frac{1}{N} \sum_{n=0}^{N-1} X_n \tag{6.1.10}$$

与

$$\overline{R(m)} = \lim_{N \to \infty} \frac{1}{N} \sum_{n=0}^{N-1} X_{n+m} X_n \ (m \geqslant 0) \tag{6.1.11}$$

其各态历经性定理与连续时间参数的相仿。比如，X_n 具有均值各态历经性的充要条件是

$$\lim_{N \to \infty} \frac{1}{N} \sum_{m=0}^{N-1} \left(1 - \frac{m}{N}\right) C(m) = 0 \tag{6.1.12}$$

而充分条件是，$\displaystyle\lim_{m \to \infty} C(m) = 0$。

例 6.2 运用各态历经性定理分析随机相位正弦过程 $X(t) = a\cos(\omega_0 t + \Phi)$ 的各态历经性。其中，a 与 ω_0 为正常数，Φ 在 $[0, 2\pi]$ 上均匀分布。

解： 首先，由例 6.1 的结论，$X(t)$ 是平稳过程，且 $EX(t) = 0$，$R(\tau) = \dfrac{1}{2}a^2 \cos \omega_0 \tau$。于是

$$\lim_{T \to \infty} \frac{1}{T} \int_0^{2T} \left(1 - \frac{\tau}{2T}\right) \frac{a^2}{2} \cos \omega_0 \tau \, \mathrm{d}\tau = \frac{a^2}{2} \lim_{T \to \infty} \frac{1}{T} \left[\left(1 - \frac{\tau}{2T}\right) \frac{\sin \omega_0 \tau}{\omega_0} \Big|_0^{2T} + \frac{1}{2T} \int_0^{2T} \frac{\sin \omega_0 \tau}{\omega_0} \, \mathrm{d}\tau \right]$$

$$= \frac{a^2}{2} \lim_{T \to \infty} \frac{1}{T} \left[\left(1 - \frac{\tau}{2T}\right) \frac{\sin \omega_0 \tau}{\omega_0} \Big|_0^{2T} - \frac{\cos \omega_0 \tau}{2T\omega_0^2} \Big|_0^{2T} \right]$$

$$= \frac{a^2}{2} \lim_{T \to \infty} \frac{1 - \cos 2\omega_0 T}{2T^2 \omega_0^2} = 0$$

所以，$X(t)$ 是均值各态历经的。

再令

$$Z_\tau(t) = X(t+\tau)X(t) = \frac{a^2}{2} \left[\cos(2\omega_0 t + \omega_0 \tau + 2\Phi) + \cos \omega_0 \tau \right]$$

这也是一个随机相位正弦过程，易知，$EZ_\tau(t) = \dfrac{1}{2}a^2 \cos \omega_0 \tau$，且 $C_{Z_\tau}(u) = \dfrac{1}{2} \times \dfrac{a^4}{4} \cos 2\omega_0 \tau$。仿上可知，$Z_\tau(t)$ 具有均值各态历经性，即 $X(t)$ 是相关函数各态历经的。

例 6.3 设零均值白高斯噪声 $n(t)$ 的相关函数为 $R_n(\tau) = q\delta(\tau)$。讨论其各态历经性。

解： 因为该过程是零均值高斯平稳过程，满足 $\displaystyle\int_{-\infty}^{\infty} |R_n(\tau)| \, \mathrm{d}\tau = q < \infty$，因此 $n(t)$ 是均值与相关函数各态历经的。

在实际应用中，要严格地从理论上证明一个平稳过程是否满足上述定理的条件并不容易。由于实际物理信号都出自于相同的随机因素，因此，有理由认为在稳态情况下它们经历信号的各个状态，符合各态历经性。所以，应用中通常先假定过程具有各态历经性，而后再利用实验检验其合理性。

6.1.3　均值、方差与相关函数的估计方法

应用中经常需要随机信号的均值、相关函数等参数。若平稳过程是各态历经的，由其任一样本函数就可以计算出这些参数。随着数字技术的发展，常用的方法是，基于一段样本函数的采样序列进行计算。由于数据量总是有限的，因此，计算值只是相应参数的估计。通常用'^'标示估计值，比如均值 m_X 的估计值常记为 $\hat{m}_X$。

设平稳过程 $X(t)$ 的均值、方差与自相关函数的理论值分别为 m_X、σ_X^2 与 $R_X(\tau)$，记采样序列为 $\{x_n = X(nT_s, \xi),\ n = 0,1,\cdots,N-1\}$，其中，$X(t,\xi)$ 表示一个样本函数，T_s 为采样间隔，采样数据总数为 N（N 相当大）。下面简单说明估计 m_X、σ_X^2 与 $R_X(\tau)$ 的具体方法。

（1）均值估计方法：
$$\hat{m}_X = \frac{1}{N}\sum_{i=0}^{N-1} x_i \tag{6.1.13}$$

该估计也称为**样本均值**。

容易发现：（1）$E(\hat{m}_X) = m_X$；（2）$\mathrm{Var}(\hat{m}_X) = \sigma_X^2/N \to 0$，$N \to \infty$。这两点说明：$\hat{m}_X$ 对理论值的估计在平均意义上是准确的，且随机波动随数据量增加而趋于零。在估计理论中称这两种特性为"无偏的"与"渐近一致的"。显然，一个好的估计应该是无偏且方差最小的。因此，样本均值是一个渐进意义上的最佳估计。

（2）方差估计方法：
$$S^2 = \frac{1}{N-1}\sum_{i=0}^{N-1}(x_i - \hat{m}_X)^2 \tag{6.1.14}$$

其中，$\hat{m}_X$ 如式(6.1.13)，S^2 称为**样本方差**（Sample variance）。

容易想到的是，$\hat{\sigma}_X^2 = \frac{1}{N}\sum_{i=0}^{N-1}(x_i - \hat{m}_X)^2$。但可以求出，$E(\hat{\sigma}_X^2) = \frac{N-1}{N}\sigma_X^2 \neq \sigma_X^2$。即只要 N 有限，则估计就是有偏的。因此，应用中更多的是采用式(6.1.14)，它始终是无偏的。

（3）相关函数估计方法：

$$\hat{R}_X(m) = \frac{1}{N-m}\sum_{i=0}^{N-m-1} x_{i+m}x_i,\quad m = 0,1,\cdots,N-1 \tag{6.1.15}$$

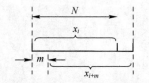

图 6.1.1　相关函数估计中数据安排

当 $m < 0$ 时，可利用 $R_X(m)$ 的偶函数特性。参考图 6.1.1 可知，这一方法充分利用了已有的 N 个数据进行计算。容易发现，这个估计是渐近无偏的。当数据量较大时，偏差不明显。实用中综合考虑多种因素后，更常用的方案是，$\hat{R}_X(m) = \frac{1}{N}\sum_{i=0}^{N-m-1} x_{i+m}x_i$。

从本质上讲，电信号的直流、交流与平均功率是由信号波形的时间平均来计算的。基于平稳过程的各态历经性理论，我们也常常将这三种功率分别对应于随机信号的统计均值、方差与均方值。

6.2　功率谱密度

从频率域上考察平稳过程的特性是一种很有用的方法。由于信号是随机的，人们重点关注

其频域上的平均特性。研究平稳过程功率的频域平均特性是最有效的分析方法。

6.2.1 功率谱密度

从物理概念出发，信号 $x(t)$ 的功率与功率谱密度(简称功率谱)定义为

$$P = \lim_{T \to \infty} \frac{1}{2T} \int_{-T}^{T} |x(t)|^2 \, dt, \quad S(\omega) = \lim_{T \to \infty} \frac{1}{2T} |X_T(j\omega)|^2$$

其中 $X_T(j\omega)$ 是 $x_T(t)$ 的傅里叶变换，而 $x_T(t)$ 称为截断信号，它是从 $x(t)$ 上截取的 $[-T, +T]$ 段，它在 $[-T, +T]$ 区间以外为零。

仿此，随机过程 $\{X(t), -\infty < t < +\infty\}$ 的**功率**与**功率谱密度**(**Power spectral density**)分别定义为相应样本函数的功率与功率谱密度的统计平均，即

$$P = E\left[\lim_{T \to \infty} \frac{1}{2T} \int_{-T}^{T} X^2(t) dt \right] = \lim_{T \to \infty} \frac{1}{2T} \int_{-T}^{T} E|X(t)|^2 \, dt \tag{6.2.1}$$

$$S(\omega) = E\left[\lim_{T \to \infty} \frac{1}{2T} |X_T(j\omega)|^2 \right] = \lim_{T \to \infty} \frac{1}{2T} E|X_T(j\omega)|^2 \tag{6.2.2}$$

其中，$X_T(j\omega)$ 为 $X(t)$ 的截断部分的傅里叶变换。

定理 6.4(维纳-辛钦定理)　平稳随机过程的功率谱密度与其自相关函数是一对傅里叶变换，即

$$S(\omega) = \int_{-\infty}^{\infty} R(\tau) e^{-j\omega\tau} \, d\tau \quad 与 \quad R(\tau) = \frac{1}{2\pi} \int_{-\infty}^{\infty} S(\omega) e^{j\omega\tau} \, d\omega \tag{6.2.3}$$

证明：首先，$X_T(j\omega) = \int_{-T}^{T} X(t) e^{-j\omega t} dt$，因此

$$|X_T(j\omega)|^2 = \left[\int_{-T}^{T} X(u) e^{-j\omega u} du \right] \left[\int_{-T}^{T} X(v) e^{-j\omega v} dv \right]^*$$

$$= \int_{-T}^{T} \int_{-T}^{T} X(u) X^*(v) e^{-j\omega(u-v)} du dv$$

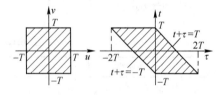

图 6.2.1　两种积分区域

结合式 (6.2.2) 有 $\quad S(\omega) = \lim_{T \to \infty} \frac{1}{2T} \int_{-T}^{T} \int_{-T}^{T} R(u-v) e^{-j\omega(u-v)} du dv$

做变换 $\begin{cases} t = v \\ \tau = u - v \end{cases}$, $\begin{cases} v = t \\ u = t + \tau \end{cases}$, 于是 $|J| = \begin{vmatrix} 1 & 0 \\ 1 & 1 \end{vmatrix} = 1$。积分区域的变化如图 6.2.1 所示。因此

$$S(\omega) = \lim_{T \to \infty} \frac{1}{2T} \left\{ \int_{-2T}^{0} \left[\int_{-T-\tau}^{T} R(\tau) e^{-j\omega\tau} dt \right] d\tau + \int_{0}^{2T} \left[\int_{-T}^{T-\tau} R(\tau) e^{-j\omega\tau} dt \right] d\tau \right\}$$

$$= \lim_{T \to \infty} \frac{1}{2T} \left\{ \int_{-2T}^{0} (2T+\tau) R(\tau) e^{-j\omega\tau} d\tau + \int_{0}^{2T} (2T-\tau) R(\tau) e^{-j\omega\tau} d\tau \right\}$$

$$= \lim_{T \to \infty} \int_{-2T}^{2T} \left(1 - \frac{|\tau|}{2T} \right) R(\tau) e^{-j\omega\tau} d\tau$$

$$= \int_{-\infty}^{\infty} R(\tau) e^{-j\omega\tau} d\tau$$

可见，$R(\tau)$ 与 $S(\omega)$ 是一对傅里叶变换。(证毕)

由于维纳-辛钦定理的原因，有时也直接将 $X(t)$ 的功率谱定义为 $R(\tau)$ 的傅里叶变换。在分析与计算功率谱密度时，可以充分利用傅里叶变换已有的大量结果与性质。

平稳过程的功率为，$P_X = E|X(t)|^2 = R_X(0)$。借助傅里叶反变换公式，可以得出基于功率谱的计算公式

$$P_X = \frac{1}{2\pi} \int_{-\infty}^{+\infty} S_X(\omega) \mathrm{d}\omega \qquad (6.2.4)$$

这表明，功率是 $S_X(\omega)$ 沿 ω 轴的"总和"，符合功率谱密度的物理意义。

性质 1 平稳过程的功率谱总是非负的实函数，即 $S_X(\omega) \geqslant 0$；而实平稳过程的功率谱总是非负的实偶函数，即 $S_X(-\omega) = S_X(\omega) \geqslant 0$。

证明： 从定义形式可见，功率谱是信号谱的模平方的平均，因此，$S_X(\omega)$ 总是非负实数。而对于实过程，$R_X(\tau)$ 是实偶函数，由傅里叶变换的性质，$S_X(\omega)$ 也一定是实偶函数。（证毕）

例 6.4 复过程 $X(t) = A\mathrm{e}^{\mathrm{j}(\omega_0 t + \Theta)}$，$A$ 与 Θ 独立，Θ 在 $[-\pi, \pi]$ 上均匀分布，求其功率谱。

解：
$$EX(t) = EA \times E\big[\cos(\omega_0 t + \Theta) + \mathrm{j}\sin(\omega_0 t + \Theta)\big] = 0$$

$$R_X(\tau) = E|A|^2 \times E\big\{\mathrm{e}^{\mathrm{j}[\omega_0(t+\tau)+\Theta]}\mathrm{e}^{-\mathrm{j}(\omega_0 t + \Theta)}\big\} = E|A|^2 \, \mathrm{e}^{\mathrm{j}\omega_0 \tau}$$

因此，$X(t)$ 是平稳过程。并且，$S_X(\omega) = 2\pi E|A|^2 \delta(\omega - \omega_0)$。可见其功率谱是非负的，但不是偶函数。而过程的功率全部集中在频率 ω_0 处。

平稳过程的自相关函数具有一些基本特性，特别是实过程，其特性可简单归纳如下：（1）实偶函数，即 $R(-\tau) = R(\tau)$；（2）有界且在原点处最大，即 $R(\tau) \leqslant R(0)$；（3）在原点连续，则处处连续；（4）非负定性。这些特性也间接地反映在其功率谱中。表 6.2.1 列出了较常见的一些自相关函数及其功率谱。例如，随机二进制传输过程的 $R(\tau)$ 为三角型的，随机电报过程的 $R(\tau)$ 为指数衰减型的，随机相位正弦过程的 $R(\tau)$ 为双冲激型的，平稳白噪声的 $R(\tau)$ 为冲激函数。

表 6.2.1 常见的自相关函数及其功率谱

自相关函数	功率谱密度	自相关函数	功率谱密度
$\begin{cases} 1 - \|\tau\|/T, & \|\tau\| \leqslant T \\ 0, & \|\tau\| > T \end{cases}$	$\dfrac{4\sin^2(\omega T/2)}{\omega^2 T}$	$\dfrac{\sin \omega_0 \tau}{\pi \tau}$	$\begin{cases} 1, & \|\omega\| \leqslant \omega_0 \\ 0, & \|\omega\| > \omega_0 \end{cases}$
$\mathrm{e}^{-\lambda\|\tau\|}$	$\dfrac{2\lambda}{\lambda^2 + \omega^2}$	$\cos \omega_0 \tau$	$\pi[\delta(\omega - \omega_0) + \delta(\omega + \omega_0)]$
$(1 + \lambda\|\tau\|)\mathrm{e}^{-\lambda\|\tau\|}$	$\dfrac{4\lambda^3}{(\lambda^2 + \omega^2)^2}$	$\mathrm{e}^{-\lambda\|\tau\|}\cos \omega_0 \tau$	$\dfrac{2\pi\lambda}{\lambda^2 + (\omega - \omega_0)^2} + \dfrac{2\pi\lambda}{\lambda^2 + (\omega + \omega_0)^2}$
$(1 - \lambda\|\tau\|)\mathrm{e}^{-\lambda\|\tau\|}$	$\dfrac{4\lambda\omega^2}{(\lambda^2 + \omega^2)^2}$	$\dfrac{\sin W\tau}{\pi\tau}\cos \omega_0 \tau$	$\begin{cases} 1, & \omega_0 - W < \|\omega\| \leqslant \omega_0 + W \\ 0, & 其他 \end{cases}$
$\dfrac{1}{\sqrt{2\pi}\lambda}\,\mathrm{e}^{-\lambda^2\tau^2/2}$	$\mathrm{e}^{-\omega^2/2\lambda^2}$	$\delta(\tau)$	1

平稳过程的功率谱密度常为有理函数型的，即

$$S(\omega) = c\frac{\omega^{2n} + a_{2n-2}\omega^{2n-2} + \dots + a_2\omega^2 + a_0}{\omega^{2m} + b_{2m-2}\omega^{2m-2} + \dots + b_2\omega^2 + b_0} \qquad (6.2.5)$$

除理想白噪声外，$R(0)$ 为某正值，故 $S(\omega)$ 在 $[0,\infty)$ 上可积。这时，$S(\omega)$ 的分母部分没有实根，且分母的阶数至少比分子的高 2 阶，并且 $c > 0$。

另外，由于实过程相关函数为实偶函数，其功率谱密度具有对称性，因此，应用中有时只使用正频率部分，并将其密度值加倍，称它为**单边功率谱**。

例 6.5 已知随机过程 $X(t)$ 的功率谱为 $S(\omega) = \dfrac{\omega^2 + 4}{\omega^4 + 10\omega^2 + 9}$，求其自相关函数与均方值。

解： 首先进行因式分解

$$S(\omega) = \frac{\omega^2 + 4}{\omega^4 + 10\omega^2 + 9} = \frac{\omega^2 + 4}{(\omega^2 + 9)(\omega^2 + 1)} = \frac{5/8}{\omega^2 + 9} + \frac{3/8}{\omega^2 + 1}$$

利用傅里叶变换公式 $e^{-a|t|} \longleftrightarrow 2a/(\omega^2 + a^2)$，其中 $a > 0$，可以求得

$$R(\tau) = \frac{5}{48}e^{-3|\tau|} + \frac{3}{16}e^{-|\tau|}$$

进而，均方值为 $R(0) = 7/24$。

例 6.6 讨论多普勒效应 (**Doppler-effect**)：无线移动通信中，如果收发信机相对运动就会产生多普勒效应，造成频移与频带展宽。如图 6.2.2(a) 所示，假定接收机静止于原点，而发射机以速度 V 背离原点做直线运动，并发送 $e^{j\omega_1 t}$ 的确定正弦振荡。记发射机的位置为，$X(t) = x_0 + Vt$，其中 x_0 是确定量，$V \sim N(m, \sigma^2)$。

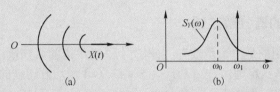

图 6.2.2　多普勒效应

解： 根据多普勒效应的物理原理，接收信号应该为

$$Y(t) = ae^{j\omega_1[t - X(t)/c]} = ae^{j[\omega_1(1-V/c)t - \omega_1 x_0/c]} \tag{6.2.6}$$

其中，c 为传播速度，a 为衰减量，它们都是确定量。于是

$$R_Y(\tau) = E[Y(t+\tau)Y^*(t)] = a^2 E[e^{j\omega_1(1-V/c)\tau}] = a^2 e^{j\omega_1\tau} \phi_V\left(-\frac{\omega_1\tau}{c}\right)$$

由 $f_V(x) \leftrightarrow \phi_V(-v)$，以及傅里叶变换的对偶性可知，$\phi_V(-\tau) \leftrightarrow 2\pi f_V(-\omega)$。于是，$\phi_V\left(-\frac{\omega_1\tau}{c}\right) \leftrightarrow \frac{2\pi c}{\omega_1} f_V\left(-\frac{c\omega}{\omega_1}\right)$。进而

$$S_Y(\omega) = \frac{2\pi a^2 c}{\omega_1} f_V\left[-\frac{c(\omega - \omega_1)}{\omega_1}\right] \tag{6.2.7}$$

如图 6.2.2(b) 所示，$S_Y(\omega)$ 是高斯型的。由于运动的随机性，多普勒效应既造成频移又形成频带展宽。

下面再分析 $Y(t)$ 的中心频率 ω_0 与带宽。显然它们只依赖于 $S_Y(\omega)$ 的形状，我们只需考察 $f_V(\ )$ 项，有

$$f_V\left[-\frac{c(\omega - \omega_1)}{\omega_1}\right] = \frac{1}{\sqrt{2\pi}\sigma}e^{\frac{1}{2\sigma^2}\left(\frac{c(\omega-\omega_1)}{\omega_1} - m\right)^2} = \frac{1}{\sqrt{2\pi}\sigma}e^{\frac{[\omega - (1-m/c)\omega_1]^2}{2\sigma^2\omega_1^2/c^2}}$$

对照高斯分布的密度函数公式，从指数部分可找出其重心为 $(1 - m/c)\omega_1$，标准差为 $\sigma\omega_1/c$。标准差（带通时用 2 倍标准差）是对曲线所占宽度的一种均方根意义下的度量，由此度量的带宽称为**均方根带宽**，记为 B_{rms}。因此

$$\omega_0 = \left(1 - \frac{m}{c}\right)\omega_1, \qquad B_{rms} = \frac{\sigma\omega_1}{\pi c}$$

最后，互相关函数、互协方差函数与互相关系数用于描述两个信号间在时域上的统计关系；而互功率谱密度用于描述信号间在频域上的统计关系。联合平稳过程 $X(t)$ 与 $Y(t)$ 的**互功率谱密度**（Cross power spectral density）为其互相关函数 $R_{XY}(\tau)$ 与 $R_{YX}(\tau)$ 的傅里叶变换，即

$$S_{XY}(\omega) = \int_{-\infty}^{+\infty} R_{XY}(\tau)\mathrm{e}^{-\mathrm{j}\omega\tau}\mathrm{d}\tau \,, \quad S_{YX}(\omega) = \int_{-\infty}^{+\infty} R_{YX}(\tau)\mathrm{e}^{-\mathrm{j}\omega\tau}\mathrm{d}\tau \tag{6.2.8}$$

互功率谱密度简称互功率谱，它通常是复值的，且 $S_{XY}^{*}(\omega) = S_{YX}(\omega)$ 。对于实过程有，$S_{XY}^{*}(\omega) = S_{XY}(-\omega)$ ，即实部是偶函数，虚部是奇函数。

类似地，离散参数的平稳序列 $\{X_n\}$ 的功率谱密度定义为其自相关函数的傅里叶变换，即

$$S_X(\omega) = \sum_{n=-\infty}^{+\infty} X_n \mathrm{e}^{-\mathrm{j}\omega n} \tag{6.2.9}$$

此外，互功率谱密度也有相应定义。

6.2.2　相关函数的谱分解定理

在数学上，更为常用的是"谱函数"，它本质上是功率谱的累积量。

定理 6.5（波赫拿-辛钦定理）　设 $\{X(t), -\infty < t < +\infty\}$ 是均方连续的平稳过程，自相关函数为 $R(\tau)$ ，则存在唯一的 $F(\omega)$ ，满足，

$$R(\tau) = \frac{1}{2\pi}\int_{-\infty}^{\infty}\mathrm{e}^{\mathrm{j}\omega\tau}\mathrm{d}F(\omega) \tag{6.2.10}$$

其中，$F(\omega)$ 是有界右连续、非负的不减性函数，且 $F(-\infty) = 0$ 。

该定理称为相关函数的谱分解定理，$F(\omega)$ 称为**谱函数**（Spectral function）。谱函数是对平稳过程频域特征的另一种描述，有

$$F(\omega) = \int_{-\infty}^{\omega} S(u)\mathrm{d}u \tag{6.2.11}$$

与 $S(\omega)$ 相比，$F(\omega)$ 常称为**积分谱**。显然，平稳过程的功率 $P_X = R_X(0) = \dfrac{1}{2\pi}F(\infty)$ 。

由 $S(\omega)$ 的非负性可明白 $F(\omega)$ 的非负与单调不减性。式(6.2.10)采用黎曼-斯蒂尔阶积分形式，可避免谱函数使用奇异函数。但在工程应用中，$S(\omega)$ 往往更方便与广泛。

对于离散参数的平稳序列，数学上有类似的谱分解定理与谱函数。

6.2.3　平稳白噪声

平稳白噪声是一种极为特殊与理想的随机过程。由第 2 章的定义可知其相关函数与功率谱为

$$R(\tau) = \frac{N_0}{2}\delta(\tau) \quad 与 \quad S(\omega) = \frac{N_0}{2} \tag{6.2.12}$$

其中，常数 $N_0/2$ 使相应的单边功率谱正好是 N_0 ，便于有关的计算。$R(\tau)$ 与 $S(\omega)$ 如图 6.2.3 所示。由于功率谱为常数，具有与光学中白色光相似的功率分布特征，因此称为**白色的**。相对地，称任意非白色噪声为**有色噪声**（简称色噪声），例如图 6.2.4 所示。

白噪声是一种具有无限带宽的理想随机信号。特别是，**白高斯噪声（WGN）**还是独立过程。它是一种理想信号，是信号"随机性"的一种极端情形。同时，它又是实际应用中很常见的一种随机过程。

电子工程中的电阻热噪声很接近于理想的白高斯噪声。阻值为 R 的有噪电阻器可表征

为图 6.2.5 的两种等效电路。其中 R 为理想的无噪电阻，$V_n(t)$ 与 $I_n(t)$ 为随机的噪声电压源与电流源。

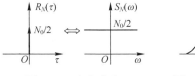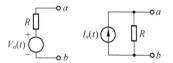

图 6.2.3　白色噪声　　　　图 6.2.4　有色噪声　　　　图 6.2.5　有噪声电阻器的等效电路

考虑电压源的等效形式，物理学家通过大量的实验与理论分析发现，随机电压源 $V_n(t)$ 是零均值的，它的单边功率谱可表示为

$$S_V(\omega) = \frac{2R}{\pi}\left(\frac{\omega h}{2} + \frac{\omega h}{e^{\omega h/(2\pi kT)} - 1}\right) \qquad (\omega \geqslant 0) \tag{6.2.13}$$

其中，$h = 6.63 \times 10^{-34}$ J·s（普朗克常数），$k = 1.38 \times 10^{-23}$ J/K（玻耳兹曼常数），$T = (273 + C)$K（绝对温度，C 为摄氏温度值）。在常温下，对于高达 1000GHz 的频率，$\omega h/(2\pi kT) < 0.2$，因此，可利用近似公式 $e^x \approx 1 + x$，得到

$$S_V(\omega) \approx 4kTR \qquad (\omega \geqslant 0) \tag{6.2.14}$$

大多数情况下，1000GHz 包含了几乎所有的实用频率，因此，电阻的热噪声被视为理想的白噪声过程。注意到 $S_V(\omega)$ 的物理本质是单位带宽的均方噪声电压 $E(V_0^2)$（单位 V²/Hz）

电子热骚动的物理特性还使得这种噪声的统计特性总是具有平稳性并呈高斯分布，因此白高斯噪声是它的基本模型，其（双边）功率谱参数值为 $N_0/2 = 2kTR$。

例 6.7　若在 27℃ 使用带宽为 BHz 的电压表测量 $R = 1$MΩ 电阻器两端的开路噪声电压，求：当带宽为 1MHz 时，理论上测得的有效（均方根）电压值是多少？

解：由于电压表测到的噪声电压部分只有 BHz，其均方值为 $E(V_n^2) = 4kTRB$ (V²)，因此，测得的有效电压值为

$$V_{\text{rms}} = \sqrt{E(V_n^2)} = \sqrt{4 \times 1.38 \times 10^{-23} \times (273 + 27) \times 10^6 \times 10^6} \approx 1.29 \times 10^{-4} \quad (\text{V})$$

虽然 V_{rms} 只有 0.129mV，当电路中具有高增益放大器时，比如，在高灵敏接收机的前端电路中，这种噪声也是不可忽视的。

6.3　具有随机输入的线性时不变系统

系统是将输入信号 $x(t)$ 变换为输出信号 $y(t)$ 的一种映射规则。**线性时不变（LTI）系统**可以用算子 $L[\ ]$ 表示，即 $y(t) = L[x(t)]$，它满足

（1）线性性：对于任何 $a_1, a_2, x_1(t)$ 与 $x_2(t)$，有

$$L[a_1 x_1(t) + a_2 x_2(t)] = a_1 L[x_1(t)] + a_2 L[x_2(t)]$$

（2）时不变性：$L[x(t - \tau)] = y(t - \tau)$。

系统完全由算子 $L[\ ]$ 确定。众所周知，LTI 系统又可表示为

$$y(t) = h(t) * x(t) = \int_{-\infty}^{+\infty} h(t - u)x(u)\mathrm{d}u \tag{6.3.1}$$

其中，**冲激响应** $h(t) = L[\delta(t)]$。严格地讲，这里 $y(t)$ 指零状态响应，由初始条件引起的响应（零输入响应）没有包括在内。

如果考虑傅里叶变换，令 $h(t) \leftrightarrow H(j\omega)$，$x(t) \leftrightarrow X(j\omega)$，$y(t) \leftrightarrow Y(j\omega)$，则

$$Y(j\omega) = X(j\omega)H(j\omega) \tag{6.3.2}$$

下面分析具有随机输入的线性时不变系统。

6.3.1 系统的输出过程

当输入信号是随机过程时，系统对每个输入样本函数按规则进行映射，即

$$Y(t, \xi_i) = L[X(t, \xi_i)]$$

由于 ξ_i 在（$X(t)$ 对应的）整个样本空间取值，$Y(t, \xi_i)$ 是随机函数，因此，系统构造出另一个随机过程

$$Y(t, \xi_i) = L[X(t, \xi_i)]$$

称为**输出过程**。简记为，$Y(t) = L[X(t)]$。

确定性系统本身没有随机性，因此只对输入过程的 t 起作用。这时，对于相同的两次样本函数，如果 $X(t, \xi_1) = X(t, \xi_2)$，则其输出也是相同的，即 $Y(t, \xi_1) = Y(t, \xi_2)$。随机系统则对输入过程的 t 与 ξ 都有作用。本书只讨论确定性系统。

对于稳定的 LTI 系统，如果 $E|X(t)|^2$ 存在，其输出过程可由式(6.3.1)结合均方积分的概念得到，即

$$Y(t) = L[X(t)] = h(t) * X(t) = \int_{-\infty}^{+\infty} h(t-u)X(u)\mathrm{d}u \tag{6.3.3}$$

这时，$E|Y(t)|^2 < +\infty$。$X(t)$ 与 $Y(t)$ 都是二阶矩过程，它们的一、二阶矩存在。除非特别指出，后面讨论的都是二阶矩过程与稳定的 LTI 系统。而且，如果 $X(t)$ 是平稳的，则 $Y(t)$ 也是平稳的。

许多的 LTI 系统可以用微分方程描述，因此求解微分方程是获得 $Y(t)$ 的一种方法。一般而言，要显式地求解出 $Y(t)$ 及其概率分布是较困难的，下面分几种情形来讨论：

（1）如果 $X(t)$ 是高斯过程，其均方积分结果是高斯的，于是，$Y(t)$ 也是高斯过程。这时，只要计算出它的均值与相关函数，便可以完全确定 $Y(t)$ 的概率特性。

（2）如果 $X(t)$ 相对于系统而言是窄带的，那么，$Y(t)$ 与 $X(t)$ 具有相同的概率特性。

（3）如果 $X(t)$ 相对于系统而言是宽带的，当 $X(t)$ 的带宽大于系统带宽约 7～10 倍时，工程上可近似认为 $Y(t)$ 是高斯的。

（4）对于其他的情形，计算 $Y(t)$ 的概率分布可能很困难。理论上可以利用多个高阶矩来近似计算其特征函数，但方法较复杂，不再赘述。

其实，计算输出过程的均值、相关函数与功率谱是容易的，而且它们也非常有用，因此，下面着重讨论其计算方法。

6.3.2 输出过程的均值与相关函数

由于均值与均方积分可以交换计算顺序，易见，对于任何稳定的线性系统，有

$$E\{L[X(t)]\} = L\{E[X(t)]\} \tag{6.3.4}$$

进而，有下面的定理。

定理 6.6 对于 LTI 系统，$Y(t) = X(t) * h(t)$，有

（1）$m_Y(t) = L[m_X(t)] = m_X(t) * h(t)$ (6.3.5)

（2）$R_{YX}(t_1,t_2) = R_X(t_1,t_2) * h(t_1)$ (6.3.6)

（3）$R_{XY}(t_1,t_2) = R_X(t_1,t_2) * h^*(t_2)$ (6.3.7)

（4）$R_Y(t_1,t_2) = R_X(t_1,t_2) * h(t_1) * h^*(t_2)$ (6.3.8)

其中，考虑 $X(t)$ 与 $Y(t)$ 可能是复过程的情形，$[\ ]^*$ 为共轭运算。

证明：（1）由式（6.3.4）可知。对于（2）～（4），证明如下。

$$Y(t_1) = X(t_1) * h(t_1) = \int_{-\infty}^{+\infty} X(t_1 - u)h(u)\mathrm{d}u$$

$$Y(t_1)X^*(t_2) = \int_{-\infty}^{+\infty} X(t_1 - u)X^*(t_2)h(u)\mathrm{d}u$$

为简明起见，采用记号 $L_1[\ ]$ 表示关于 t_1 的卷积。于是，上式可表示为

$$Y(t_1)X^*(t_2) = L_1[X(t_1)]X^*(t_2) = L_1[X(t_1)X^*(t_2)]$$

两边求均值 $\quad E[Y(t_1)X^*(t_2)] = L_1\{E[X(t_1)X^*(t_2)]\} = R_X(t_1,t_2) * h(t_1)$

相仿地，采用 $L_2[\ ]$ 表示关于 t_2 的卷积，有

$$E[X(t_1)Y^*(t_2)] = E\{X(t_1)L_2^*[X^*(t_2)]\} = L_2^*\{E[X(t_1)X^*(t_2)]\}$$
$$= R_X(t_1,t_2) * h^*(t_2)$$

其中 $L^*[\ ]$ 表明卷积运算中，系统冲激响应应取共轭。再有

$$E[Y(t_1)Y^*(t_2)] = E\{L_1[X(t_1)]L_2^*[X^*(t_2)]\} = L_1\{L_2^*\{E[X(t_1)X^*(t_2)]\}\}$$
$$= R_X(t_1,t_2) * h(t_1) * h^*(t_2)$$

（证毕）

6.3.3 输入为平稳过程的情形

如果 $X(t)$ 是平稳过程，则其均值 m_X 为常数，自相关函数为 $R_X(\tau)$，前面讨论的结果可以做如下简化。

定理 6.7 若 $X(t)$ 为平稳过程，$Y(t) = X(t) * h(t)$，则 $X(t)$ 与 $Y(t)$ 是联合广义平稳过程，并且有

（1）$m_Y = m_X H(\mathrm{j}0)$ (6.3.9)

（2）$R_{YX}(\tau) = R_X(\tau) * h(\tau)$ (6.3.10)

（3）$R_{XY}(\tau) = R_X(\tau) * h^*(-\tau)$ (6.3.11)

（4）$R_Y(\tau) = R_X(\tau) * h(\tau) * h^*(-\tau)$ (6.3.12)

其中，$H(\mathrm{j}0) = H(\mathrm{j}\omega)\big|_{\omega=0} = \int_{-\infty}^{+\infty} h(t)\mathrm{d}t$，是系统的直流增益。

证明：这里只证明（3）的结论，其他部分的证明相仿。由于

$$R_{XY}(t_1,t_2) = \int_{-\infty}^{+\infty} R_X(t_1,t_2-u)h^*(u)\mathrm{d}u = \int_{-\infty}^{+\infty} R_X(t_1-t_2+u)h^*(u)\mathrm{d}u$$

令 $\tau = t_1 - t_2$，$v = -u$，则

$$R_{XY}(t_1,t_2) = \int_{-\infty}^{+\infty} R_X(\tau-v)h^*(-v)\mathrm{d}v = R_X(\tau) * h^*(-\tau)$$

（证毕）

推论 若 LTI 系统的频响函数为 $H(j\omega)$，则功率谱与互功率谱关系如下：

（1） $S_{YX}(\omega) = S_X(\omega)H(j\omega)$ (6.3.13)

（2） $S_{XY}(\omega) = S_X(\omega)H^*(j\omega)$ (6.3.14)

（3） $S_Y(\omega) = S_X(\omega)|H(j\omega)|^2$ (6.3.15)

例 6.8 平稳高斯白噪声 $N(t)$ 施加在 RC 电路上，如图 6.3.1 所示。若 $R_N(\tau) = \dfrac{N_0}{2}\delta(\tau)$，试求：（1）输出过程 $Y(t)$ 的自相关函数与功率；（2）$Y(t)$ 的一维概率密度函数。

解：（1）由电路分析、信号与系统的相关知识，系统的频率响应为

$$H(j\omega) = \frac{1}{1+j\omega RC} \quad\leftrightarrow\quad h(t) = \frac{1}{RC}e^{-t/RC}u(t)$$

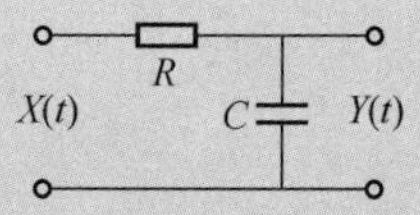

图 6.3.1 简单 RC 电路

由于 $X(t)$ 是平稳的，$S_X(\omega) = N_0/2$，利用功率谱之间的关系，有

$$S_Y(\omega) = \frac{N_0}{2}|H(j\omega)|^2 = \frac{N_0/2}{1+(\omega RC)^2} = \frac{N_0(1/RC)^2/2}{\omega^2 + (1/RC)^2}$$

利用傅里叶变换公式：$e^{-a|t|} \leftrightarrow 2a/(\omega^2 + a^2)$，其中 $a>0$，可以求得

$$R_Y(\tau) = \frac{N_0}{4RC}e^{-|\tau|/RC}$$

信号功率 $P_Y = R_Y(0) = \dfrac{N_0}{4RC}$。

可见，无限带宽的理想白噪声原本具有无穷大的功率，它通过 RC 电路后只残留下低频部分，该部分的功率是有限的。

（2）由于 $X(t)$ 是高斯的，因此 $Y(t)$ 也是高斯的，并且

$$m_Y = m_X H(j0) = 0, \qquad \sigma_Y^2 = R_Y(0) - m_Y^2 = \frac{N_0}{4RC}$$

于是，$f_Y(y,t) = \sqrt{\dfrac{2RC}{\pi N_0}}e^{-\frac{2RCy^2}{N_0}}$。

注意到白噪声通过系统后输出功率谱的一般形式为

$$S_Y(\omega) = \frac{N_0}{2}|H(j\omega)|^2$$

从中可见，$Y(t)$ 的功率谱清楚地反映了系统的特性，因此，可以利用它来推测系统的频率响应。由白噪声通过未知系统的输出 $Y(t)$ 来求解 $H(j\omega)$ 的问题称为系统辨识（System identification）。通常由 $S_Y(\omega)$ 入手解出 $H(j\omega)$，但这种解具有多重性。比如

$$S_Y(\omega) = \frac{1}{a^2 + \omega^2} = \frac{1}{a+j\omega} \cdot \frac{1}{a-j\omega}, \quad a > 0$$

由此，可以认为 $H(j\omega) = \dfrac{1}{a+j\omega}$ 或 $\dfrac{1}{a-j\omega}$，相应地，$h(t) = e^{-at}u(t)$ 或 $e^{at}u(-t)$。如果限定系统是因果的，则可以认定系统为 $h(t) = e^{-at}u(t)$。

其实，任何一般信号 $Y(t)$ 可以视为白噪声通过某个 LTI 系统 $H(j\omega)$ 的产物，找出并分析该 $H(j\omega)$ 的性质就能了解 $Y(t)$。因此，系统辨识有着很广泛的应用。

下面的例题说明了另一种由互相关函数或互功率谱来求解未知系统的方法。

例 6.9 假设未知 LTI 系统的冲激响应为 $h(t)$。利用互相关测量单元构造如图 6.3.2 的测量系统，其中 $X(t)$ 为平稳白噪声，$R_X(\tau) = (N_0/2)\delta(\tau)$。试说明利用本系统测定 $h(t)$ 的方法。

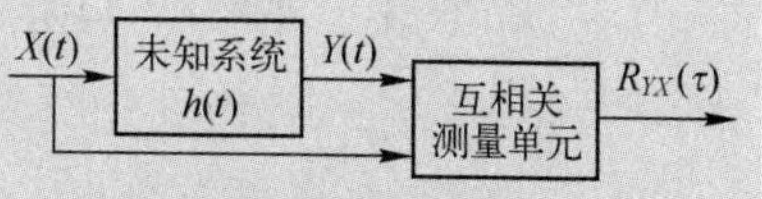

图 6.3.2　测量系统

解：易见，$R_{YX}(\tau) = R_X(\tau) * h(\tau) = (N_0/2)h(\tau)$。于是 $h(t) = \dfrac{2}{N_0}R_{YX}(t)$。

下面借助线性系统进一步考察功率谱的物理意义。不妨构造理想窄带系统为

$$H(\mathrm{j}\omega) = \begin{cases} 1, & \omega \in (\omega_0 - \Delta\omega/2, \omega_0 + \Delta\omega/2) \\ 0, & \text{其他} \end{cases}$$

在输入为 $X(t)$ 时，该系统的输出 $Y(t)$ 的功率谱为

$$S_Y(\omega) = \begin{cases} S_X(\omega), & \omega \in (\omega_0 - \Delta\omega/2, \omega_0 + \Delta\omega/2) \\ 0, & \text{其他} \end{cases}$$

假定 $\Delta\omega$ 足够小，则输出功率为

$$E\left|Y(t)\right|^2 = \frac{1}{2\pi}\int_{\omega_0 - \Delta\omega/2}^{\omega_0 + \Delta\omega/2} S_X(\omega)\mathrm{d}\omega \approx \frac{S_X(\omega_0)\Delta\omega}{2\pi} \geq 0$$

可见，$S_X(\omega_0)$ 反映的是 $X(t)$ 在 ω_0 局部的功率强度；由于 $E\left|Y(t)\right|^2$ 总是非负的，因此，$S_X(\omega_0)$ 对任何 ω_0 都是非负的。对于 $S_X(\omega) = 0$ 的频率处，$E\left|Y(t)\right|^2 = 0$，于是 $X(t)$ 在均方意义下没有该频率分量。所以，$S_X(\omega)$ 指明了 $X(t)$ 有效的频率范围与各频率上功率分布的状况。

6.3.4　输出中的瞬态部分

很值得注意的是许多应用中输入从"中途"（$t = 0$）施加，如果必须考虑这种影响，则

$$Y(t) = [X(t)u(t)] * h(t) = \int_{-\infty}^{t} X(t-u)h(u)\mathrm{d}u$$

即使 $X(t)$ 原本是平稳过程，但是，系统受到的激励本质上是 $X(t)u(t)$，因此，其输出是非平稳的。容易看到

$$m_Y(t) = m_X \int_{-\infty}^{t} h(u)\mathrm{d}u$$

$$R_Y(t_1, t_2) = \int_{-\infty}^{t_2} \int_{-\infty}^{t_1} R_X(t_1 - u_1, t_2 - u_2)h(u_1)h^*(u_2)\mathrm{d}u_1\mathrm{d}u_2$$

输出中出现瞬态（过渡）过程，而后逐渐达到稳态。当只关心稳态后的情况时，仍可以直接按平稳输入的情形来处理。下面的例子说明了这一点。

例 6.10　例 6.8 中，若平稳白噪声 $N(t)$ 在 $t = 0$ 时刻加到图 6.3.1 的 RC 电路上，记 $\sigma^2 = N_0/2$，求输出过程 $\{Y(t), t \geq 0\}$ 的自相关函数。

解：这里特别指出平稳白噪声是在 $t = 0$ 时刻施加的，为此，可以利用阶跃函数 $u(t)$ 将输入写为：$X(t) = N(t)u(t)$。于是

$$R_X(t_1, t_2) = \sigma^2\delta(t_1 - t_2)u(t_1)u(t_2) = \begin{cases} \sigma^2\delta(t_1 - t_2), & t_1 \geq 0, t_2 \geq 0 \\ 0, & \text{其他} \end{cases}$$

不妨先考虑 $t_2 \geq t_1 \geq 0$，则可以认为 $R_X(t_1, t_2) = \sigma^2 u(t_2)\delta(t_1 - t_2)$。先由式（6.3.6），有

$$R_{YX}(t_1,t_2)=[\sigma^2 u(t_2)\delta(t_1-t_2)]*h(t_1)=\sigma^2 u(t_2)[\delta(t_1-t_2)*h(t_1)]=\sigma^2 u(t_2)h(t_1-t_2)$$

再由式(6.3.8)，并将例 6.8 中解得的 $h(t)$ 代入，有

$$R_Y(t_1,t_2)=[\sigma^2 u(t_2)h(t_1-t_2)]*h^*(t_2)=\sigma^2\int_{-\infty}^{+\infty}u(v)h(t_1-v)h^*(t_2-v)\mathrm{d}v$$

$$=\frac{\sigma^2}{(RC)^2}\int_0^{t_1}\mathrm{e}^{-(t_1-v)/RC}\mathrm{e}^{-(t_2-v)/RC}\mathrm{d}v=\frac{\sigma^2}{2RC}\mathrm{e}^{-(t_1+t_2)/RC}[\mathrm{e}^{2t_1/RC}-1]$$

整理并考虑 t_1 与 t_2 的一般情况，有

$$R_Y(t_1,t_2)=\frac{\sigma^2}{2RC}[\mathrm{e}^{-|t_1-t_2|/RC}-\mathrm{e}^{-(t_1+t_2)/RC}],\qquad t_2\geqslant t_1\geqslant 0$$

我们看到，当 t_1 与 t_2 很大以后，上式后一项趋于零。可见，结果中前一项为稳态解部分(同例 6.8 的结果)，后一项为瞬态(过渡)解部分。如果设想 $N(t)$ 在 $t=-\infty$ 时加到系统上，则输入 $X(t)$ 为平稳白噪声，$R_X(t_1,t_2)=\sigma^2\delta(t_1-t_2)$，可以按平稳输入的情形来求解，而解出的结果只有稳态部分。

当 LTI 系统可以用微分方程描述时，比如，上述例题的输入输出关系可表示为：

$$RCY'(t)+Y(t)=X(t)$$

求解 $Y(t)$ 的均值与相关函数既可以用这里的方法，也可以用求解微分方程的分析方法，在零初值条件下，结果是一样的。

6.4 调制与带通过程

调制是一项重要的信号处理技术，它与带通信号密切相关，在通信、雷达和无线电等领域中得到广泛应用。本节讨论广义平稳调制信号的基本性质、调制与解调，以及调制中各种信号之间的重要关系。为此，我们需要先简要地介绍一下希尔伯特变换。

6.4.1 希尔伯特变换与解析过程

信号 $x(t)$ 的**希尔伯特(Hilbert)变换**是下式规定的另一个信号

$$\hat{x}(t)=\mathcal{H}[x(t)]=x(t)*\frac{1}{\pi t} \tag{6.4.1}$$

记为 $\hat{x}(t)$ 或 $\mathcal{H}[x(t)]$。

显然，$\hat{x}(t)$ 是 $x(t)$ 通过 LTI 系统 $h(t)=1/(\pi t)$ 的输出，该系统的频响为

$$H(\mathrm{j}\omega)=-\mathrm{j}\,\mathrm{sgn}(\omega)=\begin{cases}-\mathrm{j}, & \omega>0\\ \mathrm{j}, & \omega<0\end{cases} \tag{6.4.2}$$

如图 6.4.1(b)所示，它的幅频特性为全 1。

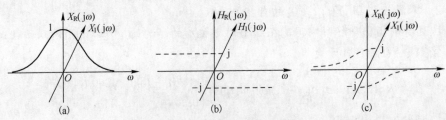

图 6.4.1　希尔伯特变换

希尔伯特变换的实质是对信号的正、负频率部分分别实施不同的相移，即 $-\pi/2$ 与 $+\pi/2$，其变换前后的频域情况如图 6.4.1 (a) 与 (c) 所示。理论上讲，它在零频率处具有无限陡峭的特性，并使得左右两边发生截然不同的变化。显然，这种理想的特性是无法实际实现的。实际应用中应尽量避开非常接近零的频谱区域，比如，被处理信号的零频率附近可以忽略，那么，就可以运用希尔伯特变换来处理信号。

希尔伯特变换的 $\pm\pi/2$ 相移处理形成了许多有趣的性质，其中几条基本性质如下：

（1）希尔伯特逆变换为

$$\mathcal{H}^{-1}[\ ] = -\mathcal{H}[\ ] \tag{6.4.3}$$

因为 $H(\mathrm{j}\omega)H(\mathrm{j}\omega) = \mathrm{j}^2 \mathrm{sgn}^2(\omega) = -1$，于是，$\mathcal{H}[\mathcal{H}[x(t)]] = -x(t)$。

（2）希尔伯特滤波器是 $-90°$ 相移的全通滤波器。考虑 $\mathrm{e}^{\mathrm{j}\omega_0 t}$（$\omega_0 > 0$），有

$$\begin{aligned}\mathcal{H}[\mathrm{e}^{\mathrm{j}\omega_0 t}] &= -\mathrm{j}\mathrm{e}^{\mathrm{j}\omega_0 t} = -\mathrm{e}^{\mathrm{j}\pi/2}\mathrm{e}^{\mathrm{j}\omega_0 t} = \mathrm{e}^{\mathrm{j}(\omega_0 t - \pi/2)} \\ \mathcal{H}[\mathrm{e}^{-\mathrm{j}\omega_0 t}] &= \mathrm{j}\mathrm{e}^{-\mathrm{j}\omega_0 t} = \mathrm{e}^{\mathrm{j}\pi/2}\mathrm{e}^{-\mathrm{j}\omega_0 t} = \mathrm{e}^{-\mathrm{j}(\omega_0 t - \pi/2)}\end{aligned} \tag{6.4.4}$$

于是，若 $f(t)$ 是低频带限的信号（最高非零频率限制在 ω_0 以下），则

$$\mathcal{H}[f(t)\cos\omega_0 t] = f(t)\sin\omega_0 t \qquad \mathcal{H}[f(t)\sin\omega_0 t] = -f(t)\cos\omega_0 t \tag{6.4.5}$$

其实，还可以证明：

$$\mathcal{H}[奇函数] = 偶函数 \qquad 与 \qquad \mathcal{H}[偶函数] = 奇函数$$

（3）对于平稳随机信号 $X(t)$，它的希尔伯特变换也是平稳的，并且

$$R_{\hat{X}}(\tau) = R_X(\tau), \qquad R_{\hat{X}X}(\tau) = \hat{R}_X(\tau), \qquad R_{X\hat{X}}(\tau) = -\hat{R}_X(\tau) \tag{6.4.6}$$

其中，$\hat{R}_X(\tau) = \mathcal{H}[R_X(\tau)]$。

（4）希尔伯特变换是正交变换，且变换前后其功率保持不变。对于平稳信号，由上一性质有

$$R_{\hat{X}}(0) = R_X(0), \qquad R_{\hat{X}X}(0) = E[\hat{X}(t)X(t)] = 0$$

这表明，$X(t)$ 与 $\hat{X}(t)$ 功率相等且彼此正交。其实，即使对于确定信号 $s(t)$，也可以证明下面形式的正交关系：$\int_{-\infty}^{+\infty} s(t)\,\hat{s}(t)\mathrm{d}t = 0$。

由实信号 $x(t)$ 与它的希尔伯特变换 $\hat{x}(t)$ 构造的复信号

$$z(t) = x(t) + \mathrm{j}\hat{x}(t) \tag{6.4.7}$$

称为 $x(t)$ 的**解析信号**（**Analytic signal**）（或信号预包络（**Pre-envelope**））。

可以看出

$$z(t) = \left[\delta(t) + \mathrm{j}\left(\frac{1}{\pi t}\right)\right] * x(t)$$

而

$$\delta(t) + \mathrm{j}\left(\frac{1}{\pi t}\right) \longleftrightarrow 1 + \mathrm{j}[-\mathrm{j}\mathrm{sgn}(\omega)] = 2u(\omega)$$

其中，$u(\omega) = \begin{cases} 1, & \omega > 0 \\ 0, & \omega < 0 \end{cases}$，是频域的单位阶跃函数。因此：

（1）如果 $x(t)$ 是确定信号，则解析信号是确定的，并且其频谱为

$$Z(\mathrm{j}\omega) = 2X(\mathrm{j}\omega)u(\omega) \tag{6.4.8}$$

（2）如果 $x(t)$ 是平稳随机信号，则解析信号是随机的，其功率谱为

$$S_z(\omega) = S_x(\omega)|2u(\omega)|^2 = 4S_x(\omega)u(\omega) \qquad (6.4.9)$$

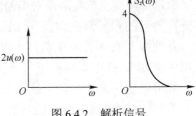

如图 6.4.2 所示。

反过来，可由解析信号求出原信号，即

$$x(t) = \text{Re}[z(t)] = \frac{z(t) + z^*(t)}{2} \qquad (6.4.10)$$

图 6.4.2　解析信号

实信号的频谱或功率谱总是偶对称的，由图 6.4.2 可见，解析信号本质上是原信号的正频率部分，它与原信号一一对应，是实信号的一种"简洁"形式，采用解析信号形式可使带通信号的理论分析变得十分简练。

6.4.2　调制过程

给定两个零均值联合平稳实过程 $i(t)$ 与 $q(t)$，以及正常数 ω_0，构造过程 $x(t)$

$$x(t) = i(t)\cos\omega_0 t - q(t)\sin\omega_0 t = r(t)\cos[\omega_0 t + \theta(t)] \qquad (6.4.11)$$

其中，振幅与相位也是随机过程，并有

$$r(t) = \sqrt{i^2(t) + q^2(t)} \qquad \theta(t) = \arctan\frac{q(t)}{i(t)} \qquad (6.4.12)$$

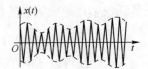

称 $x(t)$ 为**调制过程**。调制过程是实过程，其典型波形如图 6.4.3 所示，通常其包络就是 $r(t)$，相对于 $x(t)$，它们是慢变化的。

图 6.4.3　调制过程的典型波形

定理 6.8　$x(t)$ 是广义平稳过程的充要条件是 $i(t)$ 与 $q(t)$ 满足 $R_i(\tau) = R_q(\tau)$，$R_{iq}(\tau) = -R_{qi}(\tau)$。

证明： 首先 $\qquad E[x(t)] = E[i(t)]\cos\omega_0 t - E[q(t)]\sin\omega_0 t = 0$

而 $\quad E[x(t+\tau)x(t)] = R_i(\tau)\cos\omega_0(t+\tau)\cos\omega_0 t + R_q(\tau)\sin\omega_0(t+\tau)\sin\omega_0 t -$

$$R_{iq}(\tau)\cos\omega_0(t+\tau)\sin\omega_0 t - R_{qi}(\tau)\sin\omega_0(t+\tau)\cos\omega_0 t$$

利用三角函数积化和差公式，并整理后有

$$R_x(t+\tau,t) = \frac{1}{2}\{[R_i(\tau) + R_q(\tau)]\cos\omega_0\tau + [R_i(\tau) - R_q(\tau)]\cos\omega_0(2t+\tau) +$$

$$[R_{iq}(\tau) - R_{qi}(\tau)]\sin\omega_0\tau - [R_{iq}(\tau) + R_{qi}(\tau)]\sin\omega_0(2t+\tau)\}$$

可见 $x(t)$ 广义平稳的充要条件是上式中的两个二倍频率项恒为零，这要求

$$R_i(\tau) = R_q(\tau) \qquad 与 \qquad R_{iq}(\tau) = -R_{qi}(\tau)$$

使得 $\qquad R_x(t+\tau,t) = \frac{1}{2}\{[R_i(\tau) + R_q(\tau)]\cos\omega_0\tau + [R_{iq}(\tau) - R_{qi}(\tau)]\sin\omega_0\tau\}$

$$= R_i(\tau)\cos\omega_0\tau - R_{qi}(\tau)\sin\omega_0\tau \qquad (6.4.13)$$

（证毕）

结合相关函数的基本性质有，$R_{iq}(\tau) = R_{qi}(-\tau) = -R_{qi}(\tau)$，可见互相关函数是奇函数，于是，$E[i(t)q(t)] = R_{iq}(0) = 0$，即 $i(t)$ 与 $q(t)$ 正交。

在通信等实际应用中，$i(t)$ 和 $q(t)$ 分别称为**同相（In-phase）**与**正交（Quadrature）**分量，ω_0 为**载波角频率**，按式 (6.4.11) 分别乘以 cos 与 sin 后相加的处理称为**（正交）调制**，而 $x(t)$ 称为调制信号。调制过程由此得名。由定理可知，为了保证 $x(t)$ 是广义平稳的，两路分量必须功率相同，相关函数一样，且在同一个时刻彼此正交。如果定理的条件不能满足，则容易说明 $x(t)$ 是循环平稳的，实际的调制信号及其载波往往都会经过随机抖动，这样仍可得到平稳信号。

6.4.3　复数表示法与相关函数

为了表示的简洁，引入复过程

$$a(t) = i(t) + \mathrm{j}q(t) = r(t)\mathrm{e}^{\mathrm{j}\theta(t)} \tag{6.4.14}$$

$$z(t) = x(t) + \mathrm{j}y(t) = r(t)\mathrm{e}^{\mathrm{j}[\omega_0 t + \theta(t)]} \tag{6.4.15}$$

其中，令实过程　　　$y(t) = i(t)\sin\omega_0 t + q(t)\cos\omega_0 t = r(t)\sin[\omega_0 t + \theta(t)]$ 　　(6.4.16)

称为 $x(t)$ 的**对偶过程**。$a(t)$ 称为**复包络**（Complex envelop），$r(t)$ 称为**包络**。

首先考察几种过程之间的关系，容易直接得到下面的结论。

性质 1　时域关系如下：

（1）$a(t)$ 与 $z(t)$ 之间的关系为

$$z(t) = a(t)\mathrm{e}^{\mathrm{j}\omega_0 t} \tag{6.4.17}$$

（2）$x(t)$ 与 $y(t)$ 同 $i(t)$ 与 $q(t)$ 之间的关系为

$$\begin{bmatrix} x(t) \\ y(t) \end{bmatrix} = \boldsymbol{T}(\omega_0 t)\begin{bmatrix} i(t) \\ q(t) \end{bmatrix} \qquad \begin{bmatrix} i(t) \\ q(t) \end{bmatrix} = \boldsymbol{T}^{-1}(\omega_0 t)\begin{bmatrix} x(t) \\ y(t) \end{bmatrix} \tag{6.4.18}$$

其中，$\boldsymbol{T}(\alpha)$ 是逆时针旋转 α 角的旋转变换矩阵

$$\boldsymbol{T}(\alpha) = \begin{bmatrix} \cos\alpha & -\sin\alpha \\ \sin\alpha & \cos\alpha \end{bmatrix} \qquad \boldsymbol{T}^{-1}(\alpha) = \begin{bmatrix} \cos\alpha & \sin\alpha \\ -\sin\alpha & \cos\alpha \end{bmatrix} \tag{6.4.19}$$

并且，$\boldsymbol{T}^{-1}(\alpha) = \boldsymbol{T}'(\alpha) = \boldsymbol{T}(-\alpha)$。

注意，其中的矩阵 $\boldsymbol{T}(\alpha)$ 与 $\mathrm{e}^{\mathrm{j}\alpha}$ 对应，而 $\mathrm{e}^{\mathrm{j}\alpha}$ 的几何解释为复数旋转因子。进一步，我们考察各种相关函数及彼此间的关系，有下面的结论。

性质 2　若 $x(t)$ 是广义平稳的调制过程，则相应的复过程 $a(t)$ 与 $z(t)$ 是零均值的平稳过程，并且它的各种相关函数满足

（1）　　　　　　　　$R_a(\tau) = 2[R_i(\tau) + \mathrm{j}R_{qi}(\tau)]$ 　　　　　　　　(6.4.20)

（2）　　　　　　　　$R_z(\tau) = 2[R_x(\tau) + \mathrm{j}R_{yx}(\tau)]$ 　　　　　　　　(6.4.21)

（3）　　　　　　　　$R_z(\tau) = R_a(\tau)\mathrm{e}^{\mathrm{j}\omega_0\tau}$ 　　　　　　　　(6.4.22)

（4）　$\begin{bmatrix} R_x(\tau) \\ R_{yx}(\tau) \end{bmatrix} = \boldsymbol{T}(\omega_0\tau)\begin{bmatrix} R_i(\tau) \\ R_{qi}(\tau) \end{bmatrix} \qquad \begin{bmatrix} R_i(\tau) \\ R_{qi}(\tau) \end{bmatrix} = \boldsymbol{T}^{-1}(\omega_0\tau)\begin{bmatrix} R_x(\tau) \\ R_{yx}(\tau) \end{bmatrix}$ 　(6.4.23)

证明：显然　$a(t)$ 与 $z(t)$ 是零均值的，并且

（1）　　　　　　$R_a(\tau) = E\{[i(t+\tau) + \mathrm{j}q(t+\tau)][i(t) - \mathrm{j}q(t)]\}$

$$= R_i(\tau) + \mathrm{j}R_{qi}(\tau) - \mathrm{j}R_{iq}(\tau) + R_q(\tau)$$

由于 $x(t)$ 广义平稳，利用定理 6.8 的结论可得结果。

（2）同理　　　　　　$R_z(\tau) = E\{[x(t+\tau) + \mathrm{j}y(t+\tau)][x(t) - \mathrm{j}y(t)]\}$

$$= R_x(\tau) + \mathrm{j}R_{yx}(\tau) - \mathrm{j}R_{xy}(\tau) + R_y(\tau)$$

由定理 6.8 证明中的式（6.4.13）已经计算出

$$R_x(\tau) = R_i(\tau)\cos\omega_0\tau - R_{qi}(\tau)\sin\omega_0\tau$$

仿照其方法可计算出　$R_y(\tau) = E[y(t+\tau)y(t)] = R_i(\tau)\cos\omega_0\tau - R_{qi}(\tau)\sin\omega_0\tau = R_x(\tau)$

同理还有　　　　　　$R_{yx}(\tau) = -R_{xy}(\tau) = R_{qi}\cos\omega_0\tau + R_i\sin\omega_0\tau$

代入前面的 $R_z(\tau)$ 公式得到结论。

对于（3）
$$R_z(\tau) = E[a(t+\tau)\mathrm{e}^{\mathrm{j}\omega_0(t+\tau)} a^*(t)\mathrm{e}^{-\mathrm{j}\omega_0 t}] = R_a(\tau)\mathrm{e}^{\mathrm{j}\omega_0\tau}$$

对于（4），由上式可见 $R_z(\tau)$ 与 $R_a(\tau)$ 是相互旋转的结果，结合它们的实部与虚部可以得到相应结论。（证毕）

对照上面的结论，我们看到一个有趣的现象，相关函数之间的关系与信号自身的关系具有完全一样的形式。还容易看出，几种信号的功率(或方差)是相等的，即：

（1）
$$\sigma_x^2 = \sigma_i^2 = \sigma_q^2 \tag{6.4.24}$$

（2）
$$\sigma_z^2 = \sigma_a^2 = 2\sigma_x^2 \tag{6.4.25}$$

6.4.4 带通调制过程

实际应用中，$i(t)$ 与 $q(t)$ 通常为**带限**的，因为它们的功率谱 $S_i(\omega)$ 与 $S_q(\omega)$ 集中在低频区域，这种信号又常被称为**基带信号**。相应地，$a(t)$ 也必定是位于同样低频区域上的带限过程，是复数形式的基带信号。记 $S_i(\omega)$ 与 $S_q(\omega)$ 的最高非零频率为 ω_m，并选取足够高的载波频率，使得 $\omega_m < \omega_0$。由式 (6.4.17) 可知，$z(t)$ 是 $a(t)$ 频谱搬移到 ω_0 的结果，它的频谱应该集中在 ω_0 附近，这种过程是带通过程。进而，$x(t)$ 与 $y(t)$ 也是带通过程。

所谓**带通过程**(Bandpass signal)，是指过程的功率谱 $S(\omega)$ 仅在某个有限的区间 (ω_1, ω_2) 上非零，其中，$\omega_2 > \omega_1 > 0$，谱形状如图 6.4.4 所示。任何这样的过程其 $z(t)$ 必定是带通的，而 $a(t)$ 必定是带限的，进而 $i(t)$ 与 $q(t)$ 也是带限的。或者说，任何带通过程 $x(t)$ 总可以表示为式 (6.4.11) 的形式，其中包含两个带限过程 $i(t)$ 与 $q(t)$。可见，式 (6.4.11) 对于带通信号是一个重要的公式，它通常又称为信号的**莱斯表示**。

图 6.4.4 带通过程的典型功率谱

根据希尔伯特变换的性质有

$$\hat{x}(t) = \mathcal{H}[i(t)\cos\omega_0 t - q(t)\sin\omega_0 t] = i(t)\sin\omega_0 t + q(t)\cos\omega_0 t = y(t) \tag{6.4.26}$$

即对偶信号 $y(t)$ 正好是原信号 $x(t)$ 希尔伯特变换，于是有下面的结论。

性质 3　若调制过程 $x(t)$ 是平稳带通过程，则 $z(t)$ 是 $x(t)$ 的解析过程，有

$$z(t) = x(t) + \mathrm{j}\hat{x}(t) \qquad\qquad S_z(\omega) = 4S_x(\omega)u(\omega) \tag{6.4.27}$$

应用中，通常把由 $i(t)$ 与 $q(t)$ 形成 $x(t)$ 的过程称为**调制**(Modulation)，而由 $x(t)$ 还原出 $i(t)$ 与 $q(t)$ 的过程称为**解调**(demodulation)。因此，式 (6.4.18) 给出了调制与解调的操作方法。实际上，更简便实用的解调方法借助于 $x(t)$ 频域上的带通特性，如图 6.4.5 所示。

其原理是：因为 $x(t) = \mathrm{Re}[z(t)] = \dfrac{1}{2}[z(t) + z^*(t)]$，而 $z(t)$ 可以由 $a(t)$ 表示，于是

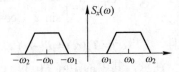

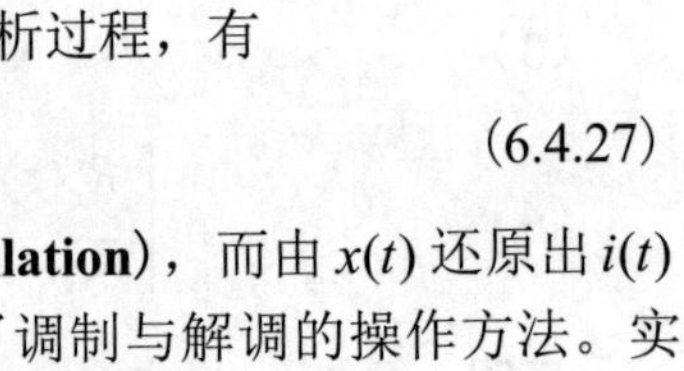

图 6.4.5 带通过程的解调

$$2x(t)\mathrm{e}^{-\mathrm{j}\omega_0 t} = z(t)\mathrm{e}^{-\mathrm{j}\omega_0 t} + z^*(t)\mathrm{e}^{-\mathrm{j}\omega_0 t} = a(t) + a^*(t)\mathrm{e}^{-\mathrm{j}2\omega_0 t}$$

因为 $a(t)$ 是带限的(最高频率 $\omega_m < \omega_0$)，于是，上式右端后一项可由低通滤波器清除。滤波器的带宽只要大于或等于 ω_m 即可。

对于带通过程，我们常常关心其各种信号的功率谱情况，有如下的性质。

性质 4　若调制过程 $x(t)$ 是平稳带通过程，它的非零频率范围为 $[\omega_0 - \omega_m, \omega_0 + \omega_m]$ 与 $[-\omega_0 - \omega_m, -\omega_0 + \omega_m]$，$\omega_0 > \omega_m$，则有关过程的功率谱与互功率谱有：

$$（1）\qquad S_z(\omega)=S_a(\omega-\omega_0)\quad 与\quad S_a(\omega)=S_z(\omega+\omega_0)\qquad\qquad (6.4.28)$$

$$（2）\qquad S_x(\omega)=\frac{1}{2}\big[S_i(\omega+\omega_0)+S_i(\omega-\omega_0)\big]+\frac{\mathrm{j}}{2}\big[S_{qi}(\omega+\omega_0)-S_{qi}(\omega-\omega_0)\big]\qquad (6.4.29)$$

$$（3）\qquad S_i(\omega)=S_q(\omega)=\begin{cases}S_x(\omega+\omega_0)+S_x(\omega-\omega_0), & |\omega|\leqslant\omega_m\\ 0, & 其他\end{cases}\qquad (6.4.30)$$

$$与\qquad S_{qi}(\omega)=-S_{iq}(\omega)=\begin{cases}\mathrm{j}[S_x(\omega-\omega_0)-S_x(\omega+\omega_0)], & |\omega|\leqslant\omega_m\\ 0, & 其他\end{cases}\qquad (6.4.31)$$

证明：对于（1）与（2），分别由式(6.4.22)与式(6.4.23)（或式(6.4.13)）可以直接得到。对于（3），由（2）的结果可得

$$S_x(\omega-\omega_0)=\frac{1}{2}\big[S_i(\omega)+S_i(\omega-2\omega_0)\big]+\frac{\mathrm{j}}{2}\big[S_{qi}(\omega)-S_{qi}(\omega-2\omega_0)\big]$$

$$S_x(\omega+\omega_0)=\frac{1}{2}\big[S_i(\omega+2\omega_0)+S_i(\omega)\big]+\frac{\mathrm{j}}{2}\big[S_{qi}(\omega+2\omega_0)-S_{qi}(\omega)\big]$$

考虑 $S_x(\omega)$ 的非零范围，上面两式相加后清除 ω_m 频率以外部分，可得到 $S_i(\omega)$。同理，上面两式相减后清除 ω_m 频率以外部分，可得到 $S_{qi}(\omega)$。（证毕）

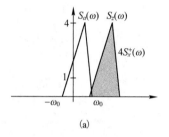

从频域上看，调制与解调就是频谱的上/下搬移；解调是调制的逆过程。在复信号形式中，频谱搬移很清楚，如图 6.4.6(a) 所示；而在实信号形式上，因功率谱的对称性（见图 6.4.6(b)）频域的变化不再直观。具体讲，在实过程的调制中，由 $x(t)=i(t)\cos\omega_0 t-q(t)\sin\omega_0 t$ 可见，cos 因子使 $S_i(\omega)$ 向 $\pm\omega_0$ 位置搬移，sin 因子使 $S_{qi}(\omega)$ 先相移 90°（实、虚部交换）再向 $\pm\omega_0$ 位置搬移，而后它们在 $\pm\omega_0$ 合成具有对称性的 $S_x(\omega)$。在解调中，由式(6.4.30)与式(6.4.31)可知，$S_x(\omega)$ 从 $\pm\omega_0$ 移回零频率处合成 $S_i(\omega)$；而它移回零频率时先相移 90°（实、虚部交换）再相减，便得到 $S_{qi}(\omega)$，如图 6.4.7 所示。

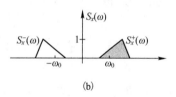

图 6.4.6　带通调制过程的有关功率谱

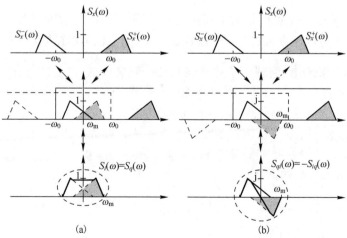

图 6.4.7　带通调制信号还原基带信号的功率谱变化过程(注意：为了简化图示，忽略了 $S_x(\omega)$ 的虚部。并且，图(b)的下面两图为虚部的情况，坐标轴单位为 j)

其实，解析过程简明地反映出实带通过程的两个本质性要素：低频形式的核心内容复包络 $a(t)$ 与载波位置 ω_0。

例 6.11 零均值平稳带通信号 $v(t)$ 的功率谱密度如图 6.4.8(a)所示，假定它的中心频率 $f_0 = 98\text{Hz}$，两个低频分量记为 $x(t)$ 与 $y(t)$。试求：（1）用 $x(t)$ 与 $y(t)$ 表示 $v(t)$；（2）写出 $x(t)$ 与 $y(t)$ 的自相关函数与互相关函数。

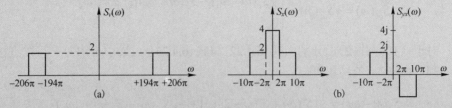

图 6.4.8　例 6.11 的图

解：（1）$\omega_0 = 196\pi$，可得

$$v(t) = x(t)\cos\omega_0 t - y(t)\sin\omega_0 t = x(t)\cos(196\pi t) - y(t)\sin(196\pi t)$$

（2）由带通调制过程功率谱的关系有

$$S_x(\omega) = S_y(\omega) = \begin{cases} S_v(\omega+\omega_0) + S_v(\omega-\omega_0), & |\omega| \leqslant \omega_m \\ 0, & \text{其他} \end{cases}$$

$$S_{yx}(\omega) = -S_{xy}(\omega) = \begin{cases} \mathrm{j}[S_v(\omega-\omega_0) - S_v(\omega+\omega_0)], & |\omega| \leqslant \omega_m \\ 0, & \text{其他} \end{cases}$$

可得 $S_x(\omega)$ 和 $S_{yx}(\omega)$ 分别如图 6.4.8(b)所示。于是，利用

$$\frac{\sin Wt}{\pi t} \longleftrightarrow S_W(\omega) = \begin{cases} 1, & |\omega| < W \\ 0, & \text{其他} \end{cases}$$

得到

$$R_x(\tau) = R_y(\tau) = 2\frac{\sin 10\pi\tau}{\pi\tau} + 2\frac{\sin 2\pi\tau}{\pi\tau} = 4\frac{\sin 6\pi\tau \cos 4\pi\tau}{\pi\tau}$$

$$R_{xy}(\tau) = -R_{yx}(\tau) = -2\mathrm{j}\frac{\sin 4\pi\tau}{\pi\tau}(\mathrm{e}^{-\mathrm{j}6\pi\tau} - \mathrm{e}^{\mathrm{j}6\pi\tau}) = -4\frac{\sin 6\pi\tau \sin 4\pi\tau}{\pi\tau}$$

最后讨论一个问题：给定带通调制过程 $x(t)$，但不知道 ω_0。如何确定 ω_0 呢？容易想到 ω_0 可以有多种选择，它可以在频带的上、下限 ω_1 和 ω_2 之间，也可以在频带边界或其外面。

例 6.12　单边带(SSB)调制：单边带调制是一种特殊的带通调制过程。这时，我们只有一路信号 $i(t)$ 需要传输。使 $q(t) = \hat{i}(t)$，于是复包络 $a(t) = i(t) + \mathrm{j}\hat{i}(t)$ 是 $i(t)$ 的解析信号，因此，$S_a(\omega) = 4S_i(\omega)u(\omega)$。它取得 $S_i(\omega)$ 的正半边，使得 $x(t)$ 是**单边带**信号，比常规情形的带宽小了一半，如图 6.4.9 所示。这时，ω_0 在频带区间的边界。

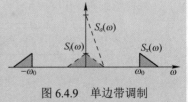

图 6.4.9　单边带调制

事实上，如何确定 ω_0 要根据具体应用的需要。一种常用的方法是最佳包络法，即**复包络最平滑法**，其原则是使 $C = E\left|\dfrac{\mathrm{d}}{\mathrm{d}t}a(t)\right|^2$ 最小。

定理 6.9 在最平滑复包络意义下，带通过程 $x(t)$ 的中心频率为 $S_x(\omega)u(\omega)$ 的重心频率，即

$$\omega_0 = \int_0^\infty \omega S_x(\omega) \mathrm{d}\omega / \int_0^\infty S_x(\omega) \mathrm{d}\omega \qquad (6.4.32)$$

证明：因为
$$E\left|\frac{\mathrm{d}}{\mathrm{d}t}a(t)\right|^2 = E[|a'(t)|^2] = R_{a'}(0) = \frac{1}{2\pi}\int_{-\infty}^{+\infty} S_{a'}(\omega)\mathrm{d}\omega$$

所以，先讨论导过程 $a'(t)$ 的自相关函数。由于 $R_{a'}(\tau) = -R_a''(\tau)$，于是

$$S_{a'}(\omega) = \omega^2 S_a(\omega) = \omega^2 S_z(\omega + \omega_0)$$

因此 $\quad C = R_{a'}(0) = \frac{1}{2\pi}\int_{-\infty}^{+\infty}\omega^2 S_z(\omega+\omega_0)\mathrm{d}\omega = \frac{1}{2\pi}\int_{-\infty}^{+\infty}(u-\omega_0)^2 S_z(u)\mathrm{d}u = \frac{2}{\pi}\int_0^{+\infty}(u-\omega_0)^2 S_x(u)\mathrm{d}u$

其中令 $u = \omega + \omega_0$，并利用了式(6.4.36)与 $S_x(u)$ 的偶函数特性。为了选择 ω_0 使 C 最小，令

$$\frac{\partial C}{\partial \omega_0} = -\frac{4}{\pi}\int_0^{+\infty}(u-\omega_0) S_x(u)\mathrm{d}u = 0$$

得出最佳 ω_0 为如下的重心频率

$$\omega_0 = \int_0^\infty u S_x(u)\mathrm{d}u / \int_0^\infty S_x(u)\mathrm{d}u$$

（证毕）

6.5 AR、MA 和 ARMA 过程

本节考察平稳序列通过离散 LTI 系统的问题，讨论白噪声序列输入的情形，着重说明 AR、MA 和 ARMA 过程的一些基本概念。

6.5.1 具有随机输入的离散 LTI 系统

当随机序列 $\{X_n\}$ 输入到冲激序列为 $\{h_n\}$ 的离散 LTI 系统时，其输出 $\{Y_n\}$ 是随机序列，并且

$$Y_n = X_n * h_n = \sum_{m=-\infty}^{+\infty} X_{n-m} h_m$$

其中，离散时间 n 取正负整数与零。

对于离散系统，其系统函数为 h_n 的 z 变换，即 $H(z) = \sum_{n=-\infty}^{+\infty} h_n z^{-n}$。记序列 X_n 与 Y_n 的 z 变换为 $X(z) = \sum_{n=-\infty}^{+\infty} X_n z^{-n}$ 与 $Y(z) = \sum_{n=-\infty}^{+\infty} Y_n z^{-n}$，则 $Y(z) = X(z)H(z)$。

离散随机序列与系统的分析方法与前面连续时间的相类似，下面直接列出相应的结论：

（1）均值与相关函数：

$$m_Y(n) = m_X(n) * h_n$$

$$R_{YX}(n_1, n_2) = R_Y(n_1, n_2) * h_{n_1}, \quad R_{XY}(n_1, n_2) = R_X(n_1, n_2) * h_{n_2}, \quad R_Y(n_1, n_2) = R_X(n_1, n_2) * h_{n_1} * h_{n_2}$$

（2）输入为平稳过程的均值与相关函数：

$$m_Y = m_X H(1)$$

$$R_{YX}(m) = R_X(m) * h_m, \quad R_{XY}(m) = R_X(m) * h_{-m}, \quad R_Y(m) = R_X(m) * h_m * h_{-m}$$

而且输出过程 Y_n 是平稳的，并与 X_n 联合平稳。若分别记相关函数与互相关函数的 z 变换为

$$\begin{cases} S_X(z) = \displaystyle\sum_{n=-\infty}^{+\infty} R_X(n)z^{-n} \\[2mm] S_Y(z) = \displaystyle\sum_{n=-\infty}^{+\infty} R_Y(n)z^{-n} \end{cases} \quad 与 \quad \begin{cases} S_{YX}(z) = \displaystyle\sum_{n=-\infty}^{+\infty} R_{YX}(n)z^{-n} \\[2mm] S_{XY}(z) = \displaystyle\sum_{n=-\infty}^{+\infty} R_{XY}(n)z^{-n} \end{cases}$$

则有 $\quad S_{YX}(z) = S_X(z)H(z)$，$\quad S_{XY}(z) = S_X(z)H(1/z)$，$\quad S_Y(z) = S_X(z)H(z)H(1/z)$

可以发现，相应的功率谱与互功率谱为

$$S_X(\omega) = S_X(z)\big|_{z=\mathrm{e}^{j\omega}}，\quad S_Y(\omega) = S_Y(z)\big|_{z=\mathrm{e}^{j\omega}}，\quad S_{YX}(\omega) = S_{YX}(z)\big|_{z=\mathrm{e}^{j\omega}}，\quad S_{XY}(\omega) = S_{XY}(z)\big|_{z=\mathrm{e}^{j\omega}}$$

因此，将前面公式中的 z 替换为 $\mathrm{e}^{j\omega}$，便是功率谱、互功率谱层面的关系。

离散 LTI 系统常常可以表示为递归方程，求解递归方程是获得 $\{Y_n\}$ 的一种方法。要显式地求解出 $\{Y_n\}$ 及其概率分布一般是较困难的，而计算 $\{Y_n\}$ 的均值、相关函数与功率谱则是方便的与很有用的，因此，下面主要讨论它们的有关计算问题。

6.5.2 白噪声通过离散 LTI 系统

研究白噪声序列通过离散 LTI 系统的输出过程是有用的。比如，系统辨识的目的主要研究未知系统的 $H(\mathrm{e}^{j\omega})$ 或 $H(z)$，如果获得了该系统在白噪声驱动下的输出过程，就可以求相关函数或功率谱，再去推测 $H(\mathrm{e}^{j\omega})$ 与 $H(z)$。再比如，在分析未知信号时，可以假定它是某个系统模型在白噪声激励下的输出，使得研究信号的问题转化为研究假设模型及其参数的问题。这样一来，问题常常可以简化。

考虑如图 6.5.1 所示的一般情形，假定系统的 $H(z)$ 具有有理函数的形式

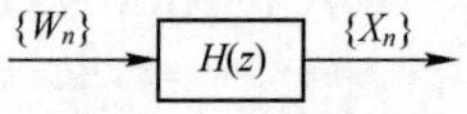

$$H(z) = \frac{b_0 + b_1 z^{-1} + \cdots + b_M z^{-M}}{1 + a_1 z^{-1} + \cdots + a_N z^{-N}}$$

图 6.5.1　白噪声通过离散 LTI 系统

输入白噪声序列 W_n 是实值的与平稳的，$R_W(m) = \sigma^2 \delta(m)$，均值为零。从实域上看，系统满足递归方程：

$$X_n + a_1 X_{n-1} + \cdots + a_N X_{n-N} = b_0 W_n + b_1 W_{n-1} + \cdots + b_M W_{n-M} \tag{6.5.1}$$

下面研究输出序列 X_n 的自相关函数与系统参数 $\{a_i\}$ 与 $\{b_i\}$ 之间的关系。首先，X_n 的自相关函数的 z 变换为

$$S(z) = \sigma^2 H(z) H\left(\frac{1}{z}\right) = \sigma^2 \left(\frac{\displaystyle\sum_{i=0}^{M} b_i z^{-i}}{1 + \displaystyle\sum_{i=1}^{N} a_i z^{-i}} \right) \left(\frac{\displaystyle\sum_{i=0}^{M} b_i z^{i}}{1 + \displaystyle\sum_{i=1}^{N} a_i z^{i}} \right)$$

如果 z_i 是 $H(z)$ 的零点（或极点），则 z_i 也是 $S(z)$ 的零点（或极点），并且，z_i^{-1} 同样是 $S(z)$ 的零点（或极点）。可见，$S(z)$ 的零点和极点与 $H(z)$ 的零点和极点有着密切的对应关系，从 $S(z)$ 推测 $H(z)$ 可借助零极点来分析。但是，$S(z)$ 的零点与极点均成对出现，并以单位圆对称。从 $S(z)$ 的零极点推测 $H(z)$ 的零极点会出现多种零极点组合，从而形成多种可选答案。通常可假定 $H(z)$ 是最小相位的，即 $H(z)$ 的零极点全部限定在单位圆以内，这样 $H(z)$ 的答案就唯一了。

下面将分三种情形分别进行讨论：（1）自回归模型：$b_1, \cdots, b_M = 0$；（2）滑动平均模型：$a_1, \cdots, a_N = 0$；（3）除前两种以外的一般情形。

6.5.3 AR 过程

若 $b_1, \cdots, b_M = 0$，递归方程及其系统函数分别为

$$X_n + a_1 X_{n-1} + \cdots + a_N X_{n-N} = b_0 W_n \tag{6.5.2}$$

与

$$H(z) = \frac{b_0}{1 + a_1 z^{-1} + \cdots + a_N z^{-N}} \tag{6.5.3}$$

这时的 X_n 称为 N 阶**自回归过程**(或模型)，简记为 AR(N)。"自回归"指 X_n 由其自身的递推而得到。

由上述的递推关系可见，X_n 由 W_n 及以前的 $X_i (i < n)$ 组合产生，而以前的 X_i 只用到以前的 W_i，由于 W_n 是零均值的白噪声，于是，W_n 与以前的 X_i 是无关的，即

$$E\{W_n X_{n-m}\} = R_{WX}(m) = 0 \qquad m > 0$$

现在对式 (6.5.2) 两端乘以 W_n 并求平均，可得到

$$E\{W_n X_n\} + a_1 E\{W_n X_{n-1}\} + \cdots + a_N E\{W_n X_{n-N}\} = b_0 \sigma^2$$

即 $R_{WX}(0) = b_0 \sigma^2$。再对式 (6.5.2) 两端乘以 X_{n-m}，$m = 0, 1, \cdots$ 并求平均，有

$$R(m) + a_1 R(m-1) + \cdots + a_N R(m-N) = b_0 R_{WX}(m) = b_0^2 \sigma^2 \delta(m) \qquad m = 0, 1, \cdots \tag{6.5.4}$$

该方程的前 $N+1$ 个称为**尤拉-霍克**(Yule-Walker)**方程**，可用矩阵表示为

$$
\begin{bmatrix}
R(0) & R(1) & \cdots & R(N) \\
R(1) & R(0) & \cdots & R(N-1) \\
\vdots & \vdots & \ddots & \vdots \\
R(N) & R(N-1) & \cdots & R(0)
\end{bmatrix}
\begin{bmatrix}
1 \\
a_1 \\
\vdots \\
a_N
\end{bmatrix}
=
\begin{bmatrix}
b_0^2 \sigma^2 \\
0 \\
\vdots \\
0
\end{bmatrix}
\tag{6.5.5}
$$

根据该方程，可以由 $R(0) \sim R(N)$ 求出 $b_0 \sigma$ 与 $a_1 \sim a_N$；也可以由后两者求出前者，再根据式 (6.5.4) 递推出其他的 $R(m)$。而且，尤拉-霍克方程具有优良的递推关系，可以采用列文森-杜平(Levinson-Dubin)算法高效求解。

> **例 6.13** 设 AR(1) 过程满足：$X_n - a X_{n-1} = b W_n$，其中，a 与 b 为非零常数。而且，$R_W(m) = \delta(m)$。求 X_n 的均值与自相关函数。
>
> **解：**由于 $m_W(n) = 0$，于是 $m_X(n) = 0$。又由尤拉-霍克方程
>
> $$\begin{cases} R(0) - a R(1) = b^2 \\ R(1) - a R(0) = 0 \end{cases} \Rightarrow \begin{cases} R(0) = b^2 / (1 - a^2) \\ R(1) = a R(0) \end{cases}$$
>
> 根据递推关系，当 $m > 0$ 时，$R(m) = a^m R(0)$；当 $m < 0$ 时，$R(m) = R(-m) = a^{-m} R(0)$。所以
>
> $$R(m) = \frac{b^2}{1 - a^2} a^{|m|}$$

其实，如果 $H(z)$ 的极点都是单根，且 $M \leqslant N$，则 $S(z)$ 可展开为如下形式

$$S(z) = \sigma^2 \sum_i \left(\frac{c_i}{1 - z_i z^{-1}} + \frac{c_i}{1 - z_i z} \right)$$

其中 z_i 为各极点，c_i 为待定常数。根据 z 变换公式可知，$R(m)$ 形如

$$R(m) = \sigma^2 \sum_i c_i z_i^{|m|} \tag{6.5.6}$$

上面例题中，由 $H(z) = \dfrac{b}{1 - a z^{-1}}$，可知 a 是单根并符合上述条件，于是，由 $R(m) = c_i a^{|m|}$，可知

$R(0) = c$，$R(1) = ca$。再由 $R(0) - aR(1) = b^2$，求解出 $c = b^2/(1-a^2)$，也同样可以求出 $R(m)$。

例 6.14 求 $AR(p)$ 过程的功率谱。

解：由 $S(z) = \sigma^2 H(z)H(z^{-1})$，于是

$$S(e^{j\omega}) = \sigma^2 H(e^{j\omega})H(e^{-j\omega}) = \frac{\sigma^2 b_0^2}{\left|1 + \sum_{k=1}^{p} a_k e^{-jk\omega}\right|^2}$$

6.5.4　MA 过程

若 $a_1, \cdots, a_N = 0$，递归方程及其系统函数分别为

$$X_n = b_0 W_n + b_1 W_{n-1} + \cdots + b_M W_{n-M} \tag{6.5.7}$$

与

$$H(z) = b_0 + b_1 z^{-1} + \cdots + b_M z^{-M} \tag{6.5.8}$$

这时的 X_n 称为 M 阶**滑动平均过程**（或**模型**），简记为 MA(M)。因为 X_n 是输入的"时移加权和"。

$H(z)$ 是一个 M 阶的 FIR 滤波器。考虑激励过程为 $\delta(n)$，显然

$$h_n = b_0\delta(n) + b_1\delta(n-1) + \cdots + b_M\delta(n-M)$$

系统具有有限冲激响应（FIR）。于是，由离散系统输出过程自相关函数的计算公式，得

$$R(m) = \sigma^2 h_m * h_{-m} = \sigma^2 \sum_{k=-\infty}^{+\infty} h_{m+k} h_k$$

因 h_k 只在 $0 \sim M$ 上非零，又 $R(m)$ 是对称的，于是

$$R(m) = \begin{cases} \sigma^2 \displaystyle\sum_{k=0}^{M-|m|} b_{|m|+k} b_k, & |m| \leqslant M \\ 0, & |m| > M \end{cases} \tag{6.5.9}$$

这相当于如下的 $M+1$ 个方程

$$R(0) = (b_0^2 + \cdots + b_M^2)\sigma^2$$
$$R(1) = b_0 b_1 + b_1 b_2 + \cdots + b_{M-1} b_M$$
$$\cdots$$
$$R(M) = b_0 b_M$$

可供 $R(0) \sim R(M)$ 与 $b_0 \sim b_M$ 之间相互求解。

例 6.15　设 X_n 是 M 个 W_n 的算术平均，即 $b_i = 1/M$，$i = 0, 1, \cdots, M-1$。求 X_n 的自相关函数。

解：由式 (6.5.9) 得　$R(m) = \begin{cases} \sigma^2 \displaystyle\sum_{k=0}^{M-1-|m|} \left(\dfrac{1}{M}\right)^2 = \dfrac{M-|m|}{M^2}\sigma^2, & |m| \leqslant M-1 \\ 0, & |m| > M-1 \end{cases}$

可见 $R(m)$ 呈三角形。

6.5.5　ARMA 过程

除上述两种以外的一般情形，递归方程如式 (6.5.1)，这时的 X_n 称为**自回归滑动平均过程**

（或模型），简记为 ARMA(N, M)。

仿 AR 过程的讨论，根据递推关系式(6.5.1)，k 时刻以前的 $X_i (i < k)$ 实际上由更早时刻的 W_i 生成，因而与 k 时刻的 W_k 无关，即

$$E\{W_k X_i\} = R_{WX}(k-i) = 0, \qquad k-i > 0 \tag{6.5.10}$$

而后，考虑 $0 \leqslant m \leqslant M$，用 W_{n-m} 乘以式(6.5.1)两边并取平均，有

$$R_{WX}(-m) + a_1 R_{WX}(-m+1) + \cdots + a_n R_{WX}(-m+N) = b_m \sigma^2, \quad 0 \leqslant m \leqslant M \tag{6.5.11}$$

借助式(6.5.10)，上式左端可能因为一些项为零而简化。

再对式(6.5.1)两边乘以 X_{n-m} 并取平均，有

$$R(m) + a_1 R(m-1) + \cdots + a_N R(m-N) = \sum_{k=0}^{M} b_k R_{WX}(m-k), \quad 0 \leqslant m \leqslant M \tag{6.5.12}$$

式(6.5.11)与式(6.5.12)给出了自相关函数与互相关函数同系统结构参数之间的关系。但是，求解这个方程比求解式(6.5.5)的尤拉-霍克方程困难，它没有高效递推算法。

例6.16 设 ARMA(1,1) 过程满足：$X_n + a X_{n-1} = b_0 W_n + b_1 W_{n-1}$，求平稳后 X_n 的自相关函数。

解：先用 W_n 与 W_{n-1} 乘以递归式，并求平均，有

$$R_{WX}(0) = b_0 \sigma^2$$

$$R_{WX}(-1) + a R_{WX}(0) = b_1 \sigma^2$$

解得 $R_{WX}(-1) = b_1 \sigma^2 - ab_0 \sigma^2$。又利用式(6.5.12)有

$$R(0) + a R(1) = b_0 R_{WX}(0) + b_1 R_{WX}(-1)$$

$$R(1) + a R(0) = b_1 R_{WX}(0)$$

$$R(m) + a R(m-1) = 0, \quad m > 1$$

代入前面的结果可得到

$$R(0) = \frac{b_0^2 + b_1^2 - 2ab_0 b_1}{1-a^2}\sigma^2; \quad R(1) = b_0 b_1 \sigma^2 - a R(0); \quad R(m) = (-a)^{m-1} R(1), \quad m > 1$$

比较三种模型的特点不难发现，AR 与 ARMA 模型的自相关函数总是具有长长的"拖尾"，而 MA 模型则没有。

6.6 傅里叶级数、随机谱分解与采样定理

傅里叶级数、傅里叶变换，以及 K-L 展开是信号分析中非常有用的工具。本节介绍这些工具用于随机信号时的一些重要结论。本节还将说明随机带限信号及其采样定理，有关的结论与确定信号的非常类似。

6.6.1 傅里叶级数

若对于所有的 t，存在某正常数 T，使过程 $x(t)$ 满足，$E|x(t+T) - x(t)|^2 = 0$，则称 $x(t)$ 为**均方周期过程**。由于 $P[x(t+T) = x(t)] = 1$，所以，均方周期过程既依均方意义，也依概率为 1 的意义呈现周期性。与均方连续性的情况类似，这种过程的样本函数未必总是周期的。

容易证明：广义平稳过程 $x(t)$ 是均方周期过程的充要条件：$R(\tau)$ 是周期函数。这时称该过程为**周期平稳过程**。

假定周期平稳随机过程 $x(t)$ 的自相关函数 $R(\tau)$ 具有周期 $T = 2\pi / \omega_0$，则 $R(\tau)$ 可以展开为傅里叶级数

$$r_k = \frac{1}{T} \int_T R(\tau) \mathrm{e}^{-jk\omega_0\tau} \mathrm{d}\tau \qquad \text{与} \qquad R(\tau) = \sum_{k=-\infty}^{+\infty} r_k \mathrm{e}^{jk\omega_0\tau} \qquad (6.6.1)$$

下面的定理指出，任何周期平稳过程都可以分解为直流与谐波分量，它们彼此正交，而各自的功率由 $R(\tau)$ 的相应傅里叶系数值 r_k 给定。

定理 6.10 假定 $x(t)$ 是均值为 m_x、周期为 T 的周期平稳过程，有

$$a_k = \frac{1}{T} \int_T x(t) \mathrm{e}^{-jk\omega_0 t} \mathrm{d}t \qquad \text{与} \qquad x(t) = \sum_{k=-\infty}^{+\infty} a_k \mathrm{e}^{jk\omega_0 t} \qquad (6.6.2)$$

并满足：（1）$Ea_0 = m_x$，$Ea_k = 0\ (k \neq 0)$；（2）$E[a_k a_l^*] = r_k \delta[k-l]$，其中，$r_k$ 如式 (6.6.1)。

证明：由式 (6.6.2) 左边，首先得

$$Ea_k = \frac{1}{T} \int_T m_x \mathrm{e}^{-jk\omega_0 t} \mathrm{d}t = m_x \delta[k]$$

而后考察 $\quad E[a_k x^*(t)] = \frac{1}{T} \int_T E[x(s) x^*(t)] \mathrm{e}^{-jk\omega_0 s} \mathrm{d}s = \frac{1}{T} \int_T R(s-t) \mathrm{e}^{-jk\omega_0(s-t)} \mathrm{e}^{-jk\omega_0 t} \mathrm{d}s = r_k \mathrm{e}^{-jk\omega_0 t}$

于是 $\qquad E[a_k a_l^*] = \frac{1}{T} \int_T E[a_k x^*(t)] \mathrm{e}^{jl\omega_0 t} \mathrm{d}t = \frac{1}{T} \int_T r_k \mathrm{e}^{-j(k-l)\omega_0 t} \mathrm{d}t = r_k \delta[k-l]$

下面令 $x_r(t) = \sum_{k=-\infty}^{+\infty} a_k \mathrm{e}^{jk\omega_0 t}$，需要证明：$E[|x(t) - x_r(t)|^2] = 0$。为此，先利用上面的结果，有

$$E[|x_r(t)|^2] = \sum_{k=-\infty}^{+\infty} E[|a_k|^2] = \sum_{k=-\infty}^{+\infty} r_k = R(0)$$

$$E[x_r(t) x^*(t)] = \sum_{k=-\infty}^{+\infty} E[a_k x^*(t)] \mathrm{e}^{jk\omega_0 t} = \sum_{k=-\infty}^{+\infty} r_k \mathrm{e}^{-jk\omega_0 t} \mathrm{e}^{jk\omega_0 t} = R(0)$$

$$E[x(t) x_r^*(t)] = \{E[x_r(t) x^*(t)]\}^* = R(0)$$

所以 $\qquad E[|x(t) - x_r(t)|^2] = E\{[x(t) - x_r(t)][x^*(t) - x_r^*(t)]\}$

$$= E[|x(t)|^2] - E[x(t) x_r^*(t)] - E[x_r(t) x^*(t)] + E[|x_r(t)|^2] = 0$$

（证毕）

6.6.2 随机谱分解

对于一般随机过程 $x(t)$，可以计算其**傅里叶变换**

$$X(j\omega) = \int_{-\infty}^{+\infty} x(t) \mathrm{e}^{-j\omega t} \mathrm{d}t \qquad (6.6.3)$$

它是以 ω 为参数的随机过程，称为**随机谱密度**。公式中采用均方积分，并在均方意义下有

$$x(t) = \frac{1}{2\pi} \int_{-\infty}^{+\infty} X(j\omega) \mathrm{e}^{j\omega t} \mathrm{d}\omega \qquad (6.6.4)$$

直观上理解，考察过程的各个样本函数 $x(t, \xi)$ 的傅里叶变换 $X(j\omega, \xi)$，其总体就是随机函数 $X(j\omega)$。或者讲，让 $x(t)$ 通过一组沿 ω 轴布置的理想窄带滤波器，各滤波器仅允许单一频率分量通过，在 ω 处滤波器的随机输出正比于 $X(j\omega)$。

傅里叶变换的各个性质对于随机过程的 $X(j\omega)$ 也成立。对于 LTI 系统 $H(j\omega)$，其输出 $y(t)$ 的频域关系为

$$Y(j\omega) = X(j\omega)H(j\omega)$$

下面分析随机过程 $X(j\omega)$ 的特性。首先，其均值为

$$m_X(\omega) = E[X(j\omega)] = \int_{-\infty}^{+\infty} E[x(t)]e^{-j\omega t}dt$$

即 $m_x(t) \leftrightarrow m_X(\omega)$。而 $X(j\omega)$ 的相关函数为

$$R_X(u,v) = E[X(ju)X^*(jv)] = \int_{-\infty}^{+\infty}\int_{-\infty}^{+\infty} E[x(t_1)x^*(t_2)]e^{-j(ut_1-vt_2)}dt_1dt_2$$

$$= \Gamma(u,-v) \tag{6.6.5}$$

其中，$\Gamma(u,v) = \int_{-\infty}^{+\infty}\int_{-\infty}^{+\infty} R_x(t_1,t_2)e^{-j(ut_1+vt_2)}dt_1dt_2$，为 $R_x(t_1,t_2)$ 的二维傅里叶变换。

定理 6.11 均值为 m_x、功率谱为 $S_x(\omega)$ 的平稳过程的傅里叶变换满足：

$$m_X(\omega) = m_x\delta(\omega), \qquad R_X(u,v) = 2\pi S_x(u)\delta(u-v) \tag{6.6.6}$$

证明： 由于 m_x 是常数，于是 $\qquad m_X(\omega) = m_x\delta(\omega)$

进而，令 $t_1 = t_2 + \tau$，则有 $R_X(u,v) = \int_{-\infty}^{+\infty}\int_{-\infty}^{+\infty} R_x(\tau)e^{-j[u(t_2+\tau)-vt_2]}d\tau dt_2$

$$= \left[\int_{-\infty}^{+\infty} R_x(\tau)e^{-ju\tau}d\tau\right]\left[\int_{-\infty}^{+\infty} e^{-j(u-v)t_2}dt_2\right]$$

$$= 2\pi S_x(u)\delta(u-v)$$

（证毕）

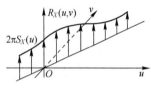

图 6.6.1 $R_X(u,v)$ 示意图

由定理可见，平稳过程的随机谱密度是一种非平稳白噪声，除 $\omega = 0$ 之外，它是零均值的。有趣的是，$X(j\omega)$ 在不同频率处彼此正交，在各 ω 处的方差为 $2\pi S_x(\omega)$，它正比于该频率处的功率密度值 $S_x(\omega)$。$R_X(u,v)$ 如图 6.6.1 所示。

严谨的数学定理如下。

定理 6.12 若 $x(t)$ 是均方连续的平稳过程，则存在正交增量过程 $\{Z(\omega), -\infty < \omega < +\infty\}$，满足

$$x(t) = \frac{1}{2\pi}\int e^{j\omega t}dZ(\omega) \tag{6.6.7}$$

该定理称为平稳过程的谱分解定理，$Z(\omega)$ 称为**谱过程（Spectral preocess）**。$Z(\omega)$ 其实是 $X(j\omega)$ 的积分形式

$$Z(\omega) = \int_{-\infty}^{\omega} X(j\omega)d\omega \tag{6.6.8}$$

由于白噪声是正交过程，$Z(\omega)$ 作为其积分，显然是**正交增量过程**。

$Z(\omega)$ 的均值为 $\qquad EZ(\omega) = \int_{-\infty}^{\omega} EX(j\omega)d\omega = m_x u(\omega) \tag{6.6.9}$

均方差为 $\qquad E[|Z(\omega)|^2] = \int_{-\infty}^{\omega}\int_{-\infty}^{\omega} R_X(u,v)dudv = 2\pi\int_{-\infty}^{\omega} S_x(u)du = 2\pi F_x(\omega) \tag{6.6.10}$

其中，$F_x(\omega)$ 正是 $x(t)$（相关函数）的积分谱。直观地讲，它反映了平稳过程累积到 ω 处的功率。

计算 $Z(\omega)$ 的自相关函数时，利用其正交增量的特点（先假定 $u \leqslant v$），有

$$R_Z(u,v) = E[Z(u)Z^*(v)] = E[Z(u)Z^*(u)] + E\{Z(u)[Z(v)-Z(u)]^*\} = 2\pi F_x(u)$$

考虑 u 与 v 的一般情形，得到 $\qquad R_Z(u,v) = 2\pi F_x[\min(u,v)] \tag{6.6.11}$

很多时候，采用微分形式更方便，容易发现

$$dZ(\omega) = X(\mathrm{j}\omega)\mathrm{d}\omega, \quad E[|\mathrm{d}Z(\omega)|^2] = 2\pi \mathrm{d}F_x(\omega), \quad E[\mathrm{d}Z(u)\mathrm{d}Z^*(v)] = 2\pi \mathrm{d}F_x(u)\delta(u-v) \tag{6.6.12}$$

6.6.3　带限过程与采样定理

平稳过程 $x(t)$ 称为**带限过程**（Bandlimited process），如果其功率谱满足， $S(\omega) = 0, |\omega| \geqslant W$ 。由于

$$E|\mathrm{d}Z(\omega)|^2 = 2\pi \mathrm{d}F(\omega) = 2\pi S(\omega)\mathrm{d}\omega$$

因此，在均方差意义下，当 $|\omega| \geqslant W$ 时

$$dZ(\omega) = 0 \quad \text{或} \quad X(\mathrm{j}\omega) = 0 \tag{6.6.13}$$

带限过程的变化是"缓慢"的，下面的定理指明了这一点。

定理 6.13　带限过程 $x(t)$ 是均方连续的，并且，在 τ 足够小时有

$$E\{[x(t+\tau) - x(t)]^2\} \leqslant \tau^2 W^2 R(0) \tag{6.6.14}$$

证明： 利用实过程的傅里叶逆变换公式，有

$$E\{[x(t+\tau) - x(t)]^2\} = 2R(0) - 2R(\tau) = \frac{1}{\pi}\int_{-W}^{W} S(\omega)[1 - \cos\omega\tau]\mathrm{d}\omega$$

而

$$1 - \cos\omega\tau = 2\sin^2\frac{\omega\tau}{2} \leqslant \frac{\omega^2\tau^2}{2} \quad \text{（当 } \tau \text{ 足够小时）}$$

因此

$$E\{[x(t+\tau) - x(t)]^2\} \leqslant \frac{W^2\tau^2}{2\pi}\int_{-W}^{W} S(\omega)\mathrm{d}\omega = W^2\tau^2 R(0)$$

也就是说， $\dfrac{R(0) - R(\tau)}{\tau} \leqslant \dfrac{\tau W^2 R(0)}{2}$ ，只要 $R(0)$ 有界，则 $R(\tau)$ 在 $\tau = 0$ 处连续， $x(t)$ 均方连续。
（证毕）

定义指出，带限过程的自相关函数是带限的确定函数，因此，应用采样定理有

$$R(\tau) = \sum_{k=-\infty}^{+\infty} R(kT_s)\frac{\sin[W_s(\tau - kT_s)/2]}{W_s(\tau - kT_s)/2}$$

其中，采样角频率 $W_s = 2\pi/T_s \geqslant 2W$ ，或采样间隔 $T_s = 2\pi/W_s \leqslant \pi/W$ 。 π/W 称为**奈奎斯特**（Nyquist）**采样间隔**。更进一步，过程本身也是"缓慢"变化的，也可以采样。

定理 6.14　若 $x(t)$ 是带宽为 $W(\mathrm{rad}/\mathrm{s})$ 的带限平稳过程，则在均方意义下有

$$x(t) = \sum_{k=-\infty}^{+\infty} x(kT_s)\frac{\sin[W_s(t - kT_s)/2]}{W_s(t - kT_s)/2}, \quad W_s = \frac{2\pi}{T_s} \geqslant 2W \tag{6.6.15}$$

证明： 由前一定理， $x(t)$ 均方连续，于是利用谱函数与式(6.6.13)，有

$$x(t) = \frac{1}{2\pi}\int_{-\infty}^{+\infty} \mathrm{e}^{\mathrm{j}\omega t}\mathrm{d}Z(\omega) = \frac{1}{2\pi}\int_{-W_s/2}^{W_s/2} \mathrm{e}^{\mathrm{j}\omega t}\mathrm{d}Z(\omega)$$

其中，任选 $W_s \geqslant 2W$ ，即 $W_s/2 \geqslant W$ 。在 $\omega \in (-W_s/2, W_s/2)$ 区间上，将 $\mathrm{e}^{\mathrm{j}\omega t}$ 视为 ω 的函数，并按傅里叶级数展开，其系数为

$$a_k = \frac{1}{W_s}\int_{-W_s/2}^{W_s/2} \mathrm{e}^{\mathrm{j}\omega t}\mathrm{e}^{-\mathrm{j}kT_s\omega}\mathrm{d}\omega = \frac{1}{W_s}\int_{-W_s/2}^{W_s/2} \mathrm{e}^{\mathrm{j}\omega(t - kT_s)}\mathrm{d}\omega$$

其中 $T_s = 2\pi/W_s$ 。注意到截止频率为 $W_s/2$ 、高为 1 的理想低通滤波器，其冲激响应为

$$\frac{\sin(W_s t/2)}{\pi t} = \frac{1}{2\pi}\int_{-W_s/2}^{W_s/2} 1 \times \mathrm{e}^{\mathrm{j}\omega t}\mathrm{d}\omega$$

结合傅里叶变换时延性质有
$$a_k = \frac{\sin[W_s(t-kT_s)/2]}{W_s(t-kT_s)/2}$$

于是
$$x(t) = \frac{1}{2\pi}\int_{-W_s/2}^{W_s/2}\left(\sum_{k=-\infty}^{+\infty}a_k e^{jkT_s\omega}\right)dZ(\omega) = \sum_{k=-\infty}^{+\infty}a_k\left\{\int_{-W_s/2}^{W_s/2}e^{jkT_s\omega}dZ(\omega)\right\}$$

而花括号中的正是 $x(kT_s)$。（证毕）

采样定理给出了带限平稳信号的一种级数展开形式。

习题

6.1 设 $X(t) = \sin\Omega t$，其中，Ω 是 $[0,2\pi]$ 上均匀分布的随机变量，试说明：

（1）$\{X(t), t > 0\}$ 不是平稳过程；　　　　　（2）$\{X_n = X(n), n = 1,2,3,\cdots\}$ 是平稳序列。

6.2 随机二进制传输过程如例 2.6 所述，试分析它的均值各态历经性。

6.3 随机电报过程如例 2.7 所述，试分析它的均值各态历经性。

6.4 随机过程 $X(t)$ 与 $Y(t)$ 都是均值与相关函数各态历经的，且联合各态历经。试分析信号 $Z(t) = aX(t) + bX(t)$ 的各态历经性，其中 a 与 b 是常数。

6.5 随机过程 $X(t) = A\sin\omega t + B\cos\omega t$，式中，$A$ 和 B 为零均值随机变量，ω 为常数。求证 $X(t)$ 是均值各态历经的，而均方值无各态历经性。

6.6 平稳信号 $X(t)$ 的功率谱密度为

（1）$S_X(\omega) = \dfrac{\omega^2}{\omega^4 + 3\omega^2 + 2}$　　（2）$S_X(\omega) = \begin{cases} 8\delta(\omega) + 20(1 - |\omega|/10), & |\omega| \leqslant 10 \\ 0, & |\omega| > 10 \end{cases}$

（3）$S_X(\omega) = \displaystyle\sum_{i=1}^{k}\dfrac{2\sigma_i^2}{\omega^2 + a_i^2}$，$a_i > 0$

求它们的自相关函数和均方值。

6.7 已知平稳信号 $X(t)$ 的自相关函数如下

（1）$R(\tau) = 4e^{-|\tau|}\cos\pi\tau$　　（2）$R(\tau) = \begin{cases} 1 - |\tau|, & |\tau| \leqslant 1 \\ 0, & |\tau| > 1 \end{cases}$

求它们的功率谱密度。

6.8 设平稳信号 $X(t)$ 的导过程为 $X'(t)$，均方根带宽 $B_{\text{rms}} = \dfrac{1}{2\pi}\left[\dfrac{\int_0^\infty \omega^2 S(\omega)d\omega}{\int_0^\infty S(\omega)d\omega}\right]^{1/2}$。试证明：
$$B_{\text{rms}} = \frac{1}{2\pi}\left[\frac{R_{X'}(0)}{R_X(0)}\right]^{1/2}$$

6.9 乘法调制信号 $Y(t) = X(t)\cos(\omega_0 t + \Theta)$，其中，相位 Θ 服从均匀分布 $U(-\pi,\pi)$，$X(t)$ 为实广义平稳随机信号，功率谱为 $S_X(\omega)$，Θ 与 $X(t)$ 统计独立。求功率谱 $S_Y(\omega)$。

6.10 假定联合平稳过程 $X(t)$ 与 $Y(t)$ 分别经过 LTI 系统的输出过程为 $U(t)$ 和 $V(t)$，如图题 6.10 所示。如果 $X(t)$ 与 $Y(t)$ 正交或相关，讨论 $U(t)$ 和 $V(t)$ 之间的正交性和相关性。

图 题 6.10

6.11 试说明平稳过程不同频带的成份彼此正交。

6.12 设随机过程 $X(t) = a\cos(\omega_0 t + \theta) + n(t)$，其中，$a$ 与 ω_0 为确定量，θ 服从 $[0,2\pi]$ 上的均匀分布，$n(t)$ 为白噪声，功率谱为 $N_0/2$。让 $X(t)$ 通过系统 $H(j\omega) = \dfrac{1}{b + j\omega}$。求使输出信噪比最大的最佳 b 值。

6.13 若 LTI 系统的输入过程是零均值非平稳白噪声，即 $R_X(t_1,t_2) = \sigma^2(t_1)\delta(t_1 - t_2)$。证明：$E[|Y(t)|^2] = \sigma^2(t) * |h(t)|^2$。

6.14 设 $X(t)$ 是零均值非平稳白噪声，且 $R_X(t_1,t_2)=\sigma^2(t_1)\delta(t_1-t_2)$。证明：其积分过程 $Y(t)=\int_0^t X(u)\mathrm{d}u$ 的方差为 $\int_0^t \sigma^2(t)\mathrm{d}t$。（提示：积分器相当于 $h(t)=u(t)$ 的 LTI 系统）

6.15 随机电报信号 $X(t)$ 的均值为 0，自相关函数为 $R_X(\tau)=\mathrm{e}^{-2\lambda|\tau|}$。求它通过图 6.3.1 的 RC 电路后，输出过程的自相关函数。

6.16 滑动平均系统是一种简单的低通滤波器，其输入输出关系为 $y(t)=\dfrac{1}{2T}\int_{t-T}^{t+T}x(u)\mathrm{d}u$。证明：
$R_y(\tau)=\dfrac{1}{2T}\int_{-2T}^{2T}\left(1-\dfrac{|u|}{2T}\right)R_x(\tau-u)\mathrm{d}u$；并计算 m_y 与 $E[y^2(t)]$。

6.17 若 $Y(t)=X'(t)$，$X(t)$ 是平稳过程，证明：
（1）$R_{X'X}(\tau)=R_X'(\tau)$；　（2）$R_{XX'}(\tau)=-R_X'(\tau)$；　（3）$R_{X'}(\tau)=-R_X''(\tau)$。
（提示：求导是一个 LTI 系统，其 $H(\mathrm{j}\omega)=\mathrm{j}\omega$）

6.18 设 $Z(t)$ 是零均值的正交增量过程，且 $\forall t\geqslant 0$，$E\left|Z(s+t)-Z(s)\right|^2=t$。试说明 $X(t)=Z(t)-Z(t-1)$ 是平稳过程，并计算 $R_X(\tau)$ 与 $S_X(\omega)$。

6.19 零均值窄带白高斯噪声带宽为 B Hz，（双边）功率谱为 $N_0/2$。假定 ω_0 位于频带中心，试求：
（1）它的同相与正交分量 $i(t)$ 与 $q(t)$ 的自相关函数与互相关函数；
（2）它的一维密度函数、同相与正交分量的联合密度函数。

6.20 证明：带通实平稳过程是均方连续的。

6.21 已知 $X(t)$ 为正弦信号与窄带平稳高斯噪声之和。设
$$Z(t)=a\cos(\omega_0 t+\Theta)+N(t)$$
式中，Θ 是 $(0,2\pi)$ 上均匀分布的独立随机变量；$N(t)$ 为窄带平稳高斯噪声，它的均值为零、方差为 σ^2，并可表示为 $N(t)=X(t)\cos(\omega_0 t)-Y(t)\sin(\omega_0 t)$。求证：$Z(t)$ 的包络平方的自相关函数为
$$R_Z(\tau)=a^4+4a^2\sigma^2+4\sigma^4+4[a^2 R_X(\tau)+R_X^2(\tau)+R_{XY}^2(\tau)]$$

6.22 设 $X(t)$ 是均方连续的平稳过程，功率谱密度函数为 $S_X(\omega)$。记 $Y_n=X(n\Delta)$，其中 $\Delta>0$。试说明 Y_n 是平稳序列，并给出 Y_n 的功率谱 $S_Y(\omega)$。

6.23 如果 $x(t)$ 是实平稳的，其谱函数为 $Z_r(\omega)+\mathrm{j}Z_i(\omega)$。证明：
（1）$x(t)=\dfrac{1}{\pi}\int_0^\infty\cos\omega t\,\mathrm{d}Z_r(\omega)$，$y(t)=\dfrac{1}{\pi}\int_0^\infty\sin\omega t\,\mathrm{d}Z_i(\omega)$
（2）$Z_r(\omega)$ 为偶函数，$Z_i(\omega)$ 为奇函数
（3）$E[\left|\mathrm{d}Z_r(\omega)\right|^2]=E[\left|\mathrm{d}Z_i(\omega)\right|^2]=\mathrm{d}F(\omega)$

第7章　高阶统计量与非平稳过程

随机过程的一、二阶统计量仅描述了部分统计特性，功率谱密度函数对随机过程的相位特性具有"盲"性，即无法揭示随机过程的相位。随机过程的高阶统计量可以更完整地刻画其统计特性，高阶谱密度函数蕴含随机过程的相位特性。

一般而言，非平稳过程的统计量随时间变化而变化。尽管非平稳过程很难有统一架构的分析方法，但近年来已形成了一些有效的分析手段，如短时傅里叶变换、Wigner-Ville 分布、小波变换、循环平稳分析等。

为了方便讨论，本章对特征函数、矩等参量的表示符号做了少许调整。

7.1　高阶统计量

7.1.1　高阶矩及高阶累积量定义

对于概率密度函数为 $f(x)$ 的连续型随机变量 X，记其特征函数为

$$\Phi(\omega) = E[\mathrm{e}^{\mathrm{j}\omega X}] = \int_{-\infty}^{+\infty} f(x)\mathrm{e}^{\mathrm{j}\omega x}\mathrm{d}x \tag{7.1.1}$$

若对其求导并令 $\omega = 0$，则 X 的 k 阶矩（Moment）为

$$m_k = E[X^k] = (-\mathrm{j})^k \left. \frac{\mathrm{d}^k \Phi(\omega)}{\mathrm{d}\omega^k} \right|_{\omega=0} \tag{7.1.2}$$

由于 X 的 k 阶矩 $\Phi(\omega) = E[\mathrm{e}^{\mathrm{j}\omega X}]$ 可由特征函数 $\Phi(\omega)$ 生成，故 $\Phi(\omega)$ 又称为矩生成函数。

进而，X 的 k 阶累积量（Cumulant）定义为

$$c_k = (-\mathrm{j})^k \left. \frac{\mathrm{d}^k \ln \Phi(\omega)}{\mathrm{d}\omega^k} \right|_{\omega=0} \tag{7.1.3}$$

其中，$\Phi(\omega)$ 的自然对数 $\Psi(\omega) = \ln\Phi(\omega)$ 称为第二特征函数。由于 X 的 k 阶累积量由 $\Psi(\omega)$ 生成，故 $\Psi(\omega)$ 又称为累积量生成函数。

将上面的定义推广至随机向量的情况。随机向量 $\boldsymbol{X} = [X_1, X_2, \cdots, X_k]$，其第一联合特征函数为 $\Phi_k(\omega_1, \omega_2, \cdots, \omega_k)$，其 $\gamma = \gamma_1 + \gamma_2 + \cdots + \gamma_k$ 阶矩为

$$m_k = (-\mathrm{j})^\gamma \left. \frac{\partial^\gamma \Phi_k(\omega_1, \omega_2, \cdots, \omega_k)}{\partial \omega_1^{\gamma_1} \partial \omega_2^{\gamma_2} \cdots \partial \omega_k^{\gamma_k}} \right|_{\omega_1 = \omega_2 = \cdots \omega_k = 0}^{\gamma_1 + \gamma_2 + \cdots + \gamma_k = \gamma} \tag{7.1.4}$$

类似地，其第二联合特征函数为 $\Psi_k(\omega_1, \omega_2, \cdots, \omega_k) = \ln\Phi_k(\omega_1, \omega_2, \cdots, \omega_k)$，则 $\boldsymbol{X}$ 的 $\gamma = \gamma_1 + \gamma_2 + \cdots + \gamma_k$ 阶累积量为

$$c_k = (-\mathrm{j})^\gamma \left. \frac{\partial^\gamma \ln \Phi_k(\omega_1, \omega_2, \cdots, \omega_k)}{\partial \omega_1^{\gamma_1} \partial \omega_2^{\gamma_2} \cdots \partial \omega_k^{\gamma_k}} \right|_{\omega_1 = \omega_2 = \cdots = \omega_k = 0}^{\gamma_1 + \gamma_2 + \cdots + \gamma_k = \gamma} \tag{7.1.5}$$

对于严平稳随机过程 $X(t)$，在任意 k 个时刻 $t, t+\tau_1, t+\tau_2, \cdots, t+\tau_{k-1}$ 对 $X(t)$ 进行采样，得到

随机向量 $\boldsymbol{X} = \left[X(t), X(t+\tau_1), \cdots, X(t+\tau_{k-1}) \right]$，则该随机过程的 k 阶矩可表示为

$$m_k(\tau_1, \cdots, \tau_{k-1}) = \text{mom}[X(t), X(t+\tau), \cdots, X(t+\tau_{k-1})] \tag{7.1.6}$$

类似地，平稳随机过程的 k 阶累积量可表示为

$$c_k(\tau_1, \cdots, \tau_{k-1}) = \text{cum}[X(t), X(t+\tau), \cdots, X(t+\tau_{k-1})] \tag{7.1.7}$$

以下给出零均值、实平稳随机过程 $X(t)$ 在 $k = 1, 2, 3, 4$ 情况下的矩及累积量的表达式。

$$m_1 = E[X(t)]$$

$$m_2 = m_2(\tau) = E[X(t)X(t+\tau)] = R(\tau)$$

$$m_3 = m_3(\tau_1, \tau_2) = E[X(t)X(t+\tau_1)X(t+\tau_2)]$$

$$m_4 = m_4(\tau_1, \tau_2, \tau_3) = E[X(t)X(t+\tau_1)X(t+\tau_2)X(t+\tau_3)]$$

$$c_1 = m_1 = E[X(t)]$$

$$c_2 = c_2(\tau) = m_2(\tau) = E[X(t)X(t+\tau)] = R(\tau)$$

$$c_3(\tau_1, \tau_2) = m_3(\tau_1, \tau_2) = E[X(t)X(t+\tau_1)X(t+\tau_2)]$$

$$\begin{aligned}
c_4(\tau_1, \tau_2, \tau_3) = m_4(\tau_1, \tau_2, \tau_3) - \\
E[X(t)X(t+\tau_1)]E[X(t+\tau_2)X(t+\tau_3)] - \\
E[X(t)X(t+\tau_2)]E[X(t+\tau_1)X(t+\tau_3)] - \\
E[X(t)X(t+\tau_3)]E[X(t+\tau_1)X(t+\tau_2)]
\end{aligned}$$

值得指出的是，复共轭运算因其位置差异，导致复随机过程的累积量定义并非唯一。

7.1.2 高阶矩与高阶累积量的关系

高阶矩与高阶累积量之间存在确定的关系，矩可由累积量表示，称为 C-M 公式，即

$$m(\boldsymbol{I}) = \sum_p \prod_{k=1}^{\delta} c(\boldsymbol{I}_{pk}) \tag{7.1.8}$$

同样，累积量也可由矩表示，称为 M-C 公式，即

$$c(\boldsymbol{I}) = \sum_p (-1)^{p-1}(p-1)! \prod_{k=1}^{\delta} m(\boldsymbol{I}_{pk}) \tag{7.1.9}$$

其中 $\boldsymbol{I}$ 代表 $\boldsymbol{X} = [X_1, X_2, \cdots, X_k]$ 中的元素下标集合；$\boldsymbol{I}_p$ 是 $\boldsymbol{I}$ 中的元素经过某种划分组合而生成的新元素的集合；δ 表示 $\boldsymbol{I}_p$ 中所含划分的个数；$\boldsymbol{I}_{pk}$ 表示 $\boldsymbol{I}_p$ 中的第 k 个划分，且 $\boldsymbol{I} = \bigcup_{k=1}^{\delta} \boldsymbol{I}_{pk}$，$\delta$ 依次取集合 $\boldsymbol{I}$ 中的元素；$\sum_p$ 表示所有 $\boldsymbol{I}_p$ 对应的集合所确定函数求和。

举例说明这种表达方式。若 $\boldsymbol{X} = [X_1, X_2, X_3] = [X(t), X(t+\tau_1), X(t+\tau_2)]$，其元素下标的集合为 $\boldsymbol{I} = \{1, 2, 3\}$，可以分成 3 种类型的元素划分方式，对应 $\delta = 1, 2, 3$。

$\delta = 1$ 时，$\boldsymbol{I}_1$ 有子集 $\{1, 2, 3\}$，这时 $\boldsymbol{I}$ 划分成 1 个元素，且只有 1 种划分方式。

$\delta = 2$ 时，$\boldsymbol{I}_2$ 有子集 $\{1, (2, 3)\}, \{2, (1, 3)\}, \{3, (1, 2)\}$，这时 $\boldsymbol{I}$ 被划分成 2 个元素，存在 3 种划分方式。

$\delta = 3$ 时，$\boldsymbol{I}_3$ 有子集 $\{(1), (2), (3)\}$，这时 $\boldsymbol{I}$ 划分成 3 个元素，且只有 1 种划分方式。

若对于 $\boldsymbol{I}_3$ 的元素 $\{2\}$，有 $m(\boldsymbol{I}_3) = E[X(t+\tau_1)]$，$c(\boldsymbol{I}_3) = \text{cum}[X(t+\tau_1)]$

对于 $\boldsymbol{I}_2$ 的元素 $\{1, 3\}$，有 $m(\boldsymbol{I}_2) = E[X(t)X(t+\tau_2)]$，$c(\boldsymbol{I}_2) = \text{cum}[X(t)X(t+\tau_2)]$

则将以上规则代入 C-M、M-C 公式即可得到任意阶数的高阶矩或高阶累积量的转化表达式。例如，由 M-C 公式可得

$$c_3(\tau_1, \tau_2) = E[X(t)X(t+\tau_1)X(t+\tau_2)] - E[X(t)]E[X(t+\tau_1)X(t+\tau_2)] -$$
$$E[X(t+\tau_1)]E[X(t)X(t+\tau_2)] - E[X(t+\tau_2)]E[X(t)X(t+\tau_1)] +$$
$$2E[X(t)]E[X(t+\tau_1)]E[X(t+\tau_1)]$$

7.1.3 高阶累积量的性质

设 $\boldsymbol{X} = [X_1, X_2, \cdots, X_k]$ 为随机向量。

性质 1 若 λ_i 为任意常数，其中 $i = 1, 2, \cdots, k$，则有

$$\text{cum}_k(\lambda_1 X_1, \lambda_2 X_2, \cdots, \lambda_k X_k) = \left(\prod_{l=1}^{k} \lambda_l\right) \text{cum}_k(X_1, X_2, \cdots, X_k) \tag{7.1.10}$$

$$\text{mom}_k(\lambda_1 X_1, \lambda_2 X_2, \cdots, \lambda_k X_k) = \left(\prod_{l=1}^{k} \lambda_l\right) \text{mom}_k(X_1, X_2, \cdots, X_k) \tag{7.1.11}$$

证明： 由矩的定义及 $\lambda_1, \lambda_2, \cdots, \lambda_k$ 为常数的假设，可知式 (7.1.10) 成立。为了证明式 (7.1.11)，注意到随机向量 $\boldsymbol{Y} = [\lambda_1 X_1, \lambda_2 X_2, \cdots, \lambda_k X_k]$ 和 $\boldsymbol{X} = [X_1, X_2, \cdots, X_k]$ 具有相同的指示符集，即 $\boldsymbol{I}_Y = \boldsymbol{I}_X$。由矩–累积量转换公式知

$$c_Y(\boldsymbol{I}_Y) = \sum_{\substack{\bigcup\limits_{q=1}^{q} I_p = I}} (-1)^{q-1}(q-1)! \prod_{p=1}^{q} m_Y(\boldsymbol{I}_p)$$

其中，$\prod\limits_{p=1}^{q} m_Y(\boldsymbol{I}_p) = \prod\limits_{p=1}^{q} \lambda_p \prod\limits_{p=1}^{q} m_X(\boldsymbol{I}_p)$。式中使用了矩的定义和数学期望的性质，于是有

$$c_Y(\boldsymbol{I}_Y) = \prod_{p=1}^{q} \lambda_p c_X(\boldsymbol{I}_X) \tag{7.1.12}$$

但是由于 $\boldsymbol{I}_Y = \boldsymbol{I}_X$，故式 (7.1.12) 是式 (7.1.11) 的等价表示。

性质 2 矩和累积量的对称性，设 $(i_1, i_2, \cdots, i_k)$ 为 $(1, 2, \cdots, k)$ 的任意一个排列，有

$$\text{mom}_k(X_1, X_2, \cdots, X_k) = \text{mom}_k(X_{i_1}, X_{i_2}, \cdots, X_{i_k}) \tag{7.1.13}$$
$$\text{cum}_k(X_1, X_2, \cdots, X_k) = \text{cum}_k(X_{i_1}, X_{i_2}, \cdots, X_{i_k}) \tag{7.1.14}$$

证明： 由于 $\text{mom}_k\{X_1, X_2, \cdots, X_k\} = E\{X_1, X_2, \cdots, X_k\}$，故交换各个变元的位置，对矩无任何影响，即式 (7.1.13) 显然成立。

另一方面，由矩–累积量转换公式知，由于集合 $\boldsymbol{I}_X$ 的分割是满足 $\bigcup\limits_{p=1}^{q} \boldsymbol{I}_p = \boldsymbol{I}_X$ 条件的无交连非空子集合的无序组合，所以累积量变元的顺序与累积量值无关，其结果即是，累积量关于变元对称。

性质 3 矩和累积量相对其变元具有可加性

$$\text{mom}_k(X_1 + Y_1, X_2, \cdots, X_k) = \text{mom}_k(X_1, X_2, \cdots, X_k) + \text{mom}_k(Y_1, X_2, \cdots, X_k) \tag{7.1.15}$$
$$\text{cum}_k(X_1 + Y_1, X_2, \cdots, X_k) = \text{cum}_k(X_1, X_2, \cdots, X_k) + \text{cum}_k(Y_1, X_2, \cdots, X_k) \tag{7.1.16}$$

证明： 注意到 $\quad \text{mom}_k\{X_1 + Y_1, X_2, \cdots, X_k\} = E\{(X_1 + Y_1)X_2 \cdots X_k\}$
$$= E\{X_1 X_2 \cdots X_k\} + E\{Y_1 X_2 \cdots X_k\}$$

是式 (7.1.15) 的等价形式。

令 $\boldsymbol{Z} = [X_1 + Y_1, X_2, \cdots, X_k]$，$\boldsymbol{V} = [Y_1, X_2, \cdots, X_k]$。由于 $m_Z(\boldsymbol{I}_p)$ 是在子分割 $\boldsymbol{I}_p$ 内的元素乘积的数学期望，而 $X_1 + Y_1$ 仅以单次幂形式出现，故

$$\prod_{p=1}^{q} m_X(I_p) = \prod_{p=1}^{q} m_X(I_p) + \prod_{p=1}^{q} m_V(I_p)$$

将上式代入 M-C 公式，即可得到式 (7.1.16) 的结果。

性质 4 若 $X = [X_1, X_2, \cdots, X_k]$ 和 $Y = [Y_1, Y_2, \cdots, Y_k]$ 彼此统计独立，则累积量具有半不变性，即

$$\text{cum}_k(X_1 + Y_1, X_2 + Y_2, \cdots, X_k + Y_k) = \text{cum}_k(X_1, X_2, \cdots, X_k) + \text{cum}_k(Y_1, Y_2, \cdots, Y_k) \tag{7.1.17}$$

但矩不一定具有半不变性，即

$$\text{mom}_k(X_1 + Y_1, X_2 + Y_2, \cdots, X_k + Y_k) \neq \text{mom}_k(X_1, X_2, \cdots, X_k) + \text{mom}_k(Y_1, Y_2, \cdots, Y_k) \tag{7.1.18}$$

证明： 令 $Z = [X_1 + Y_1, X_2 + Y_2, \cdots, X_k + Y_k] = X + Y$，根据 X 和 Y 之间的统计独立性，有

$$\begin{aligned} \Psi_Z(\omega_1, \cdots, \omega_k) &= \ln E\{e^{j[\omega_1(X_1+Y_1) + \cdots + \omega_k(X_k+Y_k)]}\} \\ &= \ln E\{e^{j(\omega_1 X_1 + \cdots + \omega_k X_k)}\} + \ln E\{e^{j(\omega_1 Y_1 + \cdots + \omega_k Y_k)}\} \\ &= \Psi_X(\omega_1, \cdots, \omega_k) + \Psi_Y(\omega_1, \cdots, \omega_k) \end{aligned}$$

由上式及累积量定义，即可得到式 (7.1.17)。

以四阶矩为例，有

$$\begin{aligned} \text{mom}\{X_1 + Y_1, \cdots, X_4 + Y_4\} &= E\{(X_1 + Y_1) \cdots (X_4 + Y_4)\} \\ &= E\{X_1 \cdots X_4\} + E\{Y_1 \cdots Y_4\} + E\{X_1 X_2 Y_3 Y_4\} + E\{X_1 X_3 Y_2 Y_4\} + \cdots \\ &= \text{mom}(X_1, \cdots, X_4) + \text{mom}(Y_1, \cdots, Y_4) + \\ &\quad E\{X_1 X_2\} E\{Y_3 Y_4\} + E\{X_1 X_3\} E\{Y_2 Y_4\} + \cdots \end{aligned}$$

可见，四阶矩无半不变性。

性质 5 若 $X = [X_1, X_2, \cdots, X_k]$ 的一个子集 X_k 与其它部分相互独立，则

$$\text{mom}_k(X_1, X_2, \cdots, X_k) \neq 0 \tag{7.1.19}$$

$$\text{cum}_k(X_1, X_2, \cdots, X_k) \equiv 0 \tag{7.1.20}$$

证明： 由性质 2 知，累积量对于其它变元是对称的。因此，不失一般性，可以假定 $[X_1, X_2, \cdots, X_i]$ 与 $[X_{i+1}, X_{i+2}, \cdots, X_k]$ 独立。于是有

$$\Psi_X(\omega_1, \cdots, \omega_k) = \ln E\{e^{j(\omega_1 X_1 + \cdots + \omega_i X_i)}\} + \ln E\{e^{j(\omega_{i+1} X_{i+1} + \cdots + \omega_k X_k)}\} \tag{7.1.21}$$

$$= \Psi_X(\omega_1, \cdots, \omega_i) + \Psi_X(\omega_{i+1}, \cdots, \omega_k)$$

$$\Phi_X(\omega_1, \cdots, \omega_k) = \Phi_X(\omega_1, \cdots, \omega_i) \Phi_X(\omega_{i+1}, \cdots, \omega_k) \tag{7.1.22}$$

由式 (7.1.21) 得到

$$\frac{\partial^k \Psi_X(\omega_1, \cdots, \omega_k)}{\partial \omega_1 \cdots \partial \omega_k} = \frac{\partial^k \Psi_X(\omega_1, \cdots, \omega_i)}{\partial \omega_1 \cdots \partial \omega_k} + \frac{\partial^k \Psi_X(\omega_{i+1}, \cdots, \omega_k)}{\partial \omega_1 \cdots \partial \omega_k} \tag{7.1.23}$$

$$= 0 + 0 = 0$$

这是因为 $\Psi_X(\omega_1, \cdots, \omega_i)$ 不含变量 $\omega_{i+1}, \cdots, \omega_k$，而 $\Psi_X(\omega_{i+1}, \cdots, \omega_k)$ 不含变量 $\omega_1, \cdots, \omega_i$，故它们关于 $\omega_1, \cdots, \omega_k$ 的 k 阶偏导分别等于零。由累积量定义及式 (7.1.23) 知，式 (7.1.17) 为真。

另由式 (7.1.22) 知

$$\frac{\partial^k \Phi_X(\omega_1, \cdots, \omega_k)}{\partial \omega_1 \cdots \partial \omega_k} = \frac{\partial^k}{\partial \omega_1 \cdots \partial \omega_k} [\Phi_X(\omega_1, \cdots, \omega_i) \Phi_X(\omega_{i+1}, \cdots, \omega_k)]$$

由于 $\Phi_X(\omega_1, \omega_2, \cdots, \omega_i) \Phi_X(\omega_{i+1}, \cdots, \omega_k)$ 含变量 $\omega_1, \omega_2, \cdots, \omega_k$，故上述偏导一般不为零，即式 (7.1.19) 成立。

性质 6 若 α 为常数，有

$$\text{cum}_k(X_1 + \alpha, X_2, \cdots, X_k) = \text{cum}_k(X_1, X_2, \cdots, X_k) \tag{7.1.24}$$

$$\text{mom}_k(X_1 + \alpha, X_2, \cdots, X_k) \neq \text{mom}_k(X_1, X_2, \cdots, X_k) \tag{7.1.25}$$

证明： 由性质 3 及性质 5 知

$$\mathrm{cum}(X_1 + \alpha, X_2, \cdots, X_k) = \mathrm{cum}(X_1, X_2, \cdots, X_k) + \mathrm{cum}(\alpha, X_2, \cdots, X_k)$$
$$= \mathrm{cum}(X_1, X_2, \cdots, X_k) + 0$$

这就是式(7.1.24)。但是

$$\mathrm{mom}(X_1 + \alpha, X_2, \cdots, X_k) = \mathrm{mom}(X_1, X_2, \cdots, X_k) + \mathrm{mom}(\alpha, X_2, \cdots, X_k)$$
$$= \mathrm{mom}(X_1, X_2, \cdots, X_k) + \alpha E\{X_2, \cdots, X_k\}$$

不等于 $\mathrm{mom}(X_1, X_2, \cdots, X_k)$，即式(7.1.25)成立。

7.1.4 高斯随机变量的高阶统计特性

假设随机变量 X 服从均值为零、方差为 σ^2 的高斯分布，则其概率密度函数为

$$f(x) = \frac{1}{\sigma\sqrt{2\pi}}\exp\left(-\frac{x^2}{2\sigma^2}\right) \tag{7.1.26}$$

其矩生成函数为

$$\Phi(\omega) = \exp\left(-\frac{\sigma^2\omega^2}{2}\right) \tag{7.1.27}$$

对 $\Phi(\omega)$ 求导得

$$\Phi'(\omega) = -\sigma^2\omega\exp\left(-\frac{\sigma^2\omega^2}{2}\right)$$

$$\Phi''(\omega) = (\sigma^4\omega^2 - \sigma^2)\exp\left(-\frac{\sigma^2\omega^2}{2}\right) \tag{7.1.28}$$

$$\Phi'''(\omega) = (3\sigma^4\omega - \sigma^6\omega^3)\exp\left(-\frac{\sigma^2\omega^2}{2}\right)$$

当 $\omega = 0$ 时，$m_1 = 0$，$m_2 = \sigma^2$，$m_3 = 0$。

其累积量生成函数为

$$\Psi(\omega) = \ln\Phi(\omega) = -\frac{\sigma^2\omega^2}{2} \tag{7.1.29}$$

对 $\Psi(\omega)$ 求导得

$$\Psi'(\omega) = -\sigma^2\omega, \quad \Psi''(\omega) = -\sigma^2, \quad \Psi'''(\omega) = 0 \tag{7.1.30}$$

当 $\omega = 0$ 时，$c_1 = 0$，$c_1 = \sigma^2$，$c_k = 0$，$k \geqslant 3$。

可以看到，当累积量阶数 $k \geqslant 3$ 时，$c_k \equiv 0$。说明高斯累积量大于三阶时可以完全消除高斯噪声的影响，常称为"盲高斯性"。

高斯过程的高阶统计特性的推导类似。

7.1.5 高阶谱

类似于二阶统计分析中的功率谱，在高阶统计分析中，本节引入高阶矩谱和高阶累积量谱（Higher order spectrum）的概念。

若高阶矩 $m_{kx}(\tau_1, \tau_2, \cdots, \tau_{k-1})$ 是绝对可积的，即

$$\int_{-\infty}^{\infty}\int_{-\infty}^{\infty}\cdots\int_{-\infty}^{\infty}\left|m_{kx}(\tau_1, \tau_2, \cdots, \tau_{k-1})\right|\mathrm{d}\tau_1\mathrm{d}\tau_2\cdots\mathrm{d}\tau_{k-1} < \infty \tag{7.1.31}$$

那么 $X(t)$ 的 k 阶矩谱存在，且为 $m_{kx}(\tau_1, \tau_2, \cdots, \tau_{k-1})$ 的 $k-1$ 维 Fourier 变换，即有

$$M_{kx}(\omega_1, \omega_2, \cdots, \omega_{k-1}) = \int_{-\infty}^{\infty}\int_{-\infty}^{\infty}\cdots\int_{-\infty}^{\infty}m_{kx}(\tau_1, \tau_2, \cdots, \tau_{k-1})\exp\left(-\mathrm{j}\sum_{i=1}^{k-1}\omega_i\tau_i\right)\mathrm{d}\tau_1\mathrm{d}\tau_2\cdots\mathrm{d}\tau_{k-1} \tag{7.1.32}$$

若高阶累积量 $c_{kx}(\tau_1, \tau_2, \cdots, \tau_{k-1})$ 是绝对可积的，即

$$\int_{-\infty}^{\infty}\int_{-\infty}^{\infty}\cdots\int_{-\infty}^{\infty}\left|c_{kx}(\tau_1, \tau_2, \cdots, \tau_{k-1})\right|\mathrm{d}\tau_1\mathrm{d}\tau_2\cdots\mathrm{d}\tau_{k-1} < \infty \tag{7.1.33}$$

那么 $X(t)$ 的 k 阶累积量谱存在，且为 $c_{kx}(\tau_1, \tau_2, \cdots, \tau_{k-1})$ 的 $k-1$ 维 Fourier 变换，即有

$$S_{kx}(\omega_1, \omega_2, \cdots, \omega_{k-1}) = \int_{-\infty}^{\infty} \int_{-\infty}^{\infty} \cdots \int_{-\infty}^{\infty} c_{kx}(\tau_1, \tau_2, \cdots, \tau_{k-1}) \exp\left(-j\sum_{i=1}^{k-1} \omega_i \tau_i\right) d\tau_1 d\tau_2 \cdots d\tau_{k-1} \quad (7.1.34)$$

高阶谱通常指高阶累积量谱，由于是多维 Fourier 变换，所以也称多谱。在多谱中，双谱(三阶谱)和三谱(四阶谱)由于具有较好的性质而得到广泛应用。

双谱
$$B_x(\omega_1, \omega_2) = \int_{-\infty}^{\infty} \int_{-\infty}^{\infty} c_{3x}(\tau_1, \tau_2) \exp(-j\omega_1 \tau_1 - j\omega_2 \tau_2) d\tau_1 d\tau_2 \quad (7.1.35)$$

其中 $c_{3x}(\tau_1, \tau_2)$ 为 $X(t)$ 的三阶累积量函数。

三谱
$$T_x(\omega_1, \omega_2, \omega_3) = \int_{-\infty}^{\infty} \int_{-\infty}^{\infty} \int_{-\infty}^{\infty} c_{4x}(\tau_1, \tau_2, \tau_3) \exp(-j\omega_1 \tau_1 - j\omega_2 \tau_2 - j\omega_3 \tau_3) d\tau_1 d\tau_2 d\tau_3 \quad (7.1.36)$$

其中 $c_{4x}(\tau_1, \tau_2, \tau_3)$ 为 $X(t)$ 的四阶累积量函数。

7.1.6 随机过程通过线性时不变系统

假设非高斯平稳随机过程 $X(t)$ 通过线性时不变系统 $h(t)$ 的输出为 $Y(t)$，由于 $Y(t) = X(t) * h(t)$，故输出过程的 k 阶累积量为

$$c_{ky}(\tau_1, \tau_2, \cdots, \tau_{k-1}) = \text{cum}[Y(t), Y(t + \tau_1), \cdots, Y(t + \tau_{k-1})]$$

$$= \text{cum}[X(t) * h(t), X(t + \tau_1) * h(t + \tau_1), \cdots, X(t + \tau_{k-1}) * h(t + \tau_{k-1})] \quad (7.1.37)$$

$$= \int_{-\infty}^{\infty} \int_{-\infty}^{\infty} \cdots \int_{-\infty}^{\infty} h(u_1) h(u_2) \cdots h(u_k) \text{cum}[X(t - u_1), X(t + \tau_1 - u_2), \cdots, X(t + \tau_{k-1} - u_k)] du_1 du_2 \cdots du_k$$

若线性时不变系统的输入过程 $X(t)$ 的 k 阶累积量为

$$c_{xk}(\tau_1, \tau_2, \cdots, \tau_{k-1}) = \text{cum}[X(t), X(t + \tau_1), \cdots, X(t + \tau_{k-1})]$$

则有
$$c_{ky}(\tau_1, \tau_2, \cdots, \tau_{k-1}) = \int_{-\infty}^{\infty} \int_{-\infty}^{\infty} \cdots \int_{-\infty}^{\infty} h(u_1) h(u_2) \cdots h(u_k) \times$$
$$c_{kx}(\tau_1 + u_1 - u_2, \cdots, \tau_{k-1} + u_1 - u_k) du_1 du_2 \cdots du_k \quad (7.1.38)$$

根据 k 阶谱是 $k-1$ 维 Fourier 变换，输出过程 $Y(t)$ 的 k 阶谱为

$$S_{ky}(\omega_1, \omega_2, \cdots, \omega_{k-1}) = \prod_{i=1}^{k-1} H(\omega_i) H^*\left(\sum_{i=1}^{k-1} \omega_i\right) S_{kx}(\omega_1, \omega_2, \cdots, \omega_{k-1}) \quad (7.1.39)$$

其中 $H(\omega) = \int_{-\infty}^{\infty} h(t) \exp(-j\omega t) dt$。

特别地，当系统输入 $X(t)$ 为高阶非高斯白噪声过程时，输出过程 $Y(t)$ 的 k 阶累积量和 k 阶谱分别为

$$c_{ky}(\tau_1, \tau_2, \cdots, \tau_{k-1}) = \gamma_{kx} \int_{-\infty}^{\infty} h(u) h(u + \tau_1) \cdots h(u + \tau_{k-1}) du \quad (7.1.40)$$

$$S_{ky}(\omega_1, \omega_2, \cdots, \omega_{k-1}) = \gamma_{kx} \prod_{i=1}^{k-1} H(\omega_i) H^*\left(\sum_{i=1}^{k-1} \omega_i\right) \quad (7.1.41)$$

其中 $c_{kx}(\tau_1, \tau_2, \cdots, \tau_{k-1}) = \gamma_{kx} \delta(\tau_1, \tau_2, \cdots, \tau_{k-1})$。

另外，从式(7.1.41)可以得到，输出过程 $Y(t)$ 的 k 阶谱和 $k-1$ 阶谱的关系为

$$S_{ky}(\omega_1, \omega_2, \cdots, \omega_{k-2}, 0) = \frac{\gamma_{kx}}{\gamma_{(k-1)x}} S_{(k-1)y}(\omega_1, \omega_2, \cdots, \omega_{k-2}) H(0)。 \quad (7.1.42)$$

7.2 循环平稳过程

7.2.1 严循环平稳过程与宽循环平稳过程

类似于前面讲授的严平稳过程和宽平稳过程的定义，对于参数集为 T 的随机过程 $X(t)$，

如果存在正常数 T_0，对于任意 $n \geqslant 1$，$t_1, t_2, \cdots, t_n \in T$ 和 m，当 $t_1 + mT_0, t_2 + mT_0, \cdots, t_n + mT_0 \in T$ 时，$[X(t_1 + mT_0), X(t_2 + mT_0), \cdots, X(t_n + mT_0)]$ 和 $[X(t_1), X(t_2), \cdots, X(t_n)]$ 有相同的联合概率分布函数，则称 $X(t)$ 是一个严（或强、狭义）循环平稳过程。

严循环平稳过程的概率特征随时间的推移而呈现周期性变化。注意，由于严循环平稳过程的定义并非对于每个 τ，而仅对于 $\tau = mT_0$ 才成立，所以循环平稳过程不是平稳过程。然而，对于任意 τ，离散时间过程却是平稳的。这表明平稳过程与循环平稳过程之间有着密切的关系。

对于二阶矩过程 $X(t)$，T 是参数集合，如果存在 T_0，使得

（1）对任意 $t \in T$，$m_X(t + mT_0) = m_X(t + mT_0)$；

（2）对任意 $s, t \in T$，$R_X(s + mT_0, t + mT_0) = R_X(s, t)$。

则称 $X(t)$ 为宽（或弱、广义）循环平稳过程。

可见，广义循环平稳过程的相关函数 $R_X(s, t)$ 在 s-t 平面的对角线上呈周期性。

类似于平稳过程，广义循环平稳过程一定是二阶矩过程，而严循环平稳过程则不一定是二阶矩过程，从而也就不一定是广义循环平稳过程。当然，如果严循环平稳过程存在二阶矩，则它一定是宽循环平稳过程，这可由严循环平稳过程的特点推得。

宽循环平稳过程也不一定是严循环平稳过程。这是因为仅一、二阶矩循环平稳并不能确定分布循环平稳。

对于正态过程，宽循环平稳性与严循环平稳性是等价的，这是因为正态过程的有限维分布完全由其均值函数和协方差函数所确定。

7.2.2 循环相关函数与谱相关密度函数

假设 $X(t)$ 是循环平稳过程，定义

$$R(t, \tau) = E[X(t)X^*(t + \tau)] \tag{7.2.1}$$

是 $X(t)$ 的时变相关函数。

由于 $R(t, \tau)$ 是关于时间 t 的周期为 T_0 的周期函数，可以对它进行 Fourier 级数展开，得到

$$R(t, \tau) = \sum_{m=-\infty}^{\infty} R^\alpha(\tau) \exp\left(j\frac{2\pi mt}{T_0}\right) = \sum_{m=-\infty}^{\infty} R^\alpha(\tau) \exp(j2\pi\alpha t) \tag{7.2.2}$$

其中 $\alpha = m/T_0$，且 Fourier 系数

$$R^\alpha(\tau) = \frac{1}{T_0} \int_{-T_0/2}^{-T_0/2} R(t, \tau) \exp(-j2\pi\alpha t) \tag{7.2.3}$$

系数 $R^\alpha(\tau)$ 表示循环频率为 α 的循环自相关强度，它还是 τ 的函数，简称为循环相关函数。

实际应用中，以时间平均代替统计平均，且有

$$\begin{aligned} R^\alpha(\tau) &= \lim_{T_1 \to \infty} \frac{1}{T_1} \int_{-T_1/2}^{-T_1/2} X\left(t + \frac{\tau}{2}\right) X^*\left(t - \frac{\tau}{2}\right) \exp(-j2\pi\alpha t) \\ &= \left\langle X\left(t + \frac{\tau}{2}\right) X^*\left(t - \frac{\tau}{2}\right) \exp(-j2\pi\alpha t) \right\rangle_t \end{aligned} \tag{7.2.4}$$

注意，一个循环平稳过程的循环频率 α 可能有多个（零循环频率和非零循环频率）。其零循环频率对应随机过程的平稳部分，非零循环频率才能刻画随机过程的循环平稳性。

将循环平稳过程 $X(t)$ 的循环相关函数 $R^\alpha(\tau)$ 的 Fourier 变换

$$S^\alpha(\omega) = \int_{-\infty}^{\infty} R^\alpha(\tau) \exp(-j\omega\tau)\mathrm{d}\tau \tag{7.2.5}$$

称为循环谱密度函数。

将式(7.2.4)改写为 $R^\alpha(\tau) = \left\langle \left[X\left(t+\frac{\tau}{2}\right) \exp\left[-\mathrm{j}\pi\alpha\left(t+\frac{\tau}{2}\right)\right]\right] \left\{ X\left(t-\frac{\tau}{2}\right) \exp\left[\mathrm{j}\pi\alpha\left(t-\frac{\tau}{2}\right)\right]\right\}^* \right\rangle_t$ (7.2.6)

上式中的循环自相关函数事实上可以认为是 $X(t)\exp(\mathrm{j}\pi\alpha t)$ 和 $X(t)\exp(-\mathrm{j}\pi\alpha t)$ 的互相关函数，亦可认为是 $X(t)\exp(-\mathrm{j}\pi\alpha t)$ 和 $X^*(-t)\exp(\mathrm{j}\pi\alpha t)$ 的卷积，因此，循环谱密度函数 $S^\alpha(\omega)$ 可用 $X(\omega+\pi\alpha/2)$ 和 $X^*(\omega-\pi\alpha/2)$ 的乘积表示。于是，循环谱密度函数 $S^\alpha(\omega)$ 亦常称为谱相关函数。

7.2.3 循环矩与循环累积量

假设循环平稳过程 $X(t)$，对于固定的滞后 $\tau_1,\cdots,\tau_{k-1}$，如果时变矩 $m_k(t;\tau_1,\cdots,\tau_{k-1})$ 存在一个相对于 t 的 Fourier 级数展开，则

$$m_k(t;\tau_1,\cdots,\tau_{k-1}) = \sum_{\alpha \in A_k^m} M_k^\alpha(\tau_1,\cdots,\tau_{k-1})\exp(\mathrm{j}\alpha t) \tag{7.2.7}$$

$$M_k^\alpha(\tau_1,\cdots,\tau_{k-1}) = \lim_{T\to\infty}\frac{1}{T}\sum_{t=0}^{T-1} m_k(t;\tau_1,\cdots,\tau_{k-1})\exp(-\mathrm{j}\alpha t) \tag{7.2.8}$$

Fourier 系数 $M_k^\alpha(\tau_1,\cdots,\tau_{k-1})$ 称为 $X(t)$ 在循环频率 α 处的 k 阶循环矩，$A_k^m = \{\alpha: M_k^\alpha(\tau_1,\tau_2,\cdots,\tau_{k-1}) \neq 0\}$ 称为 k 阶循环矩的循环频率可数集合。

假设循环平稳过程 $X(t)$，对于固定的滞后 $\tau_1,\cdots,\tau_{k-1}$，如果时变累积量 $c_k(t;\tau_1,\cdots,\tau_{k-1})$ 存在一个相对于 t 的 Fourier 级数展开，则

$$c_k(t;\tau_1,\cdots,\tau_{k-1}) = \sum_{\alpha \in A_k^m} C_k^\alpha(\tau_1,\cdots,\tau_{k-1})\exp(\mathrm{j}\alpha t) \tag{7.2.9}$$

$$C_k^\alpha(\tau_1,\cdots,\tau_{k-1}) = \lim_{T\to\infty}\frac{1}{T}\sum_{t=0}^{T-1} c_k(t;\tau_1,\cdots,\tau_{k-1})\exp(-\mathrm{j}\alpha t) \tag{7.2.10}$$

Fourier 系数 $C_k^\alpha(\tau_1,\cdots,\tau_{k-1})$ 称为 $X(t)$ 在循环频率 α 处的 k 阶循环累积量，$A_k^c = \{\alpha: C_k^\alpha(\tau_1,\tau_2,\cdots,\tau_{k-1}) \neq 0\}$ 称为 k 阶循环累积量的循环频率可数集合。

A_k^m 和 A_k^c 的可数性可以从（几乎）周期函数的性质得出。

循环平稳随机过程的循环累积量具有与高阶平稳信号的高阶累积量类似的性质。假设 $X_1 = X(t), X_2 = X(t+\tau_1),\cdots, X_k = X(t+\tau_{k-1})$，循环累积量的性质如下：

性质 1 若 λ_i 为任意常数，其中 $i = 1,2,\cdots k$，有

$$\mathrm{cum}_k^\alpha(\lambda_1 X_1, \lambda_2 X_2,\cdots,\lambda_k X_k) = \left(\prod_{l=1}^{k}\lambda_l\right)\mathrm{cum}_k^\alpha(X_1, X_2,\cdots,X_k) \tag{7.2.11}$$

性质 2 循环累积量的对称性，设 $(i_1,i_2,\cdots i_k)$ 为 $(1,2,\cdots k)$ 的任意一个排列，有

$$\mathrm{cum}_k^\alpha(X_1, X_2,\cdots,X_k) = \mathrm{cum}_k^\alpha(X_{i_1}, X_{i_2},\cdots,X_{i_k}) \tag{7.2.12}$$

性质 3 循环累积量相对其变元具有可加性

$$\mathrm{cum}_k^\alpha(X_1+Y_1, X_2,\cdots,X_k) = \mathrm{cum}_k^\alpha(X_1, X_2,\cdots,X_k) + \mathrm{cum}_k^\alpha(Y_1, X_2,\cdots,X_k) \tag{7.1.13}$$

性质 4 若 $\boldsymbol{X} = [X_1, X_2\cdots,X_k]$ 和 $\boldsymbol{Y} = [Y_1,Y_2,\cdots,Y_k]$ 彼此统计独立，则累积量具有半不变性，即

$$\mathrm{cum}_k^\alpha(X_1+Y_1, X_2+Y_2,\cdots,X_k+Y_k) = \mathrm{cum}_k^\alpha(X_1, X_2,\cdots,X_k) + \mathrm{cum}_k^\alpha(Y_1, Y_2,\cdots,Y_k) \tag{7.2.14}$$

性质 5 若 $\boldsymbol{X} = [X_1, X_2\cdots,X_k]$ 的一个子集 $\boldsymbol{X}_k$ 与其它部分相互独立，则

$$\mathrm{cum}_k^\alpha(X_1, X_2,\cdots,X_k) \equiv 0 \tag{7.2.15}$$

性质6 若 α 为常数，有

$$\text{cum}_k^\alpha(X_1+\alpha, X_2, \cdots, X_k) = \text{cum}_k^\alpha(X_1, X_2, \cdots, X_k) \tag{7.2.16}$$

上述性质的证明类似于 7.1.3 节。

7.2.4 循环矩谱与循环累积量谱

循环平稳过程 $X(t)$ 的 k 阶时变矩谱和 k 阶循环矩谱分别定义为其 k 阶时变矩和循环矩的 $k-1$ 维 Fourier 变换，即

$$p_{kx}(t;\omega_1, \omega_2, \cdots, \omega_{k-1}) = \int_{-\infty}^{\infty}\int_{-\infty}^{\infty}\cdots\int_{-\infty}^{\infty} m_{kx}(t;\tau_1, \tau_2, \cdots, \tau_{k-1})\exp\left(-j\sum_{i=1}^{k-1}\omega_i\tau_i\right)d\tau_1 d\tau_2 \cdots d\tau_{k-1} \tag{7.2.17}$$

$$P_{kx}^\alpha(\omega_1, \omega_2, \cdots, \omega_{k-1}) = \int_{-\infty}^{\infty}\int_{-\infty}^{\infty}\cdots\int_{-\infty}^{\infty} M_{kx}^\alpha(\tau_1, \tau_2, \cdots, \tau_{k-1})\exp\left(-j\sum_{i=1}^{k-1}\omega_i\tau_i\right)d\tau_1 d\tau_2 \cdots d\tau_{k-1} \tag{7.2.18}$$

循环平稳过程 $X(t)$ 的 k 阶时变累积量谱和 k 阶循环累积量谱分别定义为其 k 阶时变累积量和循环累积量的 $k-1$ 维 Fourier 变换，即

$$s_{kx}(t;\omega_1, \omega_2, \cdots, \omega_{k-1}) = \int_{-\infty}^{\infty}\int_{-\infty}^{\infty}\cdots\int_{-\infty}^{\infty} c_{kx}(t;\tau_1, \tau_2, \cdots, \tau_{k-1})\exp\left(-j\sum_{i=1}^{k-1}\omega_i\tau_i\right)d\tau_1 d\tau_2 \cdots d\tau_{k-1} \tag{7.2.19}$$

$$S_{kx}^\alpha(\omega_1, \omega_2, \cdots, \omega_{k-1}) = \int_{-\infty}^{\infty}\int_{-\infty}^{\infty}\cdots\int_{-\infty}^{\infty} C_{kx}^\alpha(\tau_1, \tau_2, \cdots, \tau_{k-1})\exp\left(-j\sum_{i=1}^{k-1}\omega_i\tau_i\right)d\tau_1 d\tau_2 \cdots d\tau_{k-1} \tag{7.2.20}$$

7.3 时 频 分 析

7.3.1 不确定性原理

不确定性原理描述了信号时宽与带宽之间的一种基本关系。

设 $X(t)$ 是一个具有有限能量的零均值信号，$h(t)$ 为一窗函数。信号的平均时间 $\bar{t}_X$ 和平均频率 $\bar{\omega}_X$ 记为

$$\bar{t}_X = \int_{-\infty}^{\infty} t\,|X(t)|^2\,dt \tag{7.3.1}$$

$$\bar{\omega}_X = \int_{-\infty}^{\infty} \omega\,|X(\omega)|^2\,d\omega \tag{7.3.2}$$

其中 $X(\omega)$ 是 $X(t)$ 的 Fourier 变换。

类似地，窗函数 $h(t)$ 的平均时间和平均频率定义为

$$\bar{t}_h = \int_{-\infty}^{\infty} t\,|h(t)|^2\,dt \tag{7.3.3}$$

$$\bar{\omega}_h = \int_{-\infty}^{\infty} \omega\,|H(\omega)|^2\,d\omega \tag{7.3.4}$$

其中 $H(\omega)$ 是 $h(t)$ 的 Fourier 变换。

$X(t)$ 的有限时间宽度和有限频谱宽度分别称为它的时宽和带宽，它们定义为

$$T_X = \sqrt{\int_{-\infty}^{\infty}(t-\bar{t}_X)\,|X(t)|^2\,dt} \tag{7.3.5}$$

$$B_X = \sqrt{\int_{-\infty}^{\infty}(\omega-\bar{\omega}_X)\,|X(\omega)|^2\,d\omega} \tag{7.3.6}$$

时宽和带宽也可以定义为
$$T_X = \sqrt{\int_{-\infty}^{\infty} t \, | X(t) |^2 \, \mathrm{d}t \bigg/ \int_{-\infty}^{\infty} | X(t) |^2 \, \mathrm{d}t} \qquad (7.3.7)$$

$$B_X = \sqrt{\int_{-\infty}^{\infty} \omega \, | X(\omega) |^2 \, \mathrm{d}\omega \bigg/ \int_{-\infty}^{\infty} | X(\omega) |^2 \, \mathrm{d}\omega} \qquad (7.3.8)$$

不确定性原理 对于有限能量的任意信号 $s(t)$ 或窗函数 $h(t)$，其时宽和带宽的乘积总是满足下面的不等式：

$$\text{时宽-带宽乘积} = T_X B_X = \Delta t \Delta \omega \geqslant 1/2$$

或 $$T_h B_h = \Delta t \Delta \omega \geqslant 1/2 \qquad (7.3.9)$$

其中 Δt 或 $\Delta \omega$ 分别称为信号或窗函数的时间分辨率和频率分辨率。

不确定性原理也称测不准原理或 Heisenberg 不等式。不确定性原理表明，时宽和带宽（即时间分辨率和频率分辨率）是一对矛盾的量，即不可能同时获得任意高的时间分辨率和频率分辨率。

例 7.1 冲激信号 $X(t) = \delta(t)$ 的时宽为零，而其带宽无穷大。

例 7.2 单位直流信号 $X(t) = 1$ 的带宽为零，但其时宽为无穷大。

只有当信号为高斯函数 $\mathrm{e}^{-\pi t^2}$ 时，上述不等式才取等号。

7.3.2 短时 Fourier 变换

瞬时频率和群延迟可以描述非平稳信号的局部时频特性，但是它们只适用于单分量信号的场合。为了获得多分量信号的瞬时频率，一种直观的方法是使用一个很窄的窗函数取出各分量信号，并求其 Fourier 变换。由于这一频谱是信号在窗函数的一个窄区间内的频谱，剔除了窗函数的以外的信号频谱，故称其为信号的局部频谱。

假设 $g(t)$ 是一个时间宽度很短的窗函数，它沿时间轴滑动，则信号 $X(t)$ 的短时 Fourier 变换（STFT）定义为

$$\text{STFT}_z(t, \omega) = \int_{-\infty}^{\infty} [X(u) g * (u - t)] \mathrm{e}^{-\mathrm{j}\omega u} \mathrm{d}u \qquad (7.3.10)$$

显然，如果取无穷长的矩形窗函数，则 STFT 退化为传统的 Fourier 变换。

由于信号 $X(u)$ 乘一个相当短的窗函数 $g(u - t)$ 等价于取出信号在"分析时间" t 点附近的一个采样，所以 $\text{STFT}(t, \omega)$ 可以理解为信号 $X(t)$ 在"分析时间" t 点附近的 Fourier 变换。

连续 $\text{STFT}(t, \omega)$ 具有以下基本性质。

性质 1 $\text{STFT}(t, \omega)$ 是一种线性时频表示。

性质 2 $\text{STFT}(t, \omega)$ 具有频移不变性。

$$\tilde{X}(t) = X(t) \mathrm{e}^{\mathrm{j}\omega_0 t} \rightarrow \text{STFT}_{\tilde{X}}(t, \omega) = \text{STFT}_X(t, \omega - \omega_0)$$

但是不具有时移不变性。

$$\tilde{X}(t) = X(t - t_0) \rightarrow \text{STFT}_{\tilde{X}}(t - t_0, \omega) \mathrm{e}^{-\mathrm{j}\omega t_0}$$

即不满足 $\text{STFT}_{\tilde{X}}(t, \omega) = \text{STFT}_{\tilde{X}}(t - t_0, \omega)$。

如果将传统 Fourier 变换看作是 Fourier 分析，那么 Fourier 逆变换则称为 Fourier 综合。因为 Fourier 逆变换是利用频谱来重构或综合原信号的。类似地，短时 Fourier 变换也有分析与综合之分。为了使 STFT 真正是一种有实际价值的非平稳信号分析工具，信号 $X(t)$ 应该能够由 $\text{STFT}(t, \omega)$ 完全重构出来。

设重构公式为
$$p(u) = \frac{1}{2\pi} \int_{-\infty}^{\infty} \int_{-\infty}^{\infty} \text{STFT}_X(t,\omega)\gamma(u-t)e^{j\omega u} dt d\omega \qquad (7.3.11)$$

代入变换公式
$$p(u) = \frac{1}{2\pi} \int_{-\infty}^{\infty} \int_{-\infty}^{\infty} \left[\int_{-\infty}^{\infty} e^{-j\omega(t'-u)} d\omega \right] X(t')g^*(t'-t)X(u-t) dt dt'$$
$$= \int_{-\infty}^{\infty} \int_{-\infty}^{\infty} X(t')g^*(t'-t)X(u-t) dt dt' \qquad (7.3.12)$$

这里使用了 $\frac{1}{2\pi} \int_{-\infty}^{\infty} e^{-j\omega(t'-u)} d\omega = \delta(t'-u)$。

利用 δ 函数的性质，有
$$p(u) = X(u) \int_{-\infty}^{\infty} g^*(t)\gamma(t) dt \qquad (7.3.13)$$

当重构结果 $p(u)$ 恒等于原始信号 $X(t)$ 时，称之为"完全重构"。为了实现信号的完全重构，分析窗函数 $g(t)$ 和综合窗函数 $\gamma(t)$ 应满足条件
$$\int_{-\infty}^{\infty} g^*(t)\gamma(t) dt = 1 \qquad (7.3.14)$$

该条件称为短时 Fourier 变换的完全重构条件。

完全重构条件是一个很宽的条件。对于一个给定的分析窗函数 $g(t)$，满足重构条件的综合窗函数 $\gamma(t)$ 可以有无穷多种可能的选择。一种常见的选择是 $g(t) = \gamma(t)$，而与之对应的完全重构条件变为
$$\int_{-\infty}^{\infty} |g(t)|^2 dt = 1 \qquad (7.3.15)$$

这个公式称为能量归一化公式。此时有
$$X(t) = \int_{-\infty}^{\infty} \int_{-\infty}^{\infty} \text{STFT}_X(t',\omega')g(t-t')e^{j2\omega't'} dt' d\omega' \qquad (7.3.16)$$

上式可以视为广义短时 Fourier 逆变换。与 Fourier 变换和 Fourier 逆变换都是一维变换不同的是，短时 Fourier 变换是一维变换，广义短时 Fourier 逆变换是二维变换。

综上所述，短时 Fourier 变换可以视为非平稳信号的时频分析，而广义短时 Fourier 逆变换则为非平稳信号的时频综合。

原则上，分析窗函数 $g(t)$ 可以在平方可积空间内任意选择。不过，在实际应用中选择的窗函数是一个"窄"时间函数，以使得变换值仅受信号值及其附近值的影响。自然地，$g(t)$ 的 Fourier 变换 $G(\omega)$ 也期望是一个"窄"函数。如果窗函数的 Fourier 变换很宽，则信号 $X(t)$ 的 Fourier 变换 $X(\omega)$ 通过卷积后，在很宽的频率范围内将受到 $G(\omega)$ 的作用。但是，根据不相容原理，窗函数 $g(t)$ 的有效时宽和带宽不可能任意小。满足不相容条件等号的窗函数为高斯窗函数，为了使得窗函数还具有单位能量，常取
$$g^0(t) = 2^{1/4} e^{-\pi t^2} \qquad (7.3.17)$$

在工程中，这个窗函数是 Gabor 在提出加窗 Fourier 变换时引入的，因此常将其称为 Gabor 原子。

7.3.3 Wigner-Ville 分布

时频分布的性质分为宏观性质(如实值性、总能量保持性)和局部性质(如边缘性、瞬时频率等)。为了正确地描述信号的局部能量分布，希望凡是信号具有局部能量的地方，时频分布也聚集在这些地方，这就是时频局部聚集性，它是衡量时频分布的重要指标之一。使用时间冲激函数 $\delta(t)$ 作为窗函数，其局部相关函数为
$$R_X(t,\tau) = \int_{-\infty}^{\infty} \delta(u-t)X\left(u+\frac{\tau}{2}\right)X^*\left(u-\frac{\tau}{2}\right) du = X\left(t+\frac{\tau}{2}\right)X^*\left(t-\frac{\tau}{2}\right) \qquad (7.3.18)$$

称为信号 $X(t)$ 的瞬时相关函数或双线性变换。

对信号的瞬时相关函数做关于滞后量 τ 的 Fourier 变换，得到

$$W_X(t,\omega) = \int_{-\infty}^{\infty} X\left(t+\frac{\tau}{2}\right) X^*\left(t-\frac{\tau}{2}\right) \mathrm{e}^{-\mathrm{j}\omega\tau}\mathrm{d}\tau = \underset{\tau\to\omega}{\mathrm{FT}}\left[X\left(t+\frac{\tau}{2}\right)X^*\left(t-\frac{\tau}{2}\right)\right] \qquad (7.3.19)$$

由于这种分布最早是 Wigner 于 1932 年在量子力学中引入的，而 Ville 于 1948 年把它作为一种信号分析工具提出，所以现在习惯称之为 Wigner-Ville 分布。

Wigner-Ville 分布也可以用信号频谱定义，即

$$W_X(\omega,t) = \frac{1}{2\pi}\int_{-\infty}^{\infty} X\left(\omega+\frac{\upsilon}{2}\right) X^*\left(\omega-\frac{\upsilon}{2}\right) \mathrm{e}^{-\mathrm{j}\upsilon t}\mathrm{d}\upsilon \qquad (7.3.20)$$

Wigner-Ville 分布的主要数学性质。

性质 1 Wigner-Ville 分布 $W_X(t,\omega)$ 是 t 和 ω 的实函数。

证明： 由式 (7.3.19)，有 $\quad W_X^*(t,\omega) = \int_{-\infty}^{\infty} X^*\left(\omega+\frac{\tau}{2}\right)X\left(\omega-\frac{\tau}{2}\right)\mathrm{e}^{\mathrm{j}\omega\tau}\mathrm{d}\tau$

对上式右边做变量替换 $\tau = -\tau'$，并将结果与式 (7.3.19) 比较，则有 $W_X^*(t,\omega) = W_X(t,\omega)$，故 $W_X(t,\omega)$ 必为实数

性质 2 时移不变性，即 $\tilde{X}(t) = X(t-t_0)$，则 $W_{\tilde{X}}(t,\omega) = W_X(t-t_0,\omega)$。

证明： 将 $\tilde{X}(t) = X(t-t_0)$ 代入式 (7.3.19)，即得。

性质 3 频移不变性，即 $\tilde{X}(t) = X(t)\exp(\mathrm{j}\omega_0 t)$，则 $W_{\tilde{X}}(t,\omega) = W_X(t,\omega-\omega_0)$。

证明： 由式 (7.3.19) 知
$$\begin{aligned}
W_{\tilde{X}}(t,\omega) &= \int_{-\infty}^{\infty} X\left(t+\frac{\tau}{2}\right)\mathrm{e}^{\mathrm{j}\omega_0\left(t+\frac{\tau}{2}\right)} X^*\left(t-\frac{\tau}{2}\right)\mathrm{e}^{-\mathrm{j}\omega_0\left(t-\frac{\tau}{2}\right)}\mathrm{e}^{-\mathrm{j}\omega\tau}\mathrm{d}\tau \\
&= \int_{-\infty}^{\infty} X\left(t+\frac{\tau}{2}\right)\mathrm{e}^{\mathrm{j}\omega_0\left(t+\frac{\tau}{2}\right)} X^*\left(t-\frac{\tau}{2}\right)\mathrm{e}^{-\mathrm{j}\omega_0\left(t-\frac{\tau}{2}\right)}\mathrm{e}^{-\mathrm{j}\omega\tau}\mathrm{d}\tau \\
&= W_X(t,\omega-\omega_0)
\end{aligned}$$

性质 4 时间边缘特性，即 Wigner-Ville 分布满足时间边缘特性

$$\frac{1}{2\pi}\int_{-\infty}^{\infty} W_X(t,\omega)\mathrm{d}\omega = |X(t)|^2 \text{（瞬时功率）}$$

证明： 由式 (7.3.19) 得
$$\begin{aligned}
\frac{1}{2\pi}\int_{-\infty}^{\infty} W_X(t,\omega)\mathrm{d}\omega &= \int_{-\infty}^{\infty} X\left(t+\frac{\tau}{2}\right)X^*\left(t-\frac{\tau}{2}\right)\left[\frac{1}{2\pi}\int_{-\infty}^{\infty}\mathrm{e}^{-\mathrm{j}\omega\tau}\mathrm{d}\omega\right]\mathrm{d}\tau \\
&= \int_{-\infty}^{\infty} X\left(t+\frac{\tau}{2}\right)X^*\left(t-\frac{\tau}{2}\right)\delta(t)\mathrm{d}\tau \\
&= X(t)X^*(t) = |X(t)|^2
\end{aligned}$$

式中使用了冲激函数的 Fourier 变换对： $\delta(t) \leftrightarrow 1$。

除上述基本性质之外，Wigner-Ville 分布还具有另外一些性质，参见表 7.1。

表 7.1 Wigner-Ville 分布的重要数学性质

实值性	$W_X^*(t,\omega) = W_X(t,\omega)$
时移不变性	$\tilde{X}(t) = X(t-t_0) \Rightarrow W_{\tilde{X}}(t,\omega) = W_X(t-t_0,\omega)$
频移不变性	$\tilde{X}(t) = X(t)\mathrm{e}^{\mathrm{j}\omega_0 t} \Rightarrow W_{\tilde{X}}(t,\omega) = W_X(t,\omega-\omega_0)$
时间边缘特性	$\frac{1}{2\pi}\int_{-\infty}^{\infty} W_X(t,\omega)\mathrm{d}\omega = |X(t)|^2$
频率边缘特性	$\int_{-\infty}^{\infty} W_X(t,\omega)\mathrm{d}t = |X(\omega)|^2$
瞬时频率	$\omega_i(t) = \int_{-\infty}^{\infty}\omega W_X(t,\omega)\mathrm{d}\omega \Big/ \int_{-\infty}^{\infty} W_X(t,\omega)\mathrm{d}\omega$

群延迟	$\tau_g(\omega) = \int_{-\infty}^{\infty} t W_X(t,\omega)\mathrm{d}t \Big/ \int_{-\infty}^{\infty} W_X(t,\omega)\mathrm{d}t$
有限时间支撑	$X(t) = 0(t \notin [t_1,t_2]) \Rightarrow W_{\tilde{X}}(t,\omega) = 0(t \notin [t_1,t_2])$
有限频率支撑	$X(\omega) = 0(\omega \notin [\omega_1,\omega_2]) \Rightarrow W_{\tilde{X}}(t,\omega) = 0(\omega \notin [\omega_1,\omega_2])$
Moyal 公式	$\dfrac{1}{2\pi}\int_{-\infty}^{\infty}\int_{-\infty}^{\infty} W_X(t,\omega)W_Y(t,\omega)\mathrm{d}t\mathrm{d}\omega = \left|\langle X,Y\rangle\right|^2$
卷积性	$\tilde{X}(t) = \int_{-\infty}^{\infty} X(u)h(t-u)\mathrm{d}u \Rightarrow W_{\tilde{X}}(t,\omega) = \int_{-\infty}^{\infty} W_X(u,\omega)W_h(t-u,\omega)\mathrm{d}u$
乘积性	$\tilde{X}(t) = X(t)h(t) \Rightarrow W_{\tilde{X}}(t,\omega) = \dfrac{1}{2\pi}\int_{-\infty}^{\infty} W_X(t,\upsilon)W_h(t,\omega-\upsilon)\mathrm{d}\upsilon$
Fourier 变换性	$W_X(\omega,t) = 2\pi W_X(t,-\omega)$

时间边缘特性和频率边缘特性表明，Wigner-Ville 分布不能保证在整个时频平面上是正的。换言之，Wigner-Ville 分布违背了一个真正的时频能量分布不得为负的原则，这有时会导致无法解释的结果。

例 7.3 复谐波信号的 Wigner-Ville 分布。

当信号 $X(t) = \mathrm{e}^{\mathrm{j}\omega_0 t}$ 为单个复谐波信号时，其 Wigner-Ville 分布为

$$W_X(t,\omega) = \int_{-\infty}^{\infty} \exp\left[\mathrm{j}\omega_0\left(t+\frac{\tau}{2}-t+\frac{\tau}{2}\right)\right]\exp(-\mathrm{j}\omega\tau)\mathrm{d}\tau$$

$$= \int_{-\infty}^{\infty} \exp[-\mathrm{j}(\omega-\omega_0)\tau]\mathrm{d}\tau = 2\pi\delta(\omega-\omega_0)$$

当信号 $X(t) = X_1(t) + X_2(t) = \mathrm{e}^{\mathrm{j}\omega_1 t} + \mathrm{e}^{\mathrm{j}\omega_2 t}$ 为两个复谐波信号叠加而成时，其 Wigner-Ville 分布为

$$W_X(t,\omega) = W_{\text{auto}}(t,\omega) + W_{\text{cross}}(t,\omega)$$

$$= W_{X_1}(t,\omega) + W_{X_2}(t,\omega) + 2\,\mathrm{Re}[W_{X_1 X_2}(t,\omega)]$$

其中信号项即自项为

$$W_{\text{auto}}(t,\omega) = 2\pi[\delta(\omega-\omega_1) + \delta(\omega-\omega_2)]$$

交叉项为

$$W_{X_1 X_2}(t,\omega) = 2\pi\delta(\omega-\omega_m)\exp(\mathrm{j}\omega_d t)$$

其中，$\omega_m = \dfrac{1}{2}(\omega_1 + \omega_2)$，它表示两个频率的平均值；而 $\omega_d = \dfrac{1}{2}(\omega_1 - \omega_2)$，为两个频率之差。

因此，两个复谐波信号的 Wigner-Ville 分布可表示为

$$W_z(t,\omega) = 2\pi[\delta(\omega-\omega_1) + \delta(\omega-\omega_2)] + 4\pi\delta(\omega-\omega_m)\cos(\omega_d t)$$

这表明，Wigner-Ville 分布的信号项是沿着复谐波信号两个频率直线上的带状冲激函数，由信号项可以正确地检测出复谐波信号的两个频率。除了信号项之外，在两个频率的平均频率处尚存在一个比较大的交叉项，其包络与两个频率之差有关。

推广至多个复谐波信号叠加的情况，Wigner-Ville 分布的信号项表现为沿每个谐波频率直线上的多条带状冲激函数。如果信号的样本数据有限，则 Wigner-Ville 分布的信号项沿着每个谐波频率的直线上呈鱼的背鳍状分布，不再是理想的带状冲激函数。

可见，Wigner-Ville 分布的交叉项比较严重。

7.3.4 连续小波变换

假设 $f(t)$ 和 $\psi(t)$ 是平方可积函数，且 $\psi(t)$ 的 Fourier 变换 $\Psi(\omega)$ 满足条件

$$\int_R \left|\Psi(\omega)\right|^2 / \omega\mathrm{d}\omega < \infty \tag{7.3.21}$$

$$W_f(a,b) = \frac{1}{\sqrt{a}} \int_R f(t) \psi^* \left(\frac{t-b}{a} \right) \mathrm{d}t, \qquad a > 0 \tag{7.3.22}$$

则称

是 $f(t)$ 的连续小波变换(Wavelet transform)，称 $\psi(t)$ 为小波函数或小波母函数，称 a 为尺度因子，b 为平移因子。

小波变换最早由法国地球物理学家 Morlet 于 20 世纪 80 年代提出。

从上述定义可以看出，小波变换也是一种积分变换，是将一个时间函数变换到时间-尺度相平面上，使得能够提取函数的某些特征。而上述两个参数 a、b 是连续变化的，故称上述变换为连续小波变换。

连续小波变换的定义式(7.3.22)也可用内积来表示

$$W_f(a,b) = \langle f(t), \psi_{a,b}(t) \rangle \tag{7.3.23}$$

其中，$\psi_{a,b}(t) = \frac{1}{\sqrt{a}} \psi \left(\frac{t-b}{a} \right)$。

从这种写法可粗略地解释小波变换的含义：由于数学上内积表示两个函数"相似"的程度，所以由式（7.3.23）可看出，小波变换 $W_f(a,b)$ 表示 $f(t)$ 与 $\psi_{a,b}(t)$ 的"相似"程度。当 a 增大时（$a>1$），表示用伸展了的 $\psi(t)$ 波形去观察整个 $f(t)$；反之，当 a 减小时（$0<a<1$），则以压缩了的 $\psi(t)$ 波形去衡量 $f(t)$ 的局部，见图 7.3.1。所以，随着尺度因子的从大变到小（$0<a<+\infty$），$f(t)$ 的小波变换可以反映 $f(t)$ 从概貌到细节的全部信息。从这个意义上说，小波变换是一个"变焦镜头"，它既是"望远镜"，又是"显微镜"，而 a 就是"变焦旋钮"。

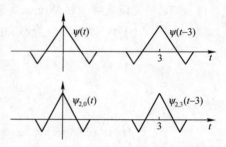

图 7.3.1 尺度因子 a 和位移因子 b 的作用

连续小波变换具有如下性质。

性质 1（叠加性） 设 $f(t), g(t) \in L^2(R)$，k_1, k_2 是任意常数，则

$$W_{k_1 f + k_2 g}(a,b) = k_1 W_f(a,b) + k_2 W_g(a,b)$$

证明：

$$W_{k_1 f + k_2 g}(a,b) = \frac{1}{\sqrt{a}} \int_R (k_1 f(t) + k_2 g(t)) \psi^* \left(\frac{t-b}{a} \right) \mathrm{d}t$$

$$= \frac{k_1}{\sqrt{a}} \int_R f(t) \psi^* \left(\frac{t-b}{a} \right) \mathrm{d}t + \frac{k_2}{\sqrt{a}} \int_R g(t) \psi^* \left(\frac{t-b}{a} \right) \mathrm{d}t$$

$$= k_1 W_f(a,b) + k_2 W_g(a,b)$$

性质 2（平移性） 设 $f(t) \in L^2(R)$，则

$$W_{f(t-t_0)}(a,b) = W_{f(t)}(a, b-t_0)$$

证明：

$$W_{f(t-t_0)}(a,b) = \frac{1}{\sqrt{a}} \int_R f(t-t_0) \psi^* \left(\frac{t-b}{a} \right) \mathrm{d}t, \quad t-t_0 = u$$

$$= \frac{1}{\sqrt{a}} \int_R f(u) \psi^* \left(\frac{u-(b-t_0)}{a} \right) \mathrm{d}u = W_{f(t)}(a, b-t_0)$$

性质 3（尺度法则） 设 $f(t) \in L^2(R)$，则

$$W_{f(\lambda t)}(a,b) = \frac{1}{\sqrt{\lambda}} W_{ft}(\lambda a, \lambda b), \quad \lambda > 0$$

证明：

$$W_{f(\lambda t)}(a,b) = \frac{1}{\sqrt{a}} \int_R f(\lambda t) \psi^* \left(\frac{t-b}{a} \right) \mathrm{d}t, \quad \lambda t = u$$

$$= \frac{1}{\sqrt{a}} \int_R f(u) \psi^* \left(\frac{u - b\lambda}{a\lambda} \right) \frac{1}{\lambda} \mathrm{d}u = \frac{1}{\sqrt{\lambda}} \frac{1}{\sqrt{a\lambda}} \int_R f(u) \psi^* \left(\frac{u - b\lambda}{a\lambda} \right) \mathrm{d}u$$

$$= \frac{1}{\sqrt{\lambda}} W_{ft}(\lambda a, \lambda b)$$

性质 4（乘法定理） 设 $f(t), g(t) \in L^2(R)$，则

$$\int_0^{+\infty} \int_{-\infty}^{+\infty} \frac{1}{a^2} W_f(a,b) W_g^*(a,b) \mathrm{d}b \mathrm{d}a = C_\psi \int_R f(t) g^*(t) \mathrm{d}t$$

其中，$C_\psi = \int_0^{+\infty} \frac{|\Psi(\omega)|^2}{\omega} \mathrm{d}\omega$。

证明：由 Fourier 变换的乘积定理知

$$W_f(a,b) = \int_R f(t) \psi_{a,b}^*(t) \mathrm{d}t = \frac{1}{2\pi} \int_R F(\omega) \Psi_{a,b}^*(\omega) \mathrm{d}\omega$$

$$W_g(a,b) = \int_R g(t) \psi_{a,b}^*(t) \mathrm{d}t = \frac{1}{2\pi} \int_R G(\omega) \Psi_{a,b}^*(\omega) \mathrm{d}\omega$$

其中

$$\Psi_{a,b}(\omega) = \left[\frac{1}{\sqrt{a}} \psi \left(\frac{t - b}{a} \right) \right] = \sqrt{a} \Psi(a\omega) \mathrm{e}^{-\mathrm{j}\omega b}$$

则有 $W_f(a,b) = \frac{\sqrt{a}}{2\pi} \int_R F(\omega) \Psi^*(a\omega) \mathrm{e}^{-\mathrm{j}\omega b} \mathrm{d}\omega$，$W_g(a,b) = \frac{\sqrt{a}}{2\pi} \int_R G(\omega) \Psi^*(a\omega) \mathrm{e}^{-\mathrm{j}\omega b} \mathrm{d}\omega$

再根据 Fourier 变换的定义知：

$$W_g^*(a,b) = \frac{\sqrt{a}}{2\pi} \int_R G^*(\omega) \Psi(a\omega) \mathrm{e}^{\mathrm{j}\omega b} \mathrm{d}\omega$$

则

$$\int_R W_f(a,b) W_g^*(a,b) \mathrm{d}b$$

$$= \int_R \frac{a}{(2\pi)^2} \int_R F(\omega) \Psi^*(a\omega) \mathrm{e}^{-\mathrm{j}\omega b} \mathrm{d}\omega \int_R G^*(\omega) \Psi^*(a\omega) \mathrm{e}^{-\mathrm{j}\omega b} \mathrm{d}\omega \mathrm{d}b$$

$$= \int_R \frac{a}{(2\pi)^2} \int_R F(\omega) \Psi^*(a\omega) G^*(\omega) \Psi(a\omega) \mathrm{e}^{-\mathrm{j}\omega b} \mathrm{d}b \mathrm{d}\omega$$

$$= \frac{a}{2\pi} \int_R F(\omega) \Psi^*(a\omega) G^*(\omega) \Psi(a\omega) \mathrm{d}\omega$$

$$= \int_R \frac{a}{(2\pi)^2} F(\omega) \Psi^*(a\omega) G^*(\omega) \Psi a(\omega) \left(\int_R \mathrm{e}^{-\mathrm{j}\omega b} \mathrm{d}b \right) \mathrm{d}\omega$$

将上式乘以 $1/a^2$，并对 a 积分，有

$$\int_0^{+\infty} \frac{1}{a^2} \mathrm{d}a \int_R W_f(a,b) W_g(a,b) \mathrm{d}b = \int_R \mathrm{d}\omega \int_0^{+\infty} \frac{1}{a^2} \frac{a}{2\pi} F(\omega) G^*(\omega) \Psi(a\omega) \Psi^*(a\omega) \mathrm{d}a$$

$$= \int_R F(\omega) G^*(\omega) \frac{1}{2\pi} \left(\int_0^{+\infty} \frac{|\Psi(a\omega)|^2}{a} \mathrm{d}a \right) \mathrm{d}\omega$$

$$= C_\psi \frac{1}{2\pi} \int_R F(\omega) G(\omega) \mathrm{d}\omega = C_\psi \frac{1}{2\pi} \int_R f(t) g(t) \mathrm{d}t$$

其中

$$C_\psi = \int_0^{+\infty} \frac{|\Psi(a\omega)|^2}{a} \mathrm{d}a = \int_0^{+\infty} \frac{|\Psi(a\omega)|^2}{a} \mathrm{d}(a\omega) = \int_0^{+\infty} \frac{|\Psi(a\omega)|^2}{a} \mathrm{d}\omega$$

性质 5 取 $f(t) = g(t)$，可得出与 Fourier 变换中的 Parseval 等式类似的等式

$$\int_0^{+\infty} \int_{-\infty}^{+\infty} \frac{1}{a^2} |W_f(a,b)|^2 \mathrm{d}b \mathrm{d}a = C_\psi \int_{-\infty}^{+\infty} |f(t)|^2 \mathrm{d}t$$

它描述了函数的小波变换与原函数之间的能量关系。

性质 6（反演公式） 设 $f(t) \in L^2(R)$，则

$$f(t) = \frac{1}{C_\psi} \int_0^{+\infty} \int_{-\infty}^{+\infty} \frac{1}{a^2} W_f(a,b) \psi_{a,b}(t) \mathrm{d}b \mathrm{d}a$$

证明 在性质 4 中，取 $g(t) = \delta(t-x)$，则

$$\int_R f(t) g^*(t) \mathrm{d}t = \int_R f(t) \delta(t-x) \mathrm{d}t = f(x)$$

$$W_g(a,b) = \int_R \delta(t-x) \psi_{a,b}^*(t) \mathrm{d}t = \psi_{a,b}^*(x)$$

将以上两式代入性质 4 中，有

$$\int_0^{+\infty} \int_{-\infty}^{+\infty} \frac{1}{a^2} W_f(a,b) \psi_{a,b}(x) \mathrm{d}b \mathrm{d}a = C_\psi f(x)$$

从而有

$$f(x) = \frac{1}{C_\psi} \int_0^{+\infty} \int_{-\infty}^{+\infty} \frac{1}{a^2} W_f(a,b) \psi_{a,b}(x) \mathrm{d}b \mathrm{d}a$$

与其他积分变换一样，小波变换只有在其逆变换存在的条件下才有实际意义。由上述反演公式的推导过程可知，要想使小波变换有意义，小波函数需满足 $0 < C_\psi < +\infty$，即

$$0 < \int_0^{+\infty} \frac{|\Psi(\omega)|^2}{\omega} \mathrm{d}\omega < +\infty$$

这称为小波的容许条件，可知 $\psi(t)$ 应具有快速衰减性。由此可推出

$$\Psi(0) = \int_{-\infty}^{+\infty} \psi(t) \mathrm{d}t = 0$$

可知，$\psi(t)$ 应具有波动性。可以想象 $\psi(t)$ 的图像是快速衰减的振荡曲线，这就是 $\psi(t)$ 称为小波的原因。

习题

7.1 $Z(t) = X(t)\cos(\omega t) + Y(t)\sin(\omega t)$，其中 $X(t)$ 与 $Y(t)$ 是相互独立的随机过程，并且 $E[X(t)] = E[Y(t)] = 0$，$c_{2X}(\tau) = c_{2Y}(\tau)$，$c_{3X}(\tau_1, \tau_2) = c_{3Y}(\tau_1, \tau_2)$。

试确定 $Z(t)$ 是否为平稳随机过程。

7.2 实谐波随机过程 $X(t) = \sum_{k=1}^p A_k \cos(\omega_k t + \phi_k)$，式中 ϕ_k 为相互独立的随机变量，并服从均匀分布 $U[-\pi, \pi)$，且 $A_k > 0$。试证明 $X(t)$ 的四阶累积量为

$$c_{4X}(\tau_1, \tau_2, \tau_3) = -\frac{1}{8} \sum_{k=1}^p A_k^4 [\cos(\tau_1 - \tau_2 - \tau_3) + \cos(\tau_2 - \tau_1 - \tau_3) + \cos(\tau_3 - \tau_1 - \tau_2)]$$

7.3 $X(t)$ 是实平稳随机过程，$Y(t) = X(t)\cos(\omega_0 t)$，其中 ω_0 为一个确定值。$Z(t) = Y(t-\tau_0)$，其中 τ_0 与 $X(t)$ 统计独立，且在 $[-\pi/\omega_0, \pi/\omega_0)$ 上均匀分布。试讨论：（1）$Y(t)$ 是否为循环平稳随机过程；（2）$Z(t)$ 的平稳性。

7.4 窗函数 $g(t) = \left(\frac{\alpha}{\pi}\right)^{1/4} \exp\left(-\frac{\alpha}{2}t^2\right)$，计算高斯信号 $X(t) = \left(\frac{\beta}{\pi}\right)^{1/4} \exp\left(-\frac{\beta}{2}t^2\right)$ 的短时 Fourier 变换 $\mathrm{STFT}_X(t, \omega)$。

参 考 文 献

1 S. M. Ross．龚光鲁，译．应用随机过程 概率模型导论．第 10 版．北京：人民邮电出版社，2011

2 A. 帕普里斯．保铮，等译．概率、随机变量与随机过程．第四版．西安：西安交通大学出版社，2004

3 林元烈．应用随机过程．北京：清华大学出版社，2002

4 龚光鲁，钱敏平．应用随机过程模型和方法．北京：机械工业出版社，2016

5 方兆本．随机过程．第 3 版．北京：科学出版社，2019

6 龚光鲁，钱敏平．应用随机过程教程．北京：清华大学出版社，2004

7 刘嘉焜．应用随机过程．北京：科学出版社，2000

8 周荫清．随机过程理论．第 2 版．北京：电子工业出版社，2006

9 毛用才．随机过程．西安：西安电子科技大学出版社，1998

10 陆大淦．随机过程及其应用．北京：清华大学出版社，1986

11 L.C.Ludeman．邱天爽，等译．随机过程——滤波、估计与检测．北京：电子工业出版社，2005

12 Davenport, Jr. Willian B. Probability and Random processes. McGraw-Hill, 1970

13 Peebles，P. Z., Jr. Probability, Random Variables and Random Signal Principles. McGraw－Hill Book Company，New York，1987

反侵权盗版声明

电子工业出版社依法对本作品享有专有出版权。任何未经权利人书面许可，复制、销售或通过信息网络传播本作品的行为；歪曲、篡改、剽窃本作品的行为，均违反《中华人民共和国著作权法》，其行为人应承担相应的民事责任和行政责任，构成犯罪的，将被依法追究刑事责任。

为了维护市场秩序，保护权利人的合法权益，本社将依法查处和打击侵权盗版的单位和个人。欢迎社会各界人士积极举报侵权盗版行为，本社将奖励举报有功人员，并保证举报人的信息不被泄露。

举报电话：（010）88254396；（010）88258888
传　　真：（010）88254397
E-mail：dbqq@phei.com.cn
通信地址：北京市海淀区万寿路 173 信箱
　　　　　电子工业出版社总编办公室
邮　　编：100036